国家自然科学基金联合基金重点项目(U21A20110)资助
国家自然科学基金面上项目(52174161)资助
国家自然科学基金青年科学基金项目(51404009)资助

# 高瓦斯松软煤层

## 多孔协同爆破疏松增渗理论与工程应用

马衍坤／著

中国矿业大学出版社
·徐州·

## 内 容 提 要

本书针对高瓦斯松软煤层难抽采、增透效果差等问题，采用相似模拟试验、理论分析和现场工业性试验相结合的方法，分析了药柱爆炸对松软煤层的压密效应，得出了孔洞诱导作用下爆炸致裂与推动煤体位移规律；研究了钻、冲、爆一体化疏松解密机制，提出了冲、爆、抽钻孔的“插花式”布孔技术，进而形成了高瓦斯松软煤层钻冲爆区域疏松增渗技术。

本书可供从事煤岩动力灾害防治、矿井瓦斯防治和煤与瓦斯突出机理方面的研究人员、煤矿现场生产技术人员以及高校与科研院所相关专业师生参考使用。

**图书在版编目(CIP)数据**

高瓦斯松软煤层多孔协同爆破疏松增渗理论与工程应用/马衍坤著. —徐州：中国矿业大学出版社，2022.5

ISBN 978-7-5646-5377-4

Ⅰ. ①高… Ⅱ. ①马… Ⅲ. ①瓦斯煤层—瓦斯治理 Ⅳ. ①TD823.82

中国版本图书馆 CIP 数据核字(2022)第 089946 号

**书　　名** 高瓦斯松软煤层多孔协同爆破疏松增渗理论与工程应用
**著　　者** 马衍坤
**责任编辑** 满建康
**出版发行** 中国矿业大学出版社有限责任公司
(江苏省徐州市解放南路 邮编 221008)
**营销热线** (0516)83885370 83884103
**出版服务** (0516)83995789 83884920
**网　　址** http://www.cumtp.com **E-mail**:cumtpvip@cumtp.com
**印　　刷** 徐州中矿大印发科技有限公司
**开　　本** 787 mm×1092 mm 1/16 **印张** 15.25 **字数** 299 千字
**版次印次** 2022 年 5 月第 1 版 2022 年 5 月第 1 次印刷
**定　　价** 50.00 元

# 前　言

煤炭是我国的主导能源，长期以来为我国经济发展和社会进步作出了重大贡献。煤炭也是能源工业的基础，在未来相当长的时期内，煤炭在我国一次能源供应保障中的主体地位不会改变。

我国煤层瓦斯赋存条件较为复杂，松软低透气煤层在我国分布较广，松软煤层具有低强度、低透气性、煤质疏松、高瓦斯含量、高瓦斯压力、高地应力、低煤层强度、低透气性等显著特点。当煤层受到扰动时，极有可能在应力和瓦斯压力的作用下诱发煤岩瓦斯动力灾害。因此，开展高瓦斯松软煤层多孔协同爆破疏松增渗理论与工程应用研究，对于含瓦斯松软煤层矿井的安全发展意义重大。本书聚焦高瓦斯松软煤层难抽采、增透效果差等问题，采用相似模拟试验、理论分析和现场工业性试验相结合的方法，研究钻、冲、爆疏松解密机制，提出冲、爆、抽钻孔的“插花式”布孔技术，进而形成高瓦斯松软煤层多孔协同爆破疏松增渗技术。

第1章为绪论，主要介绍了高瓦斯松软煤层多孔协同爆破疏松增渗理论与工程应用的研究背景与意义、国内外研究现状、研究内容与技术路线。本书所指煤层主要是松软煤层，松软煤层在我国分布较为广泛。本书所研究的技术主要为水力化技术及深孔预裂爆破技术。

第2章为煤岩体爆破致裂基础理论。本章主要对爆破致裂煤岩体理论的发展进行了调研与总结；分析了爆破致裂煤岩体的力学机制与爆破裂隙的形成原理；多角度研究了含瓦斯煤层与控制孔作用下的爆破致裂机理。

第3章为爆破作用下松软煤层局部压密特征。本章主要介绍了松软煤层爆破物理模拟试验设计，分析了形态、密度、电阻率、介质条件对煤层爆破的影响,解释了松软煤层爆破作用下出现的压密现象。

第4章为松软煤层多孔爆破区域疏松解密机理。本章主要介绍了多孔爆破物理模拟试验的设计,通过应变和电法分析底板爆破时煤层与底板的破坏规律,研究了孔洞作用下松软煤层的爆破疏松特征,描述了煤层内多孔爆破下煤层的致裂形态,最后从煤层性质及孔洞作用两方面分析了其对爆破的影响。

第5章为松软煤层多孔协同爆破疏松增渗技术与应用。本章主要介绍了松软煤层多孔协同爆破疏松增渗技术的爆破方法、工艺参数和爆破器材的选型以及部分规定与安全技术措施,通过工程实例介绍了多孔协同爆破增渗技术的应用。

第6章为结论。在第3～5章研究的基础上,本章总结了高瓦斯松软煤层多孔协同爆破疏松增渗理论与工程应用中得出的主要结论与创新之处。

本书根据安徽理工大学马衍坤教授课题组多年研究成果总结而成。在此感谢安徽理工大学安全科学与工程学院、矿山安全高效开采安徽省高校工程技术研究中心、煤矿深井开采灾害防治技术科技研发平台以及山东华坤地质工程有限公司、郑州煤电股份有限公司告成煤矿等合作单位的大力支持。本书中试验部分由课题组硕士研究生许伟和毛小艺同学参与完成,工程实践部分由许伟同学参与完成,感谢他们付出的辛勤劳动。

高瓦斯松软煤层多孔协同爆破疏松增渗技术属于煤炭行业中的新兴技术,且尚未在全国范围内的所有松软煤层矿井进行工程实践,因此本书结论难免具有局限性,书中如有疏漏、错误之处,敬请批评指正。

**著　者**

2022年5月

# 目　录

# 1 绪 论

## 1.1 背景与意义

煤炭是我国的主导能源，长期以来为我国经济发展和社会进步作出了重大贡献[1]。煤炭也是能源工业的基础，在未来相当长的时期内，煤炭在我国一次能源供应保障中的主体地位不会改变[2]。即使在新能源、可再生能源快速发展的新形势下，仍需要做好煤炭这方面的工作。

瓦斯是一种以甲烷为主要成分的混合气体，与煤同生共体，在煤炭的开采过程中会从煤体中释放出来，涌入采掘空间。如果没有及时采取相关措施，轻则造成瓦斯窒息等灾害事故，重则会引发瓦斯爆炸、煤与瓦斯突出等灾害事故。甲烷($CH_4$)是除 $CO_2$ 外主要的温室气体，瓦斯随着煤炭的开采排放到大气中，会加剧温室效应。同时，$CH_4$ 又是一种宝贵的热值高、无污染的清洁能源，纯瓦斯的热值大于 33 000 kJ/m$^3$，1 m$^3$ 纯瓦斯的热值相当于1.13 kg 汽油或 1.21 kg 标准煤的，可广泛应用于各类工业生产和人们生活中。如果将瓦斯高效抽采出来进行利用，既能够实现灾害治理，又可以为社会提供清洁能源。

我国煤层瓦斯赋存较为复杂，松软低透气煤层在我国分布较广[3]，通过对全国重点矿业集团的调研分析，发现 53.3%的调研煤矿有松软煤层分布，并集中在贵州、重庆、安徽、河南、湖南等地区[4]。松软煤层是地质构造的产物，主要是由于断层和层滑等原因所形成，煤层上覆岩性不均衡，受构造应力的影响较大，应力分布不均，煤层发生搓揉、挤压、变形，导致煤的原生结构被破坏，进而产生构造软煤，所以松软煤层也被称为构造煤层[5-7]。松软煤层具有低强度、低透气性、煤质疏松、高瓦斯含量、高瓦斯压力、高地应力、低煤层强度、低透气性等显著特点[8-9]，瓦斯在煤层中的保存条件较好，一旦受到采掘扰动，煤和瓦斯就会从煤壁内部向采掘空间突然喷出，进而摧毁井巷设施，破坏矿井通风系统，造成人员窒息、煤流埋人，甚至引起瓦斯爆炸与火灾事故。

我国历史上第一次有记载的煤与瓦斯突出事故是在 1950 年，吉林省辽源矿务局富国西二坑在垂深 280 m 的煤巷掘进工作面发生的突出事故，在此之前约

1938 年前后该矿就发生过突出现象。而国内突出强度最大的一次则是 1970 年 3 月 10 日发生在天府矿务局三汇坝一矿主平硐石门揭煤时，揭煤位置的垂深为 412 m，突出煤量 12 780 t，突出瓦斯量 140 万 $m^3$，粉煤喷出最远达 1 100 m。2002 年 4 月 7 日，芦岭矿发生煤与瓦斯突出事故，突出煤量 8 924 t、瓦斯量 123 万 $m^3$，造成 13 人死亡。2004 年 10 月 20 日，大平煤矿发生一起特大煤与瓦斯突出事故，而突出事故又引发了特别重大瓦斯爆炸事故，造成 148 人死亡，32 人受伤，直接经济损失 3 935.7 万元。近几十年来，煤矿瓦斯爆炸、煤与瓦斯突出等事故频发，造成了巨大的人员伤亡和财产损失。2001—2020 年煤炭产量、煤矿事故死亡人数及百万吨死亡率见图 1-1，突发事故和煤矿事故每起平均死亡人数见图 1-2。

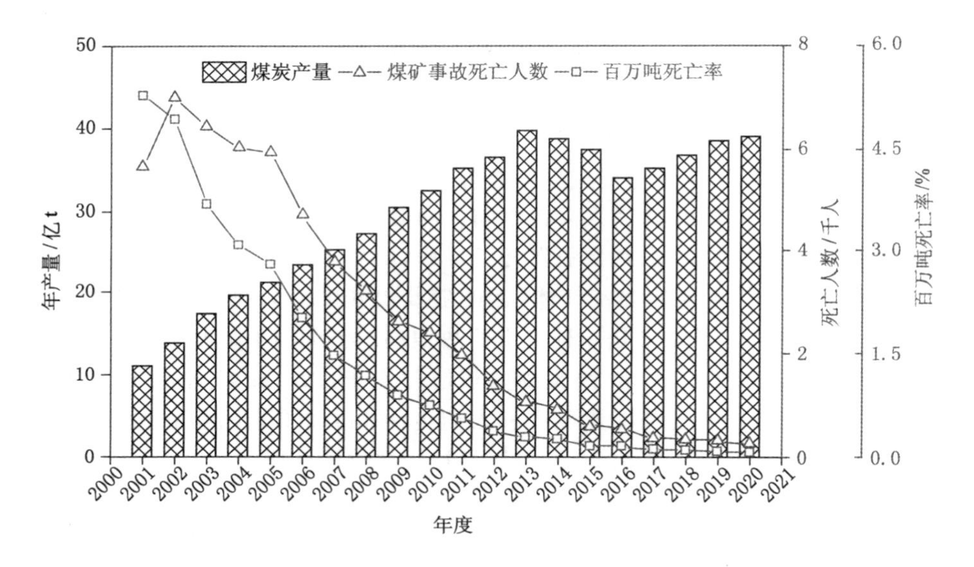


图 1-1　2001—2020 年煤炭产量、煤矿事故死亡人数及百万吨死亡率

将煤层中的瓦斯高效抽采出来，是实现灾害治理的根本途径。但受制于松软煤层透气性较差、煤质松软等问题，瓦斯抽采效果并不理想，瓦斯事故仍时有发生。尤其是单一主采煤层的矿井，在缺乏保护层的条件下，只能采取煤层内增透、强化瓦斯抽采的办法，但又经常会遇到松软煤层成孔难、常规技术措施消突不彻底、钻孔成本太高、采掘接替紧张等问题。进入深部开采后，很多煤矿均出现了低瓦斯矿井向高瓦斯矿井转变、非突出矿井向突出矿井转变的现象，煤层的地应力更大、煤层透气性更低、瓦斯含量及瓦斯压力更大，开采过程中矿压显现加剧、巷道围岩大变形等现象更为严重。当煤层受到扰动时，极有可能在应力和

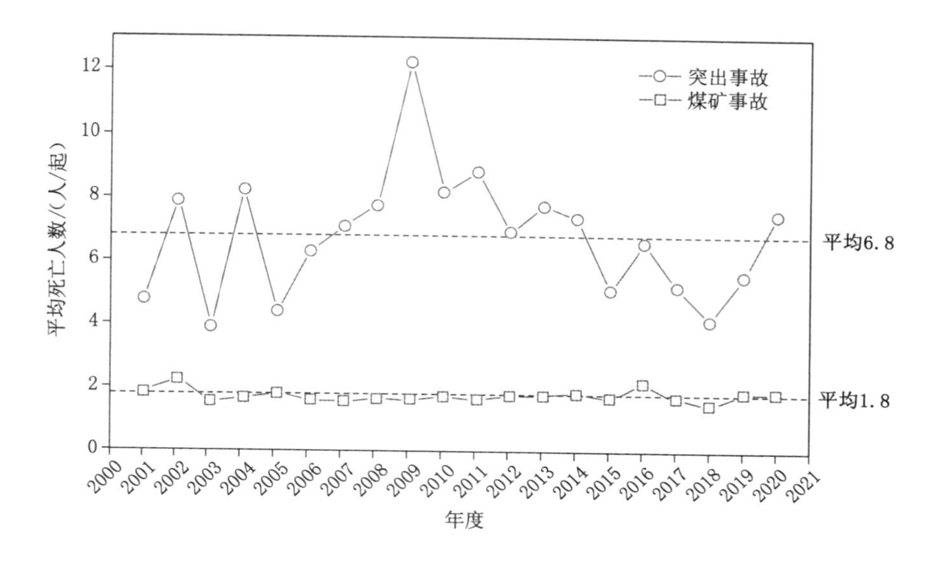


图 1-2 2001—2020 年突出事故和煤矿事故每起平均死亡人数

瓦斯压力的作用下诱发含瓦斯煤岩动力灾害[10-11]。

尽管近年来煤矿安全形势稳步改善[12-15]，国家在煤矿瓦斯治理和利用工作方面进行了大量的投入，煤矿企业也采用了很多增透技术及瓦斯抽采方法[16-20]，例如水力压裂、水力冲孔、水力割缝、水力掏槽、深孔爆破等，但瓦斯抽采仍存在影响范围小、衰减速度快等问题。

随着一系列技术措施的采用，使得煤层的透气性不断增加，我国已经取得了一些显著效果。但是由于我国煤层赋存条件复杂，单纯采用一种技术很难达到理想的效果。例如，采用水力冲孔措施后，煤层内出现大量孔洞，为后期巷道支护带来巨大问题，也会导致局部范围内应力集中。而采用深孔爆破技术时，由于松软煤体本身就是塑性体，很难在应力波的作用下再次出现爆生裂隙，还可能产生"压密"的现象，导致增透效果很差。因此，寻找一种科学合理的多种增渗方法融合的技术对于煤矿瓦斯治理是非常有意义的。

本书针对高瓦斯、松软低透气性煤层的瓦斯难抽采问题，以钻、冲、爆相结合的技术思路，系统研究松软煤层爆破压密特征并提出疏松解密的方法，形成钻、冲、爆区域疏松增渗整套技术，并在煤矿井下现场进行应用。

# 1.2 国内外研究现状

## 1.2.1 低透气性煤层增透技术发展现状

我国常用的煤层增透技术主要有两类,一类是适用于煤层群条件的开采保护层技术,另一类则是适用于单一煤层条件的增透技术,如密集钻孔、水力割缝、水力压裂和深孔爆破[21-22]等。

### 1.2.1.1 开采保护层卸压增透技术

开采保护层是煤与瓦斯共采理论的关键,该技术适用于煤层群条件,如果煤层群中存在突出危险煤层,可采用开采保护层的方式对邻近煤层进行卸压,从而实现邻近煤层瓦斯预抽。这种技术在多个矿区得到成功应用,也是《煤矿安全规程》推荐的应优先考虑的防治措施。

保护层开采后,原岩应力平衡遭到破坏,保护层周围岩体及煤层出现应力降低等卸压现象,同时产生裂隙,透气性增大,被保护煤层内瓦斯得以卸压、解吸,瓦斯压力及含量下降,从而消除瓦斯突出危险性。开采保护层方法是先采瓦斯含量低或者突出危险性小的煤层,从而改变被保护层的透气性,使煤层变形量达到 20%,透气性系数增加 2 000～3 000 倍。开采保护层卸压煤层抽采瓦斯技术目前广泛应用于煤矿瓦斯治理,不仅安全可靠,还节约施工成本[23]。该技术的应用要求有一定的层间距,既要达到增加被保护煤层透气性的目的,又可保证被保护煤层依然满足开采条件。重庆的南桐、松藻、山西的阳泉和安徽的淮南、淮北等地的矿区矿井都已应用保护层开采技术治理瓦斯,并取得了较好效果。

法国科学家在 1933 年通过试验证实了保护层开采技术的效果,并应用到煤矿瓦斯治理和瓦斯抽采方面,随后又进行了开采保护层防止煤与瓦斯突出的试验[24]。而我国研究保护层开采技术可以追溯到 1958 年,先后在北票、天府等煤矿实地验证了保护层开采技术,并取得很好的保护效果[25]。

1975 年前后,中国矿业大学联合天府煤矿和重庆煤科院对“天府煤矿远距离解放层解放效果考察研究”项目进行技术攻关,这是我国首次比较全面地对保护层开采技术进行的研究,研究提出了“卸压增透增流效应”和穿层钻孔强化瓦斯抽采技术,解决了“保护作用不足”的技术难题[26-28]。

新庄孜矿进行了上保护层开采底抽巷网格式钻孔卸压瓦斯抽放技术试验并取得了成功[29];淮南矿业集团针对复杂煤层制定了保护层开采方案,对保护层的有效卸压范围进行了确定[30-31]。

袁亮[32-33]针对低透气性高瓦斯煤层群开采技术难题,应用岩石力学和“O”

形圈理论，建立了卸压开采“抽采”瓦斯和煤与瓦斯共采系统，提出了煤岩顶底板卸压瓦斯抽采方法。

程远平等[34-35]对保护层开采后穿层钻孔抽采进行了研究，解决了由卸压煤层向首采煤层涌出瓦斯的问题，实现了瓦斯和煤炭两种资源的安全高效共采。薛东杰等[36]建立了“两带”裂隙分布模型，通过正交设计的全应力应变渗透试验，为被保护层瓦斯卸压增透计算提供了理论指导。

谢和平等[37-39]对煤岩层体积改变的影响因素进行了研究，并定义了增透率概念，推导了平板流体理论、达西定律、多孔介质理论、毛细管流体理论4种增透率模型；李圣伟等[40]对不同保护层开采模式卸压增透差异性及保护层增透卸压进行了研究；王宏图[41]对急倾斜煤层上保护层开采有效保护范围划定问题进行了研究，建立了急倾斜上保护层开采的瓦斯越流固-气耦合模型。

保护层开采有保护层开采技术问题和被保护层卸压瓦斯抽采问题，保护层开采后，顶底板煤岩层发生上下错动、变形膨胀，进而被保护煤层卸压，消除局部应力集中现象，煤层渗透性增大，瓦斯解吸速度加快；同时在瓦斯抽采硐室施工抽采钻孔或在煤层底抽巷进行卸压瓦斯抽采，这样不仅能快速高效地抽采出高浓度瓦斯，而且能对煤层瓦斯进行精准抽采。通过抽采降低了煤层瓦斯压力，将高瓦斯煤层转变为低瓦斯煤层，达到被保护层开采的目的。

#### 1.2.1.2 密集钻孔强化瓦斯抽采技术

密集钻孔作为一种常用的抽采技术，通过在煤体中合理布置密集钻孔形成弱化带，破坏煤体的承载结构，引起煤岩体发生相对滑动，使煤体中应力平衡区范围显著增大，极限平衡区煤体应力大大降低，煤体裂隙显著增多，达到瓦斯高效抽采的目的[42]。密集钻孔主要是针对高瓦斯煤层，其方式是通过缩小孔间距，布置高密度钻孔，从而降低抽采系统需求负压，降低局部瓦斯压力并增加煤层透气性，达到提高单位时间抽采量的效果[43]。

易丽军等[44]研究了煤层瓦斯抽采钻孔布置密集度与煤层透气性及煤体强度的关系，得出煤层钻孔越密集、煤体强度越低、透气性越好，抽采效果越明显。密集钻孔的局限在于短时间内效果显著，但随着抽采时间的延长，抽采效率下降。随着抽采时间的延长，钻孔有效抽采半径逐渐增大，但并非无限增大，而是当时间达到一定时，抽采半径也达到极限而不再增大。试验证明钻孔间距超过两倍极限半径时，储存于两孔间煤层的瓦斯将无法被抽采出来。

兰永伟等[45-46]采用RF-PA数值模拟软件，分析了不同煤层强度、不同煤层压力、不同孔径对钻孔破坏半径的影响，研究了钻孔直径、钻孔间距、煤体应力对卸压效果的影响。李冬等[47]利用理论分析、现场监测、工程试验、数值模拟相结合的方法对龙郓煤矿1300工作面回采后支承压力分布的特点、卸压孔深度的设计方案、卸压效果进行了研究。朱斯陶等[48]通过岩石力学试验、理论分析、现场实测等方法研究了工作面冲击危险区的卸压指标，提出了能量耗散指数的概念，推导了能量耗散指数与冲击能量指数之间的转换公式。

杨竹军[49]利用理论研究和数值模拟相结合的方法，对顶板超前钻孔形成预裂切缝技术进行了研究，采用非爆破的方式实现了基本顶断裂位态的主动控制，通过优化巷道顶板承载结构，有效降低覆岩关键块对煤柱的附加载荷，进而确保巷道稳定性。周府伟[50]对三软煤层条件下超前钻孔弱化引导切顶留巷技术进行了研究，提出了“弱化孔＋密集支柱”切顶沿空留巷技术。

付武等[51]对大直径中深孔爆破中减震孔的布设方法进行了研究，并对具体减震孔的开挖深度进行了说明。王洪刚等[52]对莆田 LNG 码头施工过程中采用减震孔等减震措施进行了介绍。黄富强等[53]对减震孔孔径和孔距与爆破震动速度峰值之间的关系进行了研究，并对两者的影响进行了比较分析。李永[54]对减震孔的减震效果进行了试验监测，并分析了减震孔与预裂缝的联合减震效果。刘俊民[55]介绍了边坡爆破中减震孔的布置方法。

王剑武[56]对桥墩拆除爆破中减震孔的布设方法进行了介绍。王璞等[57]考虑到工程所处的环境和施工进度，在开挖周边打减震孔，结果证明质点震动速度得到了减弱。赵孟岐[58]为了避免爆破施工造成既有建筑破坏和道路沉降，在隧道洞顶布置了三排减震孔，获得爆破震动峰值速度在不同部位的速度曲线。樊培山[59]为了确定边坡的稳定，采用布设减震孔减震爆破，获得良好的效果。谢智谦等[60]采用钻凿浅孔和减震孔的爆破法进行边坡开挖取得良好的效果。赵洋等[61]通过布设减震孔对早龄期混凝土进行保护。李是良等[62]在土方爆破工程中设置减震孔来降低爆破震动的危害。马福等[63]采用环形减震孔爆破开挖来确保隧道洞身开挖的安全。减震沟是多排密集钻孔的一种特殊情况。Hagimori等[64]研究发现，减震沟的减震效果达 60％～80％；Chen 等[65]采用小波分析方法研究了减震沟作用下爆破地震波的传播规律。Hagimori 等[66]使用减震沟来减弱隧道爆破施工对周围建筑物的影响。

密集钻孔作为一种常用的防冲技术，通过在煤体中合理布置卸压钻孔形成弱化带，破坏煤体的承载结构，引起煤岩体发生相对滑动，使煤体中应力平衡区范围显著增大，极限平衡区煤体应力大大降低，破坏了其发生冲击地压的应力条件，同时卸压后的煤体对深部煤体和巷道顶底板中发生的动力显现起到吸能保护作用，降低了深部煤岩体失稳对巷道表面煤岩体的影响，从而防止冲击地压的发生。

#### 1.2.1.3 水力化增透技术

(1) 水力割缝技术

运用高压水在煤体中冲割出大的孔洞及裂缝等,破坏煤体结构进而影响煤体内的应力分布,持续的高压水切割煤体使其内部产生裂隙带,增大煤层透气性。

目前常用的技术有高压水射流冲孔、扩孔及割缝,其中高压水射流冲孔是利用水压扩大孔径并带出煤体[67-68],此技术对煤层物理特性要求较高,只适用于软煤层,目前已被逐步淘汰。水力割缝区别于冲孔,是通过高压水破坏煤体应力及切割煤体产生裂隙条带,使煤体中裂隙的数量增多,裂隙的规模扩大,增加煤层透气性,提高瓦斯抽采率[69]。

20 世纪 70 年代,我国曾试验过水力割缝方法,受限于高压水射流设备的不完善,该技术当时并未被大规模使用。20 世纪 80 年代,河北和河南部分矿区进行了水力割缝技术的现场应用,取得了一定的成果。随着高压水力割缝装备的发展和矿井抽采效率的提高,国内学者对其理论和技术有了进一步研究和认识。

冯增朝[70]利用相似试验模拟水力割缝效果,发现割缝过程中容易出现瓦斯动力现象,而赵岚等[71]则通过试验优化了水力割缝技术并证明了其可靠性。陈玉涛等[72]研究了地质构造复杂、抽采困难的矿区存在的问题,提出了水力压裂与深孔预裂爆破联合增透的抽采工艺,通过试验验证该工艺的可靠性,结果表明该工艺比传统抽采方式改善了煤层的透气性、提高了瓦斯抽采的效果。陈向军等[73]分析了水力化措施的效果并其对其进行总结分类,归纳水力化措施包括致裂类和掏槽类,探索性地提出实施水力化措施时加入活性剂以改善消突效果。

针对单一水力化措施消突存在的不足,高亚斌等[74]提出了一种"钻-冲-割"耦合的卸压技术,试验表明,该技术同时具有水力冲孔与水力割缝的优势,使穿层钻孔的数量和长度减少,掘进速度有所提高。秦江涛等[75]针对白胶煤矿存在的问题,结合高压水力压裂与二氧化碳相变致裂,提出了两者联合增透的技术,并通过试验验证采用提出的增透技术后,透气性及单孔瓦斯抽采体积分数和瓦斯抽采纯量明显提高。

郑春山等[76]在分析喷孔发生机理的基础上,构建了两种水力割缝方式,分别为"强水快割"和"细水慢割",采用 FLAC3D 数值模拟与现场试验分析了不同的割缝方式对喷孔造成的影响。李晓红等[77]采用不同结构的水力割缝系统探索了过渡过程中的压力-流量的特征,同时对过渡过程中的系统能量特性和耗散规律进行了分析。童碧等[78]对下向钻孔水力割缝的施工工艺与下向钻孔"分组分排吹"的排水排渣工艺进行了探索,发现水力割缝后钻孔煤壁暴露面积增加,"分组分排吹"能排出残留孔内的煤渣和积水。

袁波等[79]测试了不同喷嘴和阀芯结构参数(瞬变压力和流量),分析了瞬变压力和流量受割缝关键装置(喷嘴与阀芯)结构参数的影响规律。唐巨鹏等[80]分析了煤层卸压增透效果受到水力割缝布置方式的影响,对切割煤体横向深度进行计算,并构建了水力割缝的三维有限元模型。李桂波等[81]以瓦斯解吸理论为依据提出了利用水力割缝在煤体中产生裂隙,以达到增大煤体在空气中暴露面积和形成瓦斯流动通道的目的,最终实现瓦斯抽采量的提高。

宋维源等[82]从煤层应力变化的角度出发,以渗流力学平面径向流理论为基础探索了水力割缝的增透原理。冯增朝等[83]开展了大煤样水力割缝抽采瓦斯试验,对水力割缝中煤与瓦斯突出现象进行了研究并分析了其相关机理。吕贵春[84]采用交叉式水力割缝技术进行卸压增透,现场试验表明交叉式水力割缝措施提高了煤层透气性和抽采效果。叶青等[85]对高压磨料水力割缝机理进行了探索,分析了相关的施工工艺并验证了高压磨料水力割缝的防突效果。

张连军等[86]在分析水力割缝施工工艺的基础上,指出水力割缝的机理即煤体在水力割缝中形成缝槽,导致煤层中的瓦斯和地应力得以释放。段康廉等[87]开展了水力割缝对特大煤样瓦斯渗透率的相关试验,证明了割缝可以提高瓦斯的排放量。龙威成等[88]指出高压水力割缝增透应用于某些矿区效果不理想,通过分析不同地质条件,认为高压水力割缝对于煤层较厚、瓦斯含量大等条件的煤层增效效果更佳。张欣玮等[89]设计了前后双喷嘴结构的自吸式磨料射流割缝喷嘴,并通过试验分析验证了设计的喷嘴比传统喷嘴效率有所提高。段永生等[90]分析了不同喷嘴的水力割缝数学模型的钻孔内部流场,指出喷嘴轴心间距与射流流场之间的分布规律。

贾同千等[91]提出了采用水力割缝局部化瓦斯增透技术来解决水力压裂存在增透盲区的问题,通过在现场进行试验,验证了复杂地质低渗煤层采用水力压裂-割缝综合瓦斯增透技术有利于煤层的强化抽采。寇建新等[92]通过相关的模拟试验得到了煤层水力割缝卸压增透时的喷嘴旋转参数,同时以不同转速下射流割缝半径与时间之间的关系构建了割缝深度模型。李艳增等[93]探讨了水力割缝对于抽排瓦斯量与钻孔的影响,指出水力割缝是提高瓦斯抽采的高效措施。刘生龙等[94]针对低透气性坚硬煤层的石门揭煤时间较长研发了超高压水力割缝设备,并通过现场验证表明,超高压水力割缝能够提高煤层透气性与瓦斯抽采效果。乔伟等[95]指出喷嘴结构是影响水力割缝效果的关键部件,通过对比优化喷嘴的参数,分析了其对割缝效果的影响。高松等[96]针对淮南矿区煤层透气性差、抽采效果不佳的问题,采用高压水力割缝改变煤层的弹性潜能、增加透气性,达到改善抽采效果与快速掘进消突的目的。

黄炳香等[97],刘磊等[98]在浅孔中开展水力割缝防治煤与瓦斯突出的研究,指出水力割缝可以有效降低突出的危险性。王耀锋[99]总结了水力割缝与水力压裂的发展历程与研究现状，指出了目前在理论和实践中存在的问题，并展望了煤层增透的发展趋势。唐巨鹏等[100]模拟研究了水力割缝应用于深部本煤层卸压的效果，模拟分析了多重水力割缝卸压情况，由试验结果得出多重水力割缝在实际深部煤矿的卸压效果良好。闫发志等[101]提出了割缝与压裂协同增透以解决低透气性煤层卸压不充分的问题，同时分析了割缝钻孔与压裂钻孔在不同条件下的裂缝扩展规律，并通过现场试验验证了协同割缝钻孔的瓦斯抽采效果有明显提高。

(2) 水力压裂技术

水力压裂技术是从油田开采而来，首先应用于开采油井天然气，后来逐步在矿井瓦斯防治上得到应用。该技术是通过向开采层注入高压水使裂缝延伸、扩张，进而提高煤层透气性，增大瓦斯抽采效率[102]。针对低透气性煤层瓦斯抽采，为提高抽采效率，增大抽采量，保证安全生产，在正式开采前均可采用水力压裂技术对煤层进行一定程度的改造，改善开采环境、满足开采条件后才能投产。

从1970年开始，原抚顺煤炭研究所在抚顺地区的一些煤矿进行了水力压裂瓦斯抽采试验，取得了显著的效果。近年来，水力压裂在煤矿开采过程中，不仅因增加煤层透气性，还因能影响煤岩体力学性质而被广泛应用。

20世纪50年代，Fan等[103]通过向岩体注入高压水，采用数值理论方法分析了孔壁周围受力破坏后的应力分布状态，发现水压和地应力达到一定平衡状态时，其共同作用能够产生环向拉应力，随着岩体水压力的增加，环向拉应力进一步增加以克服岩体抗拉强度，引起钻孔壁周围拉伸破坏；Fan等将这种理论称为应力集中拉伸破裂理论，基于该理论，分析了岩体最小水平主应力与裂缝产生时起裂压力及岩体抗拉强度的关系，发现压裂后岩体裂缝延伸方向和垂直于最小主应力的方向一致，提出了一套裂缝起裂扩展准则。

Dunlap[104]应用弹性力学和损伤力学理论，分析了压裂岩体后钻孔壁周围应力分布状态，推导了岩体压裂过程中水平和垂向应力计算公式，通过设定压裂应力大小即可反算得地应力。Haimson等[105]应用弹性力学理论分析了岩体在压裂后钻孔中心围岩应力分布状态对岩层渗透性的影响，通过弹性理论推导了与孔裂隙应力相关的计算公式。Zhang等[106]依据矿井岩石及地质条件等相似材料构建等比例试验模型，在加载外力作用下，论证了不同地应力对应下的最大主应力对裂缝起裂扩张的作用，经过数据分析得出起裂方位受裂缝数量和加载受力角度影响。

Hossain等[107]研究了改变压裂射孔角度对起裂压力和起裂方向的影响，研究得出射孔角度的变化不影响裂缝起裂扩展。吕有厂等[108]根据压裂后煤体结构特征和围岩应力分布，分析了煤层水力压裂钻孔起裂规律，构建了钻孔裂缝压力计算模型，得出钻孔围岩破坏、裂隙扩展时煤体产生的拉应力大于其抗拉强度，分析了起裂压力不仅取决于钻孔围岩物理力学性质，还受弱层理面方向控制。卢义玉、程亮等[109-110]考虑煤层原始受力状态和瓦斯赋存规律，应用弹性力学制定了煤层钻孔裂缝起裂扩展准则，研究表明煤层倾角和煤层地应力大小对煤层起裂有影响。蔺海晓等[111]分析了水力压裂增透机理，利用相似材料同比例建立三轴压裂岩石力学试验模型，模拟现场岩石受力状态，研究得出裂缝起裂扩展方向与最大主应力方向一致，地应力的大小影响裂缝扩展延伸，地应力越大、煤层起裂压力越大。

Cleary[112]通过对煤层结构特征和瓦斯渗流规律研究，系统地分析了裂缝扩展的影响因素，揭示了其受渗透率、孔隙比、压拉比、抗压强度及弹性模量等煤体物理参数影响。Anderson[113]根据能量传递性，认为裂缝能顺着岩石从高强度向低强度延伸，反之则不能。陈勉等[114]在研究水力渗透机理和原生裂缝的压力曲线的基础上，建立了仿真模型，利用三轴压裂试验对原生裂缝进行模拟，得出水力压裂裂缝扩展以一条主缝为主，分支与主缝并存。张广清等[115]根据拉格朗日极值算法，运用弹性力学拉伸应力理论，建立了水压裂缝空间方向变化模型，并通过数值模拟及相似模拟试验分析了裂缝方向转变规律。

关于煤层水压裂缝扩展的研究，朱宝存等[116]利用 ANSYS 有限元软件，通过数值分析得出了地应力和原生裂缝在水力压裂过程中对煤岩体起裂特征的影响规律。张春华等[117]运用 RFPA2D-Flow 模拟了煤层力学特性在水力压裂过程的演化，发现了水力压裂技术在卸压增透方面的应用。申晋等[118]通过固液混合作用，得出了低渗透煤岩体在水力压过程中裂缝产生与扩展的数学模型。卢义玉、宋晨鹏等[119-120]研究了裂缝扩展规律及原生裂缝、煤岩接触面的破坏机理，建立了裂缝与原生裂缝、煤岩交界面二维模型，获得了压裂裂缝与原生裂缝扩张规律。富向等[121]模拟研究了水力压裂全过程中穿煤层钻孔的应力状态变化规律，得出了水力压裂中穿煤层钻孔定向裂缝扩张规律，并发现了压裂孔与控制孔之间的卸压作用。

(3) 水力冲孔技术

水力冲孔利用高压水射流冲击煤体，使煤体破碎并被高压水冲出，冲孔后在煤层中形成直径较大的孔洞，冲孔过程中排出了大量的瓦斯和煤体，使周边煤岩体应力降低，松软突出煤层迅速松动，煤层瓦斯快速解吸、运移，达到卸压增透、强化抽采的目的。

20 世纪 80 年代以来，水力冲孔技术大规模应用于美国圣胡安盆地煤层气开发领域[122]。该盆地目前有 4 000 多口井，其中约 1/3 采用水力冲孔完井，较射孔完井后水力压裂而言，其成本降低但产量却增加了 3～20 倍。2012 年，我国呼鲁斯太矿区采用井下穿层洞穴完井技术进行煤层瓦斯抽采[123]，试验结果表明穿层洞穴完井钻孔有利于扩大钻孔有效抽采范围、提高瓦斯抽采量以及延长钻孔有效抽采时间。

刘明举等[124-126]介绍了水力冲孔技术的工艺流程、装备以及现场应用，基于水力冲孔卸压增透的防突机理对高压水射流的破煤压力进行了理论计算分析，并结合淮南矿区的现场实践，将高压水射流的破煤压力确定为煤层普氏系数的12～20倍。王凯等[127]根据钻孔周围的瓦斯压力和瓦斯含量确定了钻孔有效卸压范围并对水力冲孔钻孔周围煤体应力及透气性变化规律进行了数值模拟分析。夏永军等[128]对高压水射流冲蚀煤体机理进行了研究，论述了高压水射流对煤体的破坏作用、前期应力波的破坏作用及后期射流准静态压力和滞止压力梯度的破坏作用。

王新新等[129]将采取水力冲孔措施后的煤层卸压区域划分为瓦斯充分排放区、瓦斯排放区、瓦斯压力过渡区、原始瓦斯压力区等4个区，并利用数值模拟软件对排放机理进行了研究。王兆丰等[130]研究了水力冲孔在罗卜安煤矿的松软低透突出煤层区域抽采消突措施中的应用效果，结果表明，单孔冲出煤量7 t，钻孔抽采有效影响半径提高2～3倍，消突效果显著。魏国营等[131]在演马庄煤矿突出煤层进行了现场工业性试验，客观评价了水力冲孔的有效性、适应性以及安全性，并取得了提高掘进速度的效果。王耀锋等[132]分析了水力化煤层增透技术研究的进展和发展趋势。

唐建新等[133]在白皎煤矿应用了自主研发的高压水射流装置进行了现场试验，大幅度提升了钻孔抽采率。卢义玉等[134]将自激振荡脉冲高压水破煤技术应用在逢春煤矿揭煤作业中，使工程的工期缩短了70 d，并评估了该技术对煤体孔隙率和解析率的影响。张义等[135]通过实验室试验，改进了4种旋转式射流钻头，并研究了旋转射流的水力运动规律、岩石破碎过程及原理。王耀锋[136]为了提高矿井作业中的扩孔效率，基于实验室试验研制了三维旋转射流扩孔装置。

刘彦伟等[137]系统阐述了水力冲孔的防突机理和施工的工艺流程，并基于现场试验确定了单孔的有效影响半径，提出了水力冲孔钻孔的合理孔间距。郝富昌等[138]为了研究煤量对水力冲孔有效范围的影响，建立了考虑煤岩体吸附特性的渗流-应力耦合模型，通过义安煤矿的现场试验确定了在出煤量为1 t/m的情况下孔间距为8 m。沈春明等[139]认为高压水射流可以使钻孔周围煤体应力集中区向煤层深部移动，提升钻孔的有效影响范围，降低煤与瓦斯突出危险性。魏建平等[140]分析并阐述了水力冲孔的作用机理，基于现场工业性试验测量得出单孔的有效影响半径为4 m，有效影响范围为7～8 m。刘明举等[141]在前人研究的基础上，自主研发了水力冲孔设备，并将淮南矿区设置为试验地点，得出了破煤压力与煤体 $f$ 值的关系。

综上，水力冲孔的工艺及技术参数有待进一步研究。现今的冲孔工艺有时会造成憋孔、堵孔、卡钻、跑水等问题，特别是上向孔冲出的煤水混合物往往容易聚集在套管的上口，直接影响钻冲的进行。同时，冲孔时间过长或者设计方案不合理在掘进煤层中形成一定的孔洞会给煤巷掘进时的顶板管理和生产工作带来一定的困难，也会增加巷道掘进时的支护成本。

### 1.2.2 爆破技术在煤层增透中的应用现状

在煤层增透强化瓦斯抽采的工程实践中，爆破技术作为一种快速、有效的致裂措施，被广泛应用于各类增透工程中。而随着爆破技术的快速发展，煤层增透使用的常规爆破技术也逐步发展为水压爆破、聚能爆破等新技术。

#### 1.2.2.1 深孔爆破技术

深孔爆破可以有效提高煤层孔隙率、增加透气性，通过在煤层中预先施工控制孔，利用控制孔定向爆破预裂煤体，产生径向裂隙，裂隙延伸形成渗流通道，最终达到卸压增透的目的[142-143]。

目前，我国工程技术领域在开展地下爆破时大多为深孔爆破，其定义为炮孔直径大于 50 m、孔深在 5 m 以上的钻孔爆破。深孔爆破又分为中深孔爆破和深孔爆破，但在爆破技术创新发展的推动下，爆破设备不断完善提升，使得深孔爆破技术的划分界限逐渐模糊，表现出一定的通用性发展趋势。而深孔爆破施工方便，作业成本低、生产效率高，作业环境更加安全，应用也更加广泛。但常规深孔爆破在煤体深部形成的裂隙带范围小，瓦斯抽采效果不显著，为此有学者进行了改进，提出了深孔聚能爆破。该方法通过改变爆破装药方式，将柱状装药改为聚能穴装药，预置爆破方向，从而增加径向爆破裂隙。通过进一步研究发现，在爆破前充入水，利用爆炸时的冲击波将水压入煤体能增加透气性[144]。

龚敏等[145]以打通一矿 S1721 工作面为原型，利用 LSDYNA3D 研究了煤层预裂爆破机制，得出松软煤层深孔预裂爆炸应力波传播和介质破坏的特点与岩石爆破存在差异，即松软煤介质对应力波能量的吸收比岩石大，较大部分能量在爆破近区被吸收，近区压碎破坏明显，且在煤层爆破时应力波衰减较在岩石中快。

陈鹏[146]分析了深孔穿层控制爆破技术对松软煤层透气性的影响，研究了爆破载荷下煤层裂纹扩展情况，进行了深孔控制爆破工业性试验和增透效果测试，得到了爆破技术使煤层透气性系数增加了 3 倍以上的结论。

原道杰[147]在煤层近距离顶板中施工钻孔进行定向聚能预裂爆破，通过控制装药结构，使爆破裂隙锲入煤层中，从而实现对煤岩的卸压增透，强化预抽煤岩裂隙中的卸压瓦斯;现场试验表明,该技术增强了煤层透气性,提高了钻孔施工效率和瓦斯抽采效果。

王皓[148]基于实验室试验,研究了含水率对煤体力学特性和瓦斯吸附放散特性及微观孔隙结构的影响,阐述了含水率对煤体的作用机理,通过数值模拟研究了不同特征参数对煤巷掘进过程中突出危险性的影响,并验证了煤层注水的可行性;但是由于煤层裂隙较少,低压直接注水效果并不理想,高压注水又会出现局部应力集中,有可能诱发煤与瓦斯突出;最终提出了一种爆破增注防突技术,并通过现场工业性试验验证了其对煤与瓦斯的防突效果。

贾腾等[149]为了研究不同孔间距抽采孔对深孔预裂爆破效果的影响,利用ANSYS有限元模拟软件,建立了深孔预裂爆破影响范围物理模型,设计了5种工况,探讨了不同孔间距抽采孔对深孔预裂爆破的影响效果;研究了不同孔间距抽采孔对爆破裂隙的扩展形态的影响,分析了抽采孔内壁质点位移及震动速度,最终确定了合理的孔间距。

弓美疆等[150]为了解决低透气性高瓦斯煤层难抽采问题,运用RFPA2D数值模拟软件,建立了两种深孔控制预裂爆破力学模型,通过对模拟结果进行对比分析,得出了一套适用于鹤煤八矿底板抽采的爆破参数,并进行了现场试验,爆破后煤层透气性系数平均值达到了2.23 $m^2/(MPa^2 \cdot d)$,比爆破前测定的煤层原始透气性平均值提高了近3.05倍,说明该技术可以明显提高钻孔周围煤体裂隙发育程度,使煤体透气性增加,能够解决鹤煤八矿瓦斯抽采的技术难题。

刘健等[151]、姜二龙等[152]、高新宇等[153]采用相似模拟试验,研究了不同煤岩介质爆破载荷作用下煤体裂隙扩展发育特征和力学特性,阐明了深孔预裂爆破的作用机理及工艺流程。

粟爱国[154]采用理论与数值模拟相结合的方法,进行了低渗流煤层预裂爆破数值模拟研究,给出了高瓦斯低渗透煤层物理力学特性和瓦斯在煤体内的扩散、解吸和渗流规律;结合预裂爆破自身特性,揭示了煤层在爆炸应力波动作用和爆生气体准静态作用下的损伤断裂机理;通过对爆生气体对裂纹扩展规律的影响分析,说明了煤层预裂爆破裂纹扩展机理是应力波、爆生气体和煤层内的瓦斯压力共同作用的结果;最后利用AUTODYN程序中用户自定义材料模型功能,通过改变影响煤体裂纹扩展的参数,得到了单孔和双孔在不同孔距及不同爆破参数条件下裂纹扩展规律和裂纹扩展范围。

刘健等[155]以坚硬特厚高瓦斯煤层为研究对象,利用DYNA3D数值模拟软件,对深孔爆破爆炸应力波的传递及岩层裂纹的发展规律进行模拟,同时通过现场试验得出深孔爆破能有效弱化顶板,提高回采率和瓦斯抽采率。陈秋宇等[156]通过试验研究了空孔对深孔爆破的作用效果,分析了爆破孔和空孔间距对岩石裂隙扩展的影响，通过测量空孔周围应变量，得出爆炸载荷下空孔具有定向致裂的作用，更有利于顶板裂隙的产生，爆破效果更好。

刘优平等[157]利用ANSYS/DYNA对炮孔装药结构进行了优化模拟，分析了爆破机制，并确定了爆破效果的评估方法；通过改变装药量和耦合系数，建立了6种不同的模拟方案，对爆破有效应力进行了分析，并结合现场实际应用，最终认为采取方案4，即空气间隔为2 m、药卷单长卷为8 cm、装药不耦合系数为0.5时，爆炸能量得到了更加充分的利用，爆破切口更为平整，爆破块度更为适中，工程效果更好。李春睿等[158]针对深孔爆破，提出了“动静压”破坏原理，认为爆破对岩石作用为动压（冲击波、应力波）作用和静压（爆生气体）作用，并利用AUTODYN数值软件，模拟了爆破岩石破裂过程，分析了不耦合装药的爆破规律，并通过现场试验对爆破效果进行了检验。

郭德勇等[159]以低透气性煤层为研究对象，从理论上分析了不耦合装药与爆破影响半径的关系，并以大平矿13091工作面为工程背景，将聚能爆破参数进行了设计，确定孔径75 mm、孔深30 m、孔距10 m、装药径向不耦合系数1.88，同时详细总结了施工步骤，进行了可行性验证。陈章林等[160]对爆破参数（孔径、孔深、钻孔倾角、孔间距和封孔长度等）进行了合理化选择，同时提出了4种实际中应用的炸药单耗指标，对爆破效果有一定的影响，得出的结论对工程实践具有理论指导意义。过江等[161]研究了在空气和水两种不同耦合介质条件下，通过合理选择炸药、岩体及耦合介质参数，设置边界条件，建立数值模型，对岩石爆破效果进行了数值模拟，结果表明，不同耦合介质下爆破效果不同，空气介质条件下效果较好，同时得出空气介质条件下爆破时，不耦合系数较大更有利于裂隙的扩展，不耦合系数为2.1时最佳，研究结果对深孔爆破耦合介质的选择具有一定的指导意义。

科恰诺夫等[162]通过理论计算分析，提出了岩石爆破裂隙区半径的测定方法，并得出岩石的抗裂性和岩石的缺陷程度是岩石微裂隙区尺寸大小的影响因素。

为了在特定方向上提高能量密度，Bjarnholt[163]最早对装药结构进行了研究，将线性聚能装药结构引进工程爆破中，国内外学者对装药结构也进行了深入研究。Langefors等[164]尝试在炮孔壁做出刻槽来控制裂缝产生的方向，以实现定向功能。Dyskin等[165]研究了预裂爆破的炮孔间相互作用机理。Song等[166]介绍了一些爆破模拟，并基于建模结果讨论了关于破坏过程的定性观察现象。Wang等[167]对浅埋煤层中深孔预裂爆破技术的应用进行了研究，根据浅层煤层的野外条件，采用圆柱孔扩张理论分析了破裂带、断裂带和弹性振动带这三个爆破分区；应用LS-DYNA3D软件建立了深孔预裂爆破模型，给出了高应力爆炸应力波对岩石应力场和破坏范围的影响;仿真结果揭示了爆破的可控顶板机理,并给出了优化的爆破参数。

Xie 等[168]结合 AUTODYN2D 软件和 UDEC 软件,利用数值模拟技术对预裂爆破的爆破震动效应以及连接处几何特征对预裂爆破效果的影响进行了研究。

Nilson 等[169]参考爆炸动力学及岩石断裂力学理论,对岩体定向断裂爆破时导向裂纹的始裂、成裂、发育和贯通进行了初步分析,并介绍了炸药岩体定向断裂爆破裂缝形成机理、裂缝扩展的理论公式。之后,Nilson 等[170-171]通过理论分析给出了流体/气体致使岩石裂缝发育的积分关系式,分析了准静态作用的爆生气体对爆破裂缝发育的影响。Badal[172]建立试验模型验证了岩体预裂爆破的机理,认为岩石预裂是爆炸冲击波和静态爆生气体协同作用的结果。Paine 等[173]建立了考虑爆生气体变化、地应力等因素存在径向裂缝的圆柱形爆孔模型,并给出了模型理论表达式和求解方法。Sanchidrián 等[174]通过借助采石场爆破的现场监测试验成果,总结了岩体在爆破中各环节能量相对炸药爆破总能量的占比,试验表明,岩体在爆破中破碎能量占 2%～6%,震动能量占 1%～3%,抛掷能量占 3%～21%,相同的爆破能量在煤体中试验比在岩体中试验能获得更大的裂隙区范围。Daehnke 等[175]采取解析法及数值法对爆生气体致使裂纹发育进行了研究,成果显示爆生气体对岩体裂缝发育过程占主导地位。Williams等[176]采取二维离散元计算方法对岩体爆破裂缝扩展进行了数值模拟,结论表明,岩体中炸药起爆后,岩体爆孔周围在动态爆炸冲击波作用下形成压缩粉碎区,随后又受到准静态爆生气体的楔入尖劈作用,致使岩体爆孔周围的径向裂隙逐渐得到发育,裂隙发育速度愈快其终极长度发育愈长。Mohammadi 等[177]采用适应网格的有限元-离散元耦合方法模拟了岩体爆破裂纹的扩展问题,该方法用于模拟爆生气体在裂缝中的传播以及与裂缝交叉作用的流固耦合现象。

#### 1.2.2.2 聚能爆破技术

聚能爆破是通过采用特殊的装药结构,设置金属聚能穴,利用聚能效应在爆炸时靠空穴闭合产生高温、高压、高能量密度的金属射流,使得爆轰产物聚集,爆破能量在局部得到提高的爆破方式。聚能爆破在军用爆破、武器研制、工程爆破和其他控制爆破方面的应用十分广泛。

早在 18 世纪末,巴德尔发现了炸药爆炸时的聚能现象,但长久以来并没有引起人们的重视[178]。1888 年,门罗发现并描述了不带药型罩的聚能装药能够使爆炸能量局部增强的效应[179]。1923—1926 年,苏联的苏哈烈夫斯基系统研究了聚能效应,确定了装药参数与侵彻效果的关系。20 世纪 60 年代,Bjamholt

等[180]首先将线性聚能装药应用于岩石爆破。Nedriga等[181]对定向聚能爆破的方法筑坝和筑堤进行了研究,探讨了定向爆破筑坝体岩体施工及渗流特性。Lee等[182]研究了1020低碳钢靶在聚能罩材料为铜和钨铜时,聚能射流在撞击弹坑前的微观结构,聚能罩材料为钨铜的聚能射流对靶的冲击压力高于铜的。Scheid等[183]设计了铝制聚能罩初始阶段射流形成的试验,分析了微观结构与初期聚能罩压缩闭合行为之间的关系。

国内对聚能爆破的研究起步较晚,但成果丰富。在聚能爆破岩石致裂的研究中,罗勇等[184-185]对岩石在聚能爆破作用下定向断裂时裂隙的发育及演化机理进行了分析,通过试验证明了聚能射流能够形成切缝效果,并使爆生气体能量向切缝的方向聚集,对岩石具有定向损伤的作用。韦祥光[186]对爆轰波对称碰撞形成的聚能效应展开了理论研究,并依据爆轰波理论,对与其相关的起爆方式设计进行了试验研究;同时,基于对聚能爆破的方向性、破坏能力以及碎岩能力的考察,设计了试验并评估了聚能爆破的爆炸性能和工业应用价值。罗勇等[187]研究了岩石在线性聚能药包定向爆破的作用下,岩石中裂隙的产生及演化规律,同时将自制的线性聚能药包应用于实际工程的巷道掘进中,取得了较为理想的岩石定向断裂效果,从而证明了线性聚能药包在岩石爆破中起到定向断裂的作用。徐振洋[188]对聚能射流侵彻作用下大块岩石的定向劈裂机理进行了研究,分析了岩石劈裂过程中裂纹扩展形态及尖端受力特征,获得了线性聚能射流作用下大块岩石的动力响应特征及劈裂形成机理以及药型罩的结构对劈裂效果的影响。

何满潮等[189]在普通爆破药卷的两侧分别设置了聚能装置,对双向聚能拉伸爆破技术进行了研究,聚能装药爆破使爆轰产物在聚能方向上得到汇聚,产生径向初始裂隙,并在爆生气体"气楔"的作用下,裂隙不断失稳,在向外延伸的过程中又为应力波提供了新的自由面,形成反射拉应力,促进导向裂隙的向外扩展。杨仁树等[190]对聚能切缝药包在岩巷快速掘进和光面爆破中的应用进行了研究,分析了炮眼间距和装药量对聚能爆破的影响并优化了爆破参数,大幅提高了炮眼利用率,提高了光面爆破效果。在对聚能爆破装药方式对爆破影响的研究中,刘文革[191]基于对药卷主要参数和爆破对象煤层断裂长度的计算,利用轴对称聚能方式,将水胶炸药作为爆炸物在钢管内进行了爆破模拟试验,试验表明轴对称聚能装药方式能够合理利用聚能效应,实现定向控制爆破损伤的效果。

综上所述,国内外学者通过对聚能爆破的机理、聚能爆破岩石致裂的试验以及聚能装药结构对爆破的影响方面的研究,发现聚能爆破能够利用聚能效应提高特定方向上岩石的损伤和破坏,起到定向致裂的效果。

#### 1.2.2.3 气体爆破技术

(1) 二氧化碳爆破技术

在国外,液态二氧化碳爆破技术在石油与天然气领域得到了广泛的应用。1987 年之前,加拿大已经完成了 450 次的液态二氧化碳爆破作业[192]。在 1998 年以前,国外利用液态二氧化碳已经完成了超过 1 200 次爆破作业。在 1999 年到 2003 年之间,成功实施了 350 次液态二氧化碳爆破技术试验[193]。

Niezgoda 等[194]利用数值模拟的方法模拟了气藏层注入液态二氧化碳的过程,结果发现注入二氧化碳后,气藏层的渗透率有了明显提高。Mueller 等[195]通过建立动态模型对临界二氧化碳爆破进行数值模拟,并探究了影响煤层气产量的因素。Ishina 等[196]通过试验证明,在相同的试验条件下,由于液态二氧化碳的低黏度,液态二氧化碳爆破的增透效果要高于水力压裂。Kipp[197]研究了岩石爆破的数值模拟方法;Grady 等[198]从能量的角度研究了岩石的动态破碎问题;Kuszmaul 等[199]建立了岩石动态破碎的数值模型;Sanchidian 等[200]研究了在爆炸载荷作用下岩石的动态损伤与断裂现象;Fourney 等[201]提出了节理岩体爆破块度的计算模型;Qu 等[202]针对爆破设计的优化进行了研究;Ruparelia 等[203]深入研究了爆破块度对生产率和开采系统的影响。

我国开展液态二氧化碳爆破技术研究工作的时间比较晚。1992 年,郭志兴在平顶山煤矿进行了液态二氧化碳爆破筒的地面试验,试验结果表明,多孔材料的爆破非常适合使用液态二氧化碳爆破技术,爆破威力受二氧化碳体积和释放压力的影响,而且爆破过程中无火花,安全可靠[204]。自 1994 年起,徐颖等[205-207]开发了国内首套高压气体爆破试验模拟系统,并进行了高压气体爆破试验,研究了高压气体爆破作用机理,试验结果表明,该模拟系统可以很好地模拟高压气体爆破过程。

王家来等[208]研究了爆破过程中高压气体破煤的力学机理,并观察分析了爆破压力和最小抵抗线这两个因素对爆破作用效果的影响。邵鹏等[209-210]对高压气体爆破的作用机理和破煤块度进行了研究,发现随着相似模拟材料强度的增大,破碎介质所需的爆破压力呈非线性增长趋势。王兆丰等[211]研究了液态二氧化碳爆破致裂煤层的机理,并利用爆破增透的现场试验进行了验证。王继仁等[212]通过高能气体冲击破坏煤体的试验,对不同煤体中的瓦斯运移规律和破坏量进行了研究。

高杰等[213]以气射流冲击和高压气体准静态膨胀理论为基础,开发了高压气体爆破致裂煤岩体系统,并通过试验将高压气体爆破致裂的过程划分为气体射流冲击阶段、起裂阶段和断裂阶段 3 个阶段。孙可明等[214]研发了超临界二氧化碳气爆试验系统,结合气爆试验参数,建立了超临界二氧化碳气爆煤体的动力学模型，通过数值模拟得到了气爆压力和煤体破坏规律的关系，揭示了粉碎区和裂隙区的形成机理。

周西华等[215]基于损伤力学与空气动力学的理论基础，分析了爆破过程中爆破管内高压气体的压力时程变化关系。近年来，液态二氧化碳爆破技术被广泛应用于煤矿现场。孙小明[216]在九里山煤矿施工穿层钻孔进行了液态二氧化碳爆破增透试验，试验结果表明，液态二氧化碳爆破技术使煤层透气性系数提高了 40 左右，能够有效强化煤层瓦斯抽采效果。

董庆祥等[217]采用压缩气体与水蒸气容器爆破模型计算液态二氧化碳爆破的 TNT 当量，进而得到液态二氧化碳爆破的影响半径。许梦飞[218]分析了在单孔爆破条件下使用液态二氧化碳爆破技术前后煤层瓦斯纯度和抽采量的变化，确定了该技术的增透半径为 4.5～5 m。韩亚北[219]研究了液态二氧化碳爆破技术的增透机理，分析了煤体在爆破中产生的高能气体和煤层瓦斯共同作用下的裂纹扩展和破坏准则。詹德帅[220]基于司马煤矿工作面增透的工程背景，分析了液态二氧化碳爆破作用过程中各阶段煤体破坏标准，考察了不同二氧化碳充装量的增透影响半径。

(2) 高能气体压裂技术

高能气体压裂技术利用装在套管中的少许炸药和推进剂联合作用，先由少量炸药在井筒周围造成对称分布的起裂裂缝，再由大量的火药燃烧时产生的高能气体去扩展和伸延裂缝，从而达到增加岩层透气性的目的。它与高压气体爆破的区别在于它是通过火药的燃烧反应生成大量的高压气体，而高压气体爆破是通过化学反应实现的。

高能气体压裂技术最早于 19 世纪 60 年代出现在美国，后来以美国和苏联两个国家为中心，向全世界扩散。该技术早期主要应用于石油开采，后来扩展到页岩气的开采和煤矿开采。有文献指出，截至 2012 年，美国、加拿大、俄罗斯、欧洲、非洲、拉丁美洲和中东地区的高能气体压裂施工井数有 8 000 多口，运用井型也包含了油井、气井、注水井甚至煤层气井[221-226]，储层类型包含从低渗到高渗的砂岩、页岩和灰岩等。

我国在该方面的研究与应用工作稍晚于美国。自 1985 年西安石油学院与西安近代化学所在国内开展高能气体压裂的研究与推广以来，国内已经发展出了一项基本成熟的、在各油田应用中取得良好经济效益的、正在向综合性压裂发展的油气层改造增产新技术。目前，该技术在吉林油田、中原油田和川南、川西油田，尤其是在四川油田取得了良好的效果[227-228]。在施工形式上从以往的推进剂单独施工技术，发展到了目前的高能气体压裂与射孔复合技术、高能气体压裂与水力及酸化复合技术、“爆炸松动”增产技术、液体药高能气体压裂技术和袖套式复合射孔压裂技术等。目前,高能气体压裂技术在煤矿生产中主要用于低渗透煤层的煤层气开采。

吴晋军[229-231]等基于高能气体压裂原理,结合煤层与油层岩性不同特征,经一系列试验及工艺设计研究,成功开发了浅层煤层气多脉冲压裂开发的技术与工艺,并且研制了高能气体压力复合技术装置。吴晋军等对火药爆燃气体过程中爆燃气体能量进行了分析,建立了全封闭煤层气多脉冲压裂能量利用率计算模型,并结合现场试验 Z2-033 井计算结果,得出与同类井况敞开井口压裂相比,全封闭井口压裂可提高能量利用率0.6～1.3 倍。

李楠[232]开展了适用于浅层煤储层高能气体压裂的试验研究,在沁水盆地进行了煤层气开发的高能气体多脉冲压裂技术的探索研究,研究发现采用此技术可以促使煤气层产生更长的多裂缝体系,并沟通了更多的天然裂缝,形成网络裂缝,大大改善了煤气层渗透性。

刘敬等[233]为了提高适用于低渗煤层高能气体压裂开发的技术水平,结合全封闭多脉冲压裂工艺特点,分析了多脉冲加载激励煤层产生多裂缝松弛地应力的作用机理及作用过程,研究建立了多裂缝物理模型,为低渗煤层全封闭多脉冲压裂瞬间破岩成缝机理研究及优化工艺设计提供了理论参考。杨卫宇,刘小娟等[234-237]通过理论分析、实验室试验和现场试验对高能气体压裂过程中"化学作用"、火药燃烧及射孔泄流规律、压裂对套管井壁的破坏进行了系统研究,为高能气体压裂机理分析提供了依据。

Nilson[238]在借鉴水力压裂模型研究的基础上系统地研究了高压气体驱动裂缝扩展的过程。Paine 等[239] 建立了能实现多条裂缝扩展的模型。Yang 等[240]系统研究了整个高能气体压裂作用过程,分别建立了高能气体压裂过程中各个阶段的子模型,并通过半解析法进行了子模型的耦合求解,实现了对高能气体压裂作用过程的模拟。Cho 等[241]通过将有限差分与有限元方法相结合,将气体流动速率和裂缝扩展耦合求解,模拟了动态裂缝扩展过程。

王安仕等[242]对爆燃气体致裂作用机理进行了研究,研究内容包括可形成多裂缝条件、裂缝自行支撑理论、裂缝传播能量分析、裂缝延伸数值模拟、裂缝传播状态分析、裂缝闭合的黏弹性边界元模拟以及裂缝动态响应的有限元分析。杨小林等[243]充分考虑了裂缝尖端的应力场分布,研究了裂缝在爆生气体作用下的扩展规律。吴飞鹏[244]针对直井高能气体压裂过程中的火药爆燃加载、压挡液柱运动和裂缝动态延伸 3 个子过程进行了研究,并建立了相应的动力学模型并进行了求解。孙志宇[245]根据高能气体的特点,针对水平井高能气体压裂过程进行了深入的研究,建立了各个过程的模型,并实现了动态耦合求解。

对于深井松软高瓦斯煤层而言,虽然国内采取了很多卓有成效的技术措施,包括水力压裂、水力冲孔、深孔爆破等，虽然能够起到一定的作用，但由于深部条件下的煤层透气性较差、煤质松软等问题，瓦斯抽采效果并不理想。因此，开展深部高瓦斯松软煤层的增渗消突关键科学问题研究具有十分重要的研究价值和现实意义。

## 1.3 研究内容

聚焦高瓦斯松软煤层难抽采、增透效果差等问题，本书采用相似模拟试验、理论分析和现场工业性试验相结合的方法，分析药柱爆炸对松软煤层的压密效应，得出孔洞诱导作用下爆炸致裂与推动煤体位移规律，研究钻、冲、爆一体化疏松解密机制，提出冲、爆、抽钻孔的"插花式"布孔技术，进而形成高瓦斯松软煤层钻冲爆区域疏松增渗技术。本书主要研究内容如下：

（1）松软煤层受爆破载荷作用下的局部压密特征

采用相似模拟试验和理论分析的方法，分析松软煤层受爆破载荷作用的破坏变形特征，得到药柱爆炸后钻孔周围煤体区域性密度变化规律，研究揭示松软煤层内爆生裂隙形态及煤体的局部压密特征。

（2）孔洞诱导作用下松软煤层爆破致裂及变形规律

① 应用炸药爆轰理论、爆炸应力波理论、断裂力学理论，研究不同孔径的孔洞对裂隙诱导延伸的影响，分析应力波在自由面的反射拉伸以及爆生气体对裂隙的扩展作用。

② 开展爆破扰动相似模拟试验，研究孔洞与爆破联合作用下爆生裂隙分区规律及煤体位移特征，分析松软煤层内的密度变化规律，采用电阻率层析成像分析爆破后煤层的局部压密特征，研究钻、冲、爆一体化疏松解密机制。

（3）冲、爆、抽钻孔的"插花式"布孔技术

分析水力冲孔钻孔、爆破钻孔、抽采钻孔的空间关系，研究爆破钻孔、水力冲孔钻孔和抽采钻孔的插花式布置方法，得到水力冲孔钻孔与爆破钻孔联合增渗消突关键参数，实现抽采钻孔、水力冲孔钻孔、爆破钻孔的协同抽采和松软煤层的增渗消突。

（4）高瓦斯松软煤层钻冲爆区域疏松增渗技术工程应用

在郑州煤电股份有限公司告成煤矿开展工程实践，对研究成果进行验证，形成整套高瓦斯松软煤层钻冲爆区域疏松增渗技术。

## 1.4 技术路线

本书采用理论分析、相似模拟试验、现场试验相结合的方法，对高瓦斯松软煤层多孔协同爆破疏松增渗理论进行研究，技术路线见图 1-3。

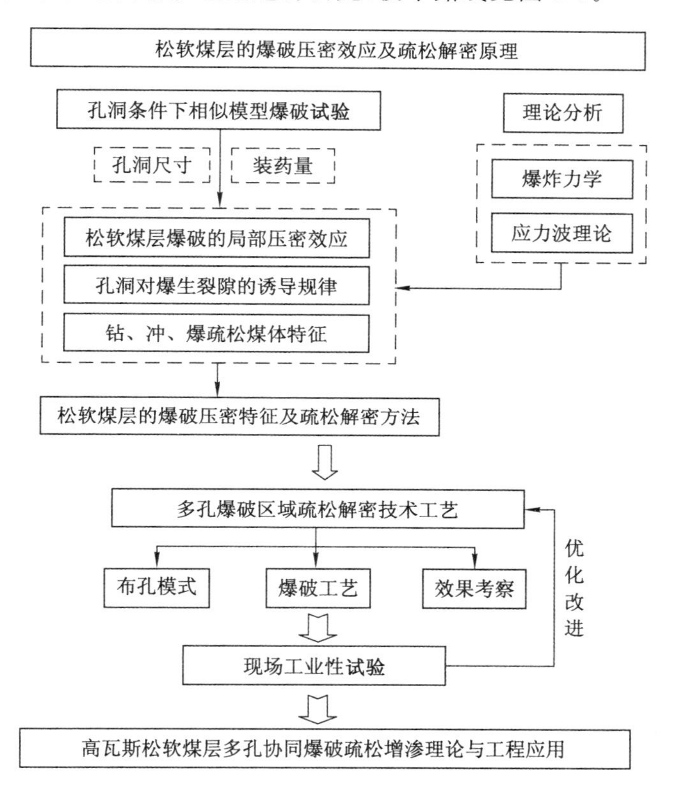


图 1-3 技术路线图

# 2 煤岩体爆破致裂基础理论

## 2.1 煤岩深孔爆破致裂机理

### 2.1.1 煤岩爆破致裂理论的发展

炸药爆炸产生应力波和爆生气体，两者在煤岩破裂过程中起到重要作用。一般而言，应力波是作用在炸药爆破的前期，而爆生气体的楔入作用则作用在后期。爆破致裂煤岩机理的发展经历了从单因素到多因素综合作用的阶段，主要有以下三种理论。

2.1.1.1 应力波拉伸破坏理论

以日野氏、戴维尔为代表提出的爆炸应力波拉伸破坏理论，基本观点是炸药在岩石中发生爆轰，反应的高温、高压应力波强烈冲击附近岩石，从而在岩石内部引起猛烈的应力波，应力波的强度远远超过了岩石本身的动抗压强度，导致岩石过度破碎。

当压缩的应力波通过粉碎圈以后，继续往外传播，但是强度已大大下降到不能直接引起岩石的破碎。当传播至自由面时，压缩应力波会从自由面反射而形成拉伸应力波，岩石抗拉强度远低于抗压强度，当拉伸应力波大于岩石抗拉强度，岩石被拉断。因此岩石爆破破碎主要是入射波和反射波共同作用的结果，爆炸气体的作用是岩石的辅助破碎以及破裂岩石的抛掷。这种破裂方式亦称“片落”。随着反射波往里传播，“片落”继续发生，一直将漏斗范围内的岩石完全拉裂为止。

日野氏吸收了当时其他学科的研究成果，首次系统地提出了应力波拉伸破坏理论，给爆破理论的研究注入了新的活力，使爆破理论的研究进入了新阶段。当时，在固体应力波领域的研究成果为此观点提供了重要的理论依据。1944年，贝尔特使用玻璃板作为材料，使用高速相机实测了爆炸冲击波的瞬时速度为5 600～11 900 m/s，他还定义了玻璃板区域产生裂隙的顺序：爆破孔附近→玻璃板边界→玻璃板的中间部位。这一结果完美地验证了日野氏提出的一系列理论。尽管这种理论还有许多不尽如人意的地方,但仍不失为岩石爆破理论的重要组成部分。脆性固体物质材料的抗拉强度低的特点同样为应力波的作用学说提供了强有力的佐证。一般岩石均可认定为脆性固体材料,脆性固体材料的抗压强度远远大于其自身的抗拉强度,这也是日野氏认为岩石等材料在爆破作用下的破坏主要是冲击应力波所导致的原因,同时,在自由面附近岩石是被拉伸破坏的,这一点已被世人所公认。

但是,该理论仍存在许多的疑问与不足:

① 当使用的炸药为烈性炸药时,爆炸冲击波所能携带的炸药能量仅仅占炸药爆炸总能量的5%~15%,而实际作用于岩石破碎的能量要小得多。福吉尔逊等人通过一系列的试验测量和理论推算,得出爆炸冲击波的能量只占炸药总能量的9%,有的学者认为只占3%。因此,如此小占比的能量如果要将岩石完全破碎是令人难以信服的。

② 根据日野氏的爆破试验漏斗现象,可知岩石单位面积的使用炸药量达到5 $kg/m^3$ 时,岩石才会由反射的应力波引起片落破碎的现象。然而,在一般的台阶爆破中,试验的装药量都较小,按照其试验的理论,岩石不会产生损伤破坏,但实际上都能被破坏。由此可知,岩石的破坏不仅只是因为应力波的作用导致的。

③ 在对大块岩体进行爆破作业时,爆破孔外部装药(裸露药包)与内部装药(炮眼内装药)相比较,爆破岩体单位炸药消耗量要高3~7倍,这从另一个角度充分说明了爆炸气体在岩石破裂过程中的重要作用。

④ 参照日野氏所进行的爆破试验结果,可以发现在爆破压碎带与片裂带之间,存在一个非破碎带,这一区域内的岩石的破碎具体是由什么作用引起的,如果只根据冲击波理论是根本无法解释的。

#### 2.1.1.2 爆炸气体膨胀压理论

以村田勉等为代表提出的爆炸气体膨胀压理论是从静力学观点出发,当药包爆炸后,反应产生大量的高温、高压气体,而这种气体膨胀的推力作用在爆点周围的岩壁上,形成压应力场,当岩石的抗拉强度低于压应力在切向衍生的拉应力时,岩石质点就会产生径向位移,只是由于抵抗线不同,岩石抵抗破坏的能力不同。在剪切应力大于岩石本身的抗剪强度时就会引起岩石的破裂、自由面附近的岩石隆起、鼓开或者沿径向方向推出,岩石产生剪切破坏。当爆轰气体的压力足够大时,爆轰气体将推动破碎岩块做径向抛掷运动。

这个理论在很大程度上忽视了应力波的作用,1953年以前,该观点在爆破界极为流行。该理论主要有两个依据,一是学者们认为岩石发生破碎的时间在爆生气体的作用时间范围内,二是有相关研究表明,在炸药爆炸后,爆炸冲击波的能量仅仅占炸药总能量的5%~15%。该理论经过村田勉等人的努力,利用近代观点重新做了解释，逐渐形成了一个完整的体系。然而，还是有部分学者持反对意见，一是当爆破环境比较恶劣时，例如在破碎大块与薄板结构的爆破作业时，药包爆破时呈裸露状态；二是从产生的压力来看，爆生气体的准静态压力只有冲击波波阵面压力的1/2甚至更小，由这么低的准静态压力能否在岩石中引起初始破裂是让人生疑的。

2.1.1.3 应力波和爆炸气体综合作用理论

持这种观点的学者认为岩石的破碎是应力波和爆生气体膨胀综合作用的结果，即两种形式在不同种类岩石和爆破的不同阶段所产生的作用不同。冲击波波阵面的压力和传播速度远远大于爆生气体产物的压力和传播速度。爆炸应力波首先作用于药包周围的岩石壁面上，在岩石中激发形成冲击波并逐渐衰减为应力波，使岩石产生裂隙，然后将原生裂隙进一步扩展；随后，爆生气体使这些裂隙贯通、扩大，使岩石脱离母岩形成岩块。此外，当爆生气体的压力足够大时，爆生气体将会推动破碎的岩体做径向抛掷运动。需要强调的是，爆炸应力波对高阻抗的致密、坚硬岩石作用更大，而爆炸气体膨胀压力对低阻抗的软弱岩石的破碎效果更佳。

### 2.1.2 煤岩爆破致裂的力学机制

煤岩爆破致裂的力学机制可从内部作用、外部作用两方面分析，主要包括爆破在煤岩内部的破碎形态、外部因素对裂隙发育的影响。

2.1.2.1 爆破的内部作用

煤岩爆破致裂的内部作用可以认为是无限介质内冲击载荷作用下煤岩的破坏，岩石内部的应力变化如图2-1所示，不同应力幅值所形成的波形特征也不同。

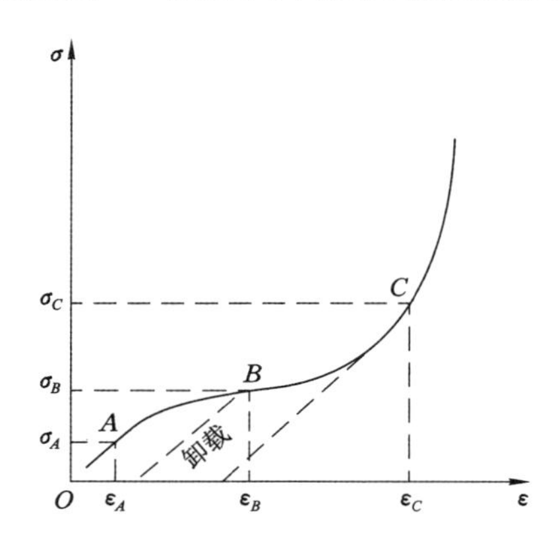


图2-1 冲击载荷作用下岩石内部的应力变化

临近装药区，爆炸载荷较高，$\sigma>\sigma_C$，岩石中形成了应力波，波阵面上的状态参数发生突越，岩石中的应力波以超音速传播且衰减最快。随着应力波的继续传播和衰减，当 $\sigma_B>\sigma>\sigma_C$ 时，变形模量 $d\sigma/d\varepsilon$ 的增大同步于应力的增大，应力幅值大的塑性波追赶前面的塑性波，形成陡峭的波阵面，但波速为亚音速，低于弹性波速，这种波称为非稳定的应力波；当 $\sigma_A<\sigma<\sigma_B$ 时，$d\sigma/d\varepsilon$ 随应力的增大而减小且不是常数，因此应力幅值小的应力波速度高于应力幅值大的应力波；当 $\sigma<\sigma_B$ 时，$d\sigma/d\varepsilon$ 为常数且恰好等于岩石的弹性常数，此时的应力波为弹性波，以岩石中的音速传播。

假设岩石为均匀介质，当炸药在无限均匀介质岩石中爆炸时，岩石中将会形成以炸药为中心的不同破坏区域，分别为压碎区、裂隙区及弹性振动区，如图 2-2 所示，即炸药爆炸后岩石破坏状态在空间的分布。

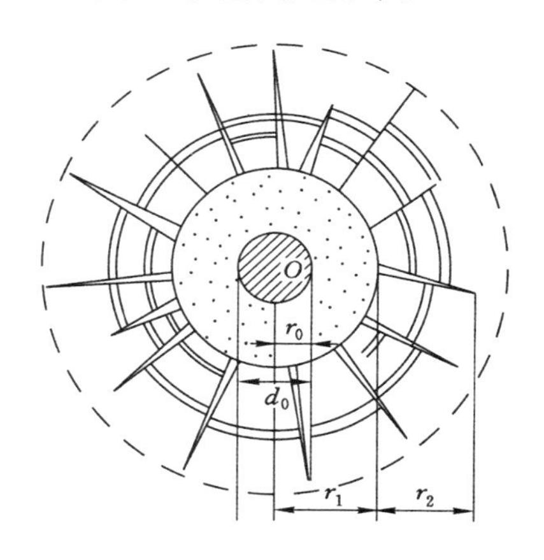


$O$—药包；$r_1$—压碎区；$r_2$—裂隙区；$d_0$—装药直径；$r_0$—装药半径。

图 2-2 装药内部爆破作用分区图

在炸药发生爆炸后，炸药中的巨大化学能会在瞬间释放，这一过程称为爆轰。在对爆破孔进行封孔处理后，炸药释放的能量将作用于密闭空间，且因为炸药药卷直径与爆破孔孔径接近，作用于单位面积煤体上的能量密度很大，爆炸能量的输出功率极高，所以对煤体产生了较强的破坏力。炸药的爆轰能量 $E$ 为：

$$E=\rho\left[\frac{p}{(n-1)\rho}+\frac{1}{2}u^2\right] \tag{2-1}$$

式中 $p$——爆破后产生的爆轰波阵面的压力；

$\rho$——产生的爆轰波阵面的密度；

$n$——多方数，$n=3$；

$u$——产生的爆轰波阵面的质点速度。

爆炸产生的爆轰波以及高温、高压的爆生气体迅速膨胀形成的应力波共同作用在孔壁上，在岩石中激起的应力波，强度远远超过岩石本身的抗压强度，导致爆破孔周围岩石呈塑性状态，压力高达几万兆帕，温度达 3 000 ℃以上，使炮孔几到几十毫米范围内的岩石熔融。之后随着温度的急剧下降，装药的爆破孔扩大成空腔，称之为压碎区。由于压碎区处于坚固岩石的约束条件下，大部分岩石的抗压强度都很大。因此应力波将消耗大部分能量用于岩石的塑性变形、粉碎和加热上，使得应力波的能量急剧下降，波阵面压力很快下降到不能压碎岩石，所以此区域半径很小，一般约为装药半径的几倍。

随着传播范围的增大，岩石的能流密度降低，应力波很快衰减为压缩波，其强度已低于岩石的动抗压强度，不能直接压碎岩石。但是，它可使岩石的质点产生径向位移，从而导致外围岩石中产生径向扩张和切向拉伸应变。当岩石的抗拉应力大于切向拉伸应力时，裂隙便停止发展。这时，与压缩应力波作用方向相反的向心拉伸应力便会产生，使岩石内质点产生反向的径向位移，在径向拉伸应力超过岩石的抗拉强度时，岩石中便会出现环向裂隙。径向裂隙和环向裂隙的共同将该区域岩石割裂成块状，此区域被称为裂隙区。

在裂隙区以外的岩体中，由于应力波和爆轰气体压力都不足以使岩石破坏，只能引起岩石质点的弹性振动，并且直到弹性振动波的能量被岩石完全吸收，这个区域被称为弹性振动区。

2.1.2.2　爆破的外部作用

当单个药包在岩体中埋深不大的情况下，爆破时能够观察到自由面上岩体的鼓起或抛掷现象，此种爆破作用称为爆破的外部作用，其典型特点是在自由面上形成一个称为爆破漏斗的倒圆锥形爆坑。当装药埋深小于临界埋深时，除了爆破的内部作用外，自由面也对应力场产生了影响。在这种情况下，自由面上的入射应力波和从自由面反射回的反射应力波叠加，就会在岩体内靠自由面的一侧形成非常复杂的动态应力场。

应力波在自由面发生反射形成拉伸应力波，在自由面表面处的材料中形成拉应力，拉伸强度超过岩石的抗拉强度时，岩石发生片落现象。片落过程不是岩石破碎的主要过程，且爆破时不总是有片落现象出现。自由面对爆破应力场的影响如图 2-3 所示。

从自由面反射回来的拉伸应力波，使原先存在于径向裂隙尖端上的应力场得到加强，故裂隙继续向前延伸。裂隙延伸的情况与反射拉伸应力波传播的方向和裂隙方向的交角 $\theta$ 有关。当 $\theta$ 为 90°时，反射拉伸应力波将最有效地促使裂隙扩展和延伸，使该裂隙成为优势裂隙；当 $\theta$ 小于 90°时，反射拉伸应力波以一个垂直于裂隙方向的应力分量促使径向裂隙扩展和延伸，或者在径向裂隙末端造

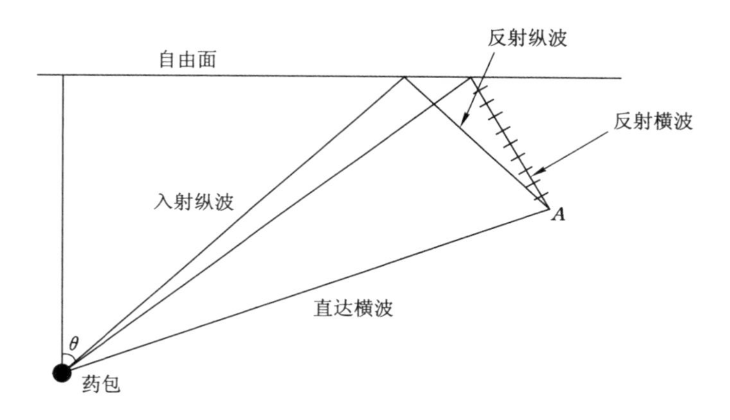


图 2-3 自由面对爆破应力场的影响

成分支裂隙；当 $\theta$ 为 0°时，即径向裂隙垂直于自由面时，反射拉伸应力波不会对裂隙产生任何拉力。相反，反射波的切向应力，会使已经张开的裂隙重新闭合。反射拉伸应力波延伸径向裂隙作用示意图见图 2-4。

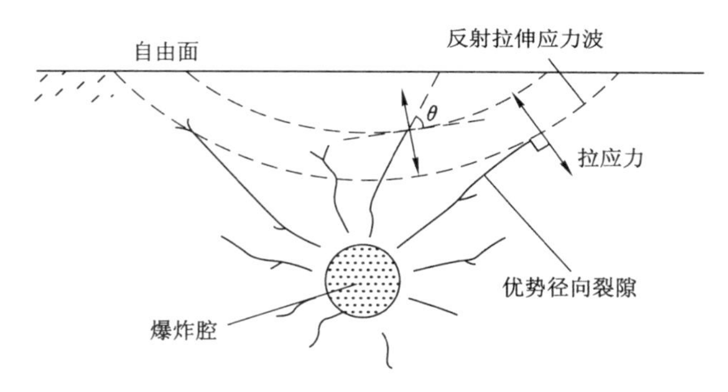


图 2-4 反射拉伸应力波延伸径向裂隙作用示意图

根据应力分析，当拉伸主应力 $\sigma_3$（方向直于纸面）出现极大值时，在岩体中各点的主应力方向如图 2-5 所示。拉应力 $\sigma_2$ 是产生径向裂隙的根源，其作用方向随着 $x$ 值的增大逐渐发生偏转，最后垂直于自由面，生成的裂隙群大体似喇叭花状排列。

2.1.2.3 深部岩体爆破松动作用

在深部岩体中进行深孔爆破时，炸药爆炸后，首先产生强应力波以及大量的高温高压气体。根据前人的爆破模拟，在近爆炸腔处，因为岩石的高地应力在爆炸应力波到达前后对岩石的破坏影响很小，可以近似认为无地应力作用。由于爆炸冲击载荷在岩石中引起的压应力要远远大于岩石的动抗压应力，因此，在炮

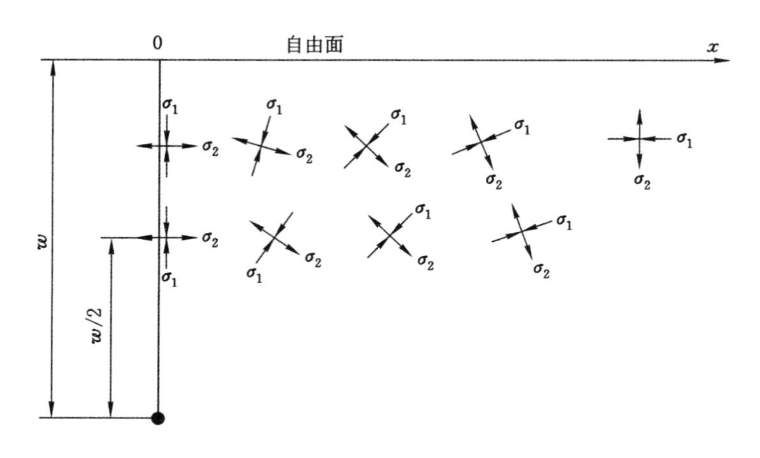


图 2-5　岩体中各点的主应力方向

孔周围一定范围内的岩石被压缩、粉碎，即通常所说的粉碎区；岩石粉碎消耗大量的能量，应力波经过粉碎区后，波阵面上的参数变化相应变小，传播速度也减小较快，对岩石的破坏作用相应减少。

在远离爆炸腔处，地应力在岩石中引起的拉应力、压应力要比应力波引起的应力值大，地应力对岩石的破坏起到主要作用。高地应力对爆炸动压力的干涉作用很大，改变了应力波的传播规律。岩石在应力波作用下压缩，质点发生径向位移。如果切向拉伸应力与地应力合力超过岩石的动抗拉应力，岩石将会产生径向裂隙，并且随应力波的传播而扩展。同样，随着距离的增加，应力波能量也逐渐减小，不过减小的速率要比应力波小，在岩石中的传播时间和距离都要比应力波长。当应力波和初始应力叠加后的应力值减小到低于岩石的抗拉应力的时候，裂隙便停止扩张。

与此同时，爆生气体迅速膨胀，进入由应力波产生的裂隙中，使裂隙产生尖劈作用，裂隙继续扩展。当岩石中的压力减少到一定程度时，岩石吸收的弹性变形能将会释放出来，在岩石中形成卸载波，并且沿炮孔中心方向传播，在岩石中产生环向裂隙(一般情况下环向裂隙比较少)。径向裂隙和环向裂隙互相交叉形成裂隙区。最后应力波衰减成为地震波，在岩石中已经不能产生破坏作用，只能使岩石质点产生震动，最后消失。

应力波过后，爆生气体在裂隙面上产生准静态应力场，产生拉应力，使裂隙长度进一步扩展。爆生气体在岩体内产生的准静态应力随距离炮孔中心的增加而逐渐减小，在岩石中产生不同的裂隙扩展。

### 2.1.3　爆破裂隙形成原理

炸药爆炸产生爆轰波由爆心向外传播，当传播至炮孔壁时产生压缩应力波。压缩应力波使外层煤体受到径向压应力 $\sigma_r$ 作用[如图 2-6(a)虚线弧所示]，该层煤体的质点产生径向位移[如图 2-6(a)实线弧所示]，导致该层煤体发生径向扩张，同时在切向衍生拉应力 $\sigma_\tau$。当切向拉应力 $\sigma_\tau$ 大于煤层动抗拉强度时，形成径向裂隙；当切向拉应力 $\sigma_\tau$ 小于煤层动抗拉强度时，便会产生与压缩应力波作用方向相反的向心拉应力，使煤体质点产生反向的径向移动；当向心拉应力超过煤层的动抗拉强度时，煤层中便会出现环向裂隙[246-247]，如图 2-6(b)所示。

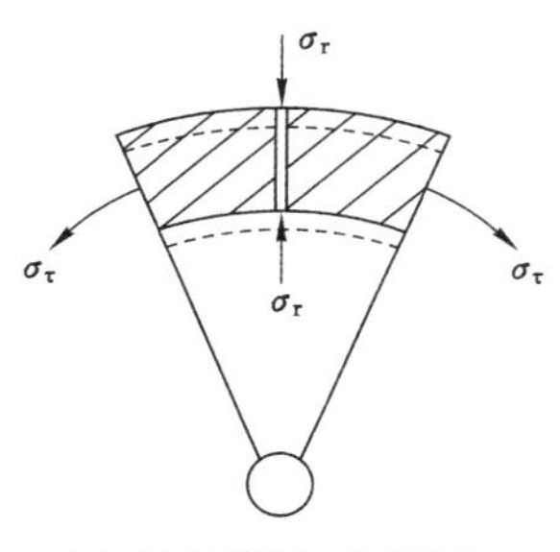

(a) 径向裂隙的形成原理

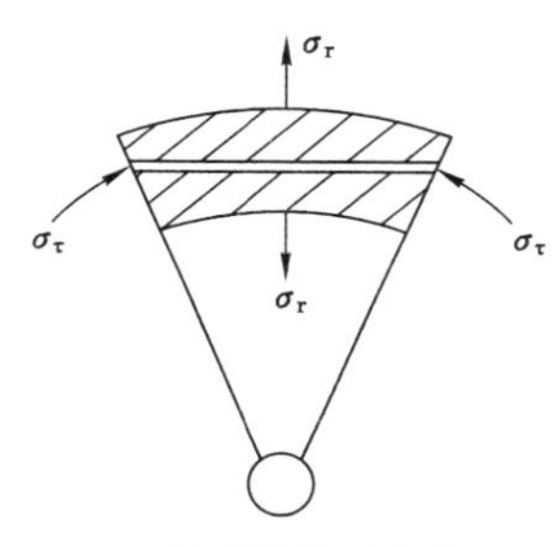

(b) 环向裂隙的形成原理

图 2-6　爆破裂隙的形成原理

当径向裂隙形成后，爆生气体楔入径向裂隙并持续作用于裂隙[248-249]，使原有裂隙继续扩展直至裂隙贯穿煤层的表面[250]，进而形成径向主裂隙；当环向裂隙形成后，裂隙受应力波的反射拉伸作用逐渐贯穿煤层的表面，形成环向主裂隙。主裂隙在扩展过程中会出现分叉现象[251-252]，爆炸产生的能量包括爆生气体的量也会随着分叉现象被削弱。煤层的两条对边之间的距离要小于对角线的长度，因此主裂隙优先选择朝煤层的两条对边方向扩展。

在径向主裂隙的形成过程中，随着裂隙由爆破孔中心向煤层边界扩展，爆生气体的量逐渐减小，因此径向主裂隙宽度从爆破孔到煤层边界逐渐减小。环向主裂隙的起裂点是裂隙最靠近爆破孔中心的位置，裂隙从起裂点开始逐渐向煤层边界扩展，扩展过程中受应力波的反射拉伸作用，因此环向主裂隙宽度呈现中间较小、两端较大的变化趋势。

径向微裂隙既有分布在爆破孔周围的，也有分布在离爆破孔较远位置的。径向微裂隙的形成原理与分布位置有关，爆破近区径向微裂隙的扩展是在气体驱动作用下完成的(爆生气体渗入微裂隙中)，而爆破中远区径向微裂隙的扩展是在气体膨胀压力场和远场应力作用下发生的。与爆破孔相连的径向微裂隙受爆生气体的影响，随着爆炸生成的气体量逐渐减小，其宽度呈现从爆破孔向外逐渐减小的变化趋势。

爆炸应力波从爆破孔中心向煤层边界传播，传播至边界时，应力波发生反射，煤层受应力波的反射作用从煤层边界向煤层内部扩展，因此边界反射裂隙的宽度从煤层边界到煤层内部逐渐减小。

## 2.2 含瓦斯煤层爆破致裂机理

爆破理论认为，炸药在无限岩石中爆炸后，会产生强大的应力波和大量的高温高压气体。由于介质的抗压强度远远小于爆炸压力，使炮孔周围的介质被强烈压缩，形成压碎区；该区内有大量的爆破能量消耗在介质的过度破碎上，然后应力波透射到介质内部，以应力波的形式向岩体内部传播，使得介质质点产生径向的位移，并在压碎区的介质中产生径向压缩和切向拉伸。当介质受到的抗拉强度小于切向拉伸应力时会产生径向裂隙，并伴随应力波的传播而扩展。裂隙会在应力波衰减到低于介质抗拉强度时停止扩展。

爆生气体在应力波传播的同时紧随其后迅速膨胀，进入由应力波产生的径向裂隙中；裂隙在气体尖劈作用下继续扩展。随着爆生气体膨胀和裂隙不断扩展，气体压力迅速降低；当压力降到一定程度时，卸载波积蓄在介质中的弹性能释放出来，沿着炮孔中心方向传播，产生环向裂隙。径向裂隙和环向裂隙互相交叉形成的区域称为裂隙区。应力波进一步向前传播时，衰减已经不足以使介质产生破坏，而只能使介质质点产生震动，以地震波的形式传播，最后消失。

在应力波之后，爆生气体楔入炮孔附近已张开的部分裂隙中，并在裂隙处产生应力集中，使得裂隙发生进一步扩展。爆生气体进入阻力较小的大裂隙中，之后进入小裂隙中，直到压力不足以使维持裂隙继续扩展而截止。煤体内存在爆生气体应力梯度，煤体内由爆炸产生的准静态应力随距离的增加很快衰减。在爆生气体压力驱动下，裂隙始终朝着压力低的方向扩展，即向着远离炮孔的方向扩展。为了简化分析，假设煤体为弹性体，孔壁承受准静态压力作用，因此可用弹性断裂力学进行描述，裂隙扩展力学模型如图 2-7 所示。

由线性断裂力学可知，在孔内压力作用下，裂隙应力强度因子为：

$$K_{\mathrm{r}} = \sqrt{\pi L}\left[\left(\frac{1-2}{\pi}\right)P_{\mathrm{m}} - P\right] \tag{2-2}$$

式中 $L$——裂隙扩展瞬间长度；

$P_{\mathrm{m}}$——孔壁压力；

$P$——地应力。

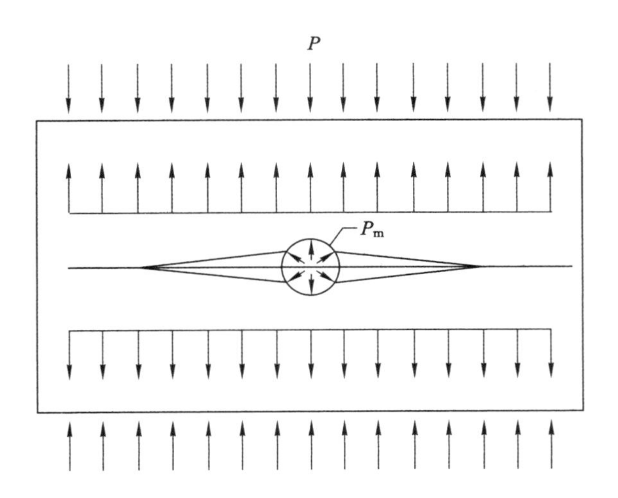


图 2-7 裂隙扩展力学模型

由上式可看出，随着地应力 $P$ 的增大，应力强度因子 $K_r$ 呈线性下降趋势。在距爆破孔中心较远的位置，爆生气体准静态压力已大大降低，同样 $K_r$ 也大大减小。当 $K_r$ 衰减到一定值时，爆破裂隙便停止扩展。

综合上述分析，可得出孔间形成贯通裂隙的条件是：

$$L \geqslant \frac{0.815K_r^2}{\left[\left(\frac{1-2}{\pi}\right)P_m - P\right]^2} \tag{2-3}$$

爆破孔与抽采孔间距($L_k$)应满足下列条件：

$$L_k \leqslant L \tag{2-4}$$

深孔预裂爆破是在煤与瓦斯固流耦合介质中进行的。瓦斯压力在裂隙产生与扩展的整个过程中，都起着重要作用。爆破中区的瓦斯参与裂隙扩展，但与爆生气体压力相比，其作用较小。在爆破远区，爆生气体准静态应力已明显降低，径向裂隙扩展已减缓或停止。此时，爆前处于力学平衡状态下的原生裂隙中的瓦斯，由于爆炸应力场的扰动将作用于已产生的裂隙内，使裂隙进一步扩展。由瓦斯压力驱动裂隙扩展的断裂力学模型如图 2-8 所示。

瓦斯压力驱动作用下的裂隙应力强度因子为：

$$K_r = \sqrt{\pi L}(P_g \sin\beta - \delta)\sin\beta \tag{2-5}$$

式中 $P_g$——孔隙内瓦斯压力；

$\delta$——围岩应力与爆生气体准静态应力的合力；

$L$——裂隙长度；

$\beta$—裂隙面与垂直方向夹角。

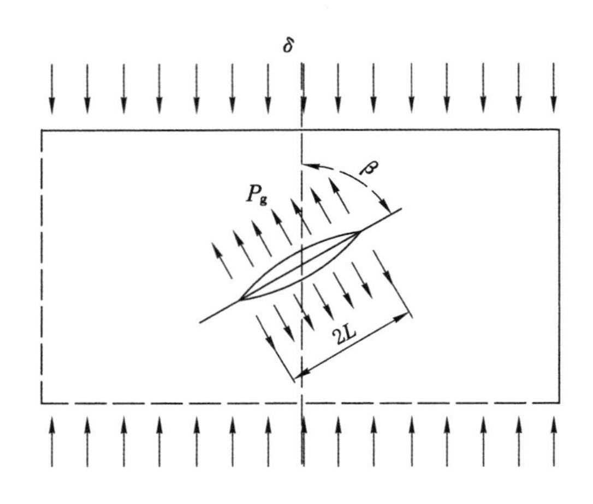


图 2-8　由瓦斯压力驱动裂隙扩展的断裂力学模型

## 2.3　控制孔作用下的爆破致裂机理

控制孔又称导向孔，在井下爆破现场，控制孔的存在有着重要意义。首先，控制孔的存在为应力波的传播提供一个辅助自由面，当压缩应力波传播到该自由面时，会反射成拉伸应力波，当拉伸应力波作用在煤体上的动载拉伸分力大于煤体破碎的动载拉伸分力，就会在煤层中生成裂隙；其次，控制孔对爆破产生的能量作用方向起到控制作用，如果控制孔不存在，爆破产生的能量将会向以爆破孔为中心的四周无规律释放，产生的裂隙长度、宽度都较小，能量得不到有效利用，爆破的能量不能够充分地实现对煤体的致裂作用；最后，控制孔能够提供煤体爆破产生压碎区和裂隙区所需的空间，同时能够消除应力集中。

通过力学模型对控制孔的作用进行分析，爆炸应力作用下控制孔的受力状态示意图如图 2-9 所示。

$$\sigma_{rc} = -a^2 P_c / L^2 \tag{2-6}$$

$$\sigma_{\theta c} = a^2 P_c / L^2 \tag{2-7}$$

控制孔自由面处的切向应力可用式(2-8)表示：

$$\sigma_{\theta c} = S(1 + 3a^4 / r^4)\cos 2\theta \tag{2-8}$$

式中　$\sigma_{rc}$——控制孔径向应力；

$a$——控制孔的半径；

$P_c$——炸药爆炸压力；

$L$——孔间距；

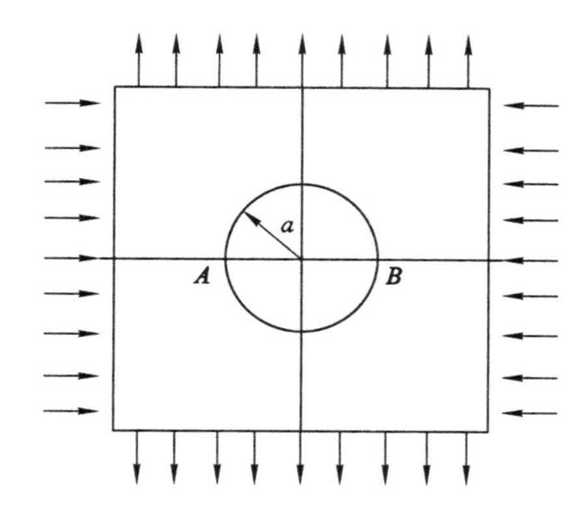


图 2-9 爆炸应力作用下控制孔的受力状态示意图

$\sigma_{\theta c}$——控制孔切向应力；

$S$——爆炸应力；

$r$——极坐标半径；

$\theta$——极坐标角。

通过分析可知，在 $A$、$B$ 处产生最大拉应力时，孔壁附近的 $A$、$B$ 两处会产生应力集中，当控制孔 $A$、$B$ 处附近煤体所受切向应力大于煤体的抗拉强度时，$A$、$B$ 两处的煤体会产生初始裂隙，且裂隙的发展方向朝向爆破孔。

### 2.3.1 诱导作用

在均匀介质中，炸药爆破作用示意图如图 2-10 所示，而在有自由面的条件下，则炸药爆轰产生的应力波将在自由面形成反射拉伸裂纹，当在煤岩相界面装药爆破时，不仅在煤层中形成爆破裂隙，还在煤层底板的岩层中形成爆破漏斗，因而大大增加煤层的透气性。

当压缩压碎区形成后，应力波继续衰减，并以弹性波的方式向介质内部传播。即便其强度已经低于煤岩体的极限抗压强度，不足以产生压坏，然而由于煤岩体本身的抗拉强度远远小于其抗压强度，所以当应力波产生的伴生切向拉应力大于煤岩体的抗拉强度时，岩石即被拉断，形成与岩石破碎区贯通的径向裂隙。随着应力波的继续传播，其强度也继续减弱。

应力波的传播比裂隙的传播速度要快，所以当应力波的峰值减弱到小于岩体强度时，之前形成的裂隙依然继续发展。当应力波的传播抵达控制孔周围时，应力波立即发生反射；由于反射波产生的拉应力和强间断波阵面后方的弱间断波共同造成的拉应力共同作用，导致控制孔边缘处产生了裂隙，同时与爆破孔产

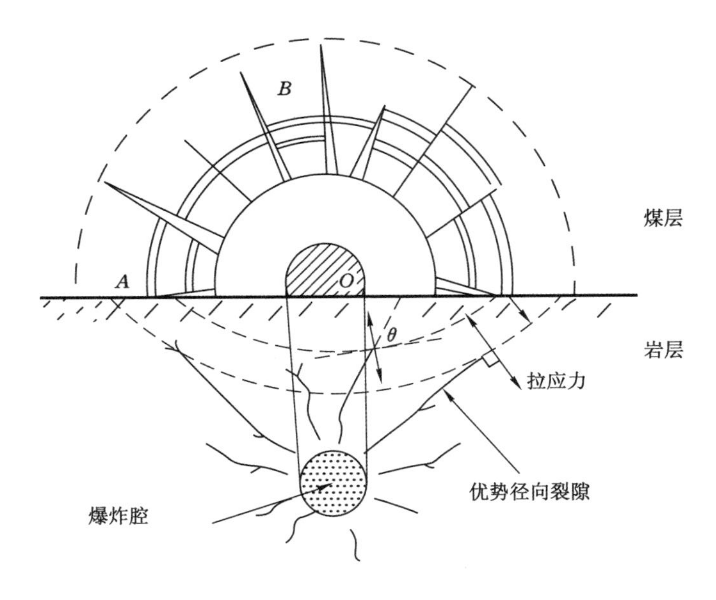


图 2-10　煤岩界面的爆破作用示意图

生的径向裂隙相互贯通。因为在孔洞方向的裂隙产生要比其他方向的裂隙产生早，所以此方向上的裂隙约束了其他方向裂隙的产生和发展，所以在某种意义上说，控制孔是诱导径向裂隙的，如图 2-11 所示。

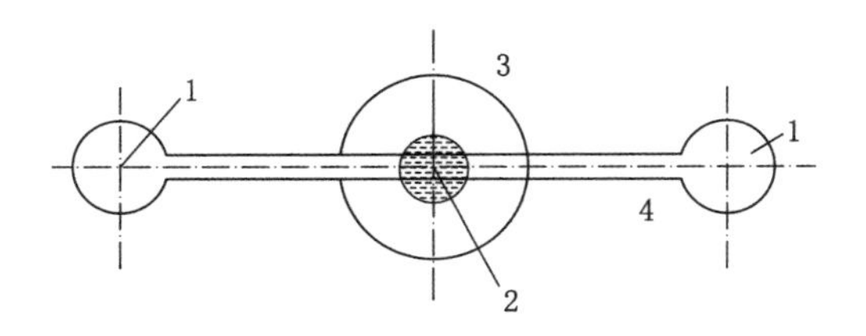


1—控制孔；2—爆破孔；3—压缩粉碎圈；4—径向裂隙。

图 2-11　控制孔对爆破裂隙的诱导作用示意图

应该说明的是，除了应力波对产生的径向裂隙做出了贡献以外，炸药爆炸所产生的高温高压气体作用在爆炸空腔的岩壁上，形成了准静应力场，在这种气体的膨胀、推动和气楔共同作用下，径向裂隙能够持续发展，也就是说爆轰气体对径向裂隙的扩展也做出了一定的贡献。

鉴于控制孔的导向作用，爆破的结果是在介质内部的炮孔周围产生柱状压碎区和沿着爆破孔与控制孔方向上的贯通爆破裂隙。

### 2.3.2　卸压、增透作用

深孔预裂爆破后，采煤工作面前方的煤岩体内产生了柱状压碎区和贯穿的爆破裂隙面。而岩体的压碎和爆破裂隙的存在，是保证有效抽采瓦斯、防止煤与瓦斯突出的关键。

由于粉碎圈的作用，爆破孔的边界产生了爆破裂隙，相当于扩大了爆破孔，因此可以释放部分地应力同时能使围岩应力分布的状态发生变化，引起围岩应力向采掘工作面前方和巷道两侧转移；另外，由于粉碎圈的存在，炮孔周围的瓦斯高压力得以释放，瓦斯压力降低。因此，粉碎圈降低了煤岩体和瓦斯平衡体系所具有的势能。根据断裂力学理论可知，势能的降低相当于减小裂隙扩展力及裂隙扩展力的增长率，这样可以使原有裂隙无法扩展或者使正在扩展的裂隙停止扩展和相互贯通，从而起到增加煤层透气性和防止煤与瓦斯突出的作用。

爆破裂隙的存在，使得煤岩体内及围岩的应力分布发生变化，这必将导致其上覆围岩压力发生突变，并引发出一垂直方向传播的压应力波。当该应力波传播至水平的爆破裂隙面上时，则必然产生应力波的完全反射。根据应力波理论可知，该压应力波经自由面反射后，成为一拉伸应力波。当拉伸应力波产生的拉应力大于煤岩体的极限抗拉强度时，必然产生反射拉伸应力波的霍金逊效应，即在爆破裂隙面处产生煤岩体的剥落片及产生新的平行于爆破裂隙面的次生小裂隙面。这些裂隙面把本来为单层的煤岩体分成两层或者多层。如在工作面前方的煤岩体内存在一些原始裂纹，并且这些裂纹正在扩展，那么，当裂隙扩展至裂隙面的时候，此裂纹尖端就必然产生钝化现象，导致应力发生松弛。由断裂力学理论可知，这相当于降低裂隙扩展力；此外，该裂纹若要穿过裂隙面而继续扩展，则必须获得更多的能量，所以裂隙面的存在，相当于增加了裂隙扩展阻力。裂隙面使得煤岩体内初始的大裂纹被分割为更多的小裂纹，使得应力松弛，减弱了裂隙延伸趋势。

在工程中，水力冲孔是采用中高水通过高效喷头冲击钻孔周围的煤体，冲出大量煤体和瓦斯，应力集中向冲孔周围移动，使冲孔附近煤体卸压增透，从而提高煤层抽采效果。水力冲孔一方面通过泄煤起到卸压作用，另一方面通过冲击形成孔洞。而爆破作用则一方面强行造缝，另一方面强制煤体位置改变。这几方面的共同作用使区域煤体疏松，从而提高抽采效果。可见，水力冲孔钻孔必须在时间上先于爆破孔施工，在空间上则要位于爆破孔的四周，充分利用爆破扰动作用使区域性煤体疏松。

## 2.4 本章小结

本章在总结前人研究的基础上，对爆破致裂煤岩机理的研究成果进行了梳理，分析了爆破能量、应力波、爆生气体以及控制孔在裂隙扩展过程中起到的作用。研究发现，爆炸能量以应力波与高温高压的爆生气体的形式向外释放，作用于煤体的应力波产生动载径向应力与动载切向应力，使煤体产生径向裂隙；当应力波传播到控制孔表面时，发生反向拉伸，使裂隙区进一步发展；传播速度较慢的爆生气体贯入应力波作用产生的裂隙中，在裂隙尖端形成应力集中，促进了裂隙的扩展。在应力波与爆生气体对煤体做功的过程中，应力波逐渐衰减，爆生气体温度压力快速下降，在煤体中依次形成爆破粉碎区、裂隙区和震动区。

# 3 爆破作用下松软煤层局部压密特征

为获得爆破作用下松软煤层的变形及压密特征，采用物理模拟试验的手段，制备含有顶板、松软煤层及底板的三层物理模型，开展爆破试验，对爆破后裂隙形态、区域型密度变化和电阻率变化进行分析，获得煤层的变形规律。

## 3.1 松软煤层爆破物理模拟试验设计

在煤岩体爆破的相关试验研究中，以往更侧重于爆生裂隙的形态、应力波的传播规律等研究，这些研究成果较为适于坚硬煤岩体。对于松软煤层，由于煤体松软易于变形，不能仅仅围绕裂隙形态开展研究，更应该考虑煤体的变形、位移及钻孔变化特征。因此，本章主要研究内容包括以下几个方面：

（1）松软煤层爆破变形的定量表征方法

研究松软煤层爆破变形的定量表征方法，拟通过计算爆破裂隙面积、爆破膨胀体积和测量爆破空腔体积来定量评价松软煤层爆破变形情况，进而分析爆破致裂效果。

（2）松软煤层的爆破变形特征

开展“顶板-松软煤层-底板”结构的物理模型爆破试验，运用数字图像处理方法得到爆破后的煤层图像，分析煤层强度、药量和爆生气体对松软煤层爆破变形特征的影响规律，探讨松软煤层爆破变形机理。

（3）爆破后松软煤层的密度变化

采用定点密度测试方法得到松软煤层爆破前后的密度变化，利用爆破前后煤层密度变化云图来分析松软煤层的爆破变形，研究爆破后松软煤层的密度变化规律，分析松软煤层密度变化原理。

（4）松软煤层爆破变形的电阻率响应

采用电阻率层析成像方法反演分析爆破前后松软煤层的电阻率数据，介绍电阻率层析成像过程，研究爆破前后松软煤层内部的区域电阻率变化，分析松软煤层爆破变形的电阻率响应。

图 3-1 为松软煤层爆破试验的基本思路。

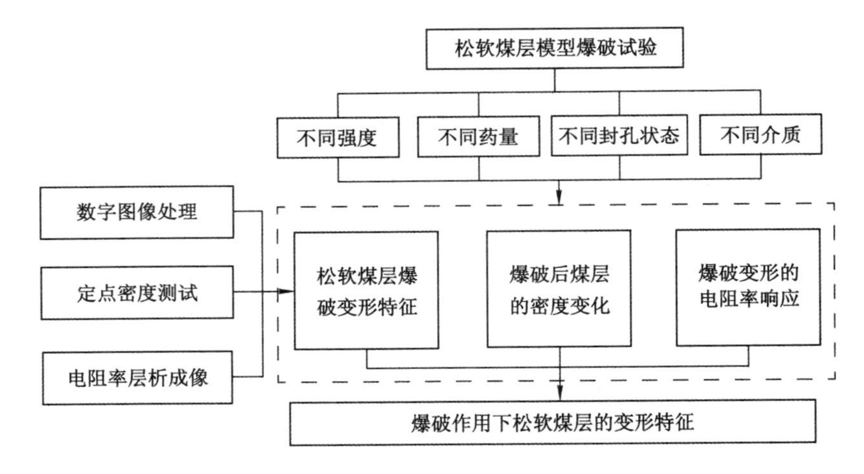


图 3-1　松软煤层爆破试验基本思路

### 3.1.1　爆破物理试验系统构建

松软煤层爆破试验系统包括加载装置、YBD11 型矿用网络并行电法仪、数码相机、密度测试工具等。物理模型爆破试验系统如图 3-2 所示。

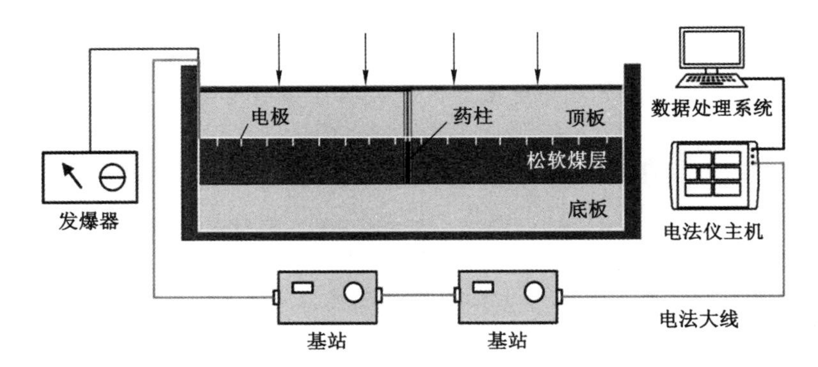


图 3-2　物理模型爆破试验系统

#### 3.1.1.1　加载装置

加载装置主要由箱体、反力架、千斤顶和加压钢板组成，如图 3-3 所示。加压钢板放置在试验模型正上方，千斤顶放置在加压钢板上方。千斤顶通过顶升操作作用于反力架，反力架提供反向的作用力作用于加压钢板，实现对爆破模型的加压。整个加载装置的功能是通过对爆破模型加压来模拟煤层周围岩体的约束作用，起到避免或减少模型边界的爆破碎片的作用。

图 3-3 加载装置

3.1.1.2 监测设备

试验数据监测设备包括网络并行电法仪、图像采集设备和定点密度测试工具。网络并行电法仪用于采集煤层爆破前后的电阻率数据，进而反演煤层中爆生裂隙的发育情况；图像采集设备用于采集爆破后煤层图像；定点密度测试工具则用于获取爆破后煤层的密度数据。

(1) 网络并行电法仪

网络并行电法仪主要包括 YBD11 型矿用网络并行电法仪主机、分布式电法基站、电法大线、测量电极、ABN 线、插拔夹等，如图 3-4 所示。网络并行电法仪主机主要对电法基站进行设置与控制，接收基站的回传数据，并对数据进行实时处理、存储和显示，同时负责电法系统电压的控制与发射。电法基站按照功能可以划分为处理控制模块、电源模块、通信模块、A/D 模块、信号放大模块、数据存储模块等，具有对感应信号测量和数据处理等功能。电法仪主机和电法基站通过电法大线连接，实现交互，测量电极通过插拔夹与电法大线连接，ABN 线与电法仪主机相连。

网络并行电法仪运行时，先通过电法仪主机对电法基站下发测量参数，并触发电法基站工作，发射模块通过测量电极向被测试物体发射电压，并同步采集其余电极的电压信号，经数据底层处理后上传回主机；主机进行数据显示（包括发射电流和采集电压）、即时存储，并可进行数据的管理、处理与成图。通过通信线连接主机与计算机，将探测数据导出，利用配套解析软件做进一步处理和反演计算，最终得到探测结果。

(2) 图像采集设备

图像采集设备主要包括佳能 EOS 60D 数码相机、LED 光源和计算机，如图 3-5所示。佳能 EOS 60D 数码相机用于采集爆破后煤层图像，其最高分辨率

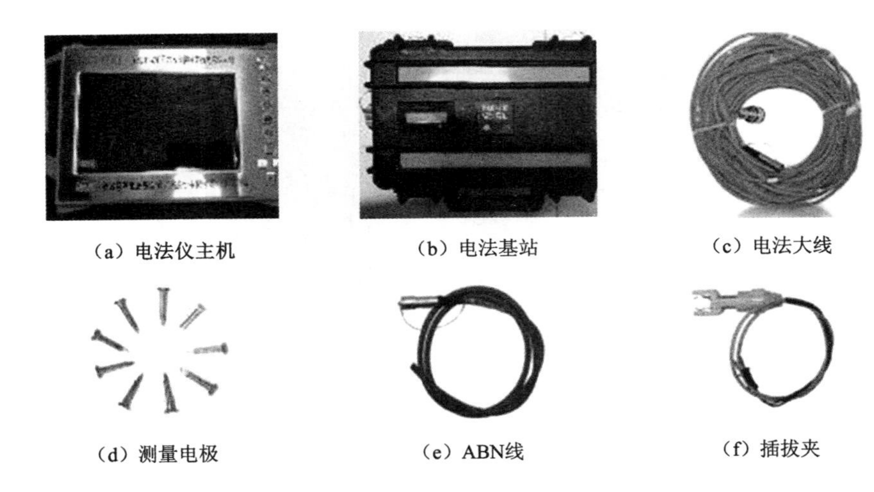
(a) 电法仪主机　(b) 电法基站　(c) 电法大线
(d) 测量电极　(e) ABN线　(f) 插拔夹

图 3-4　网络并行电法仪

为 5 184×3 456，每秒可拍 45 张高清照片，光源提供充足的光线，起到一定的补光作用；计算机则用于爆破前后煤层的图像处理。

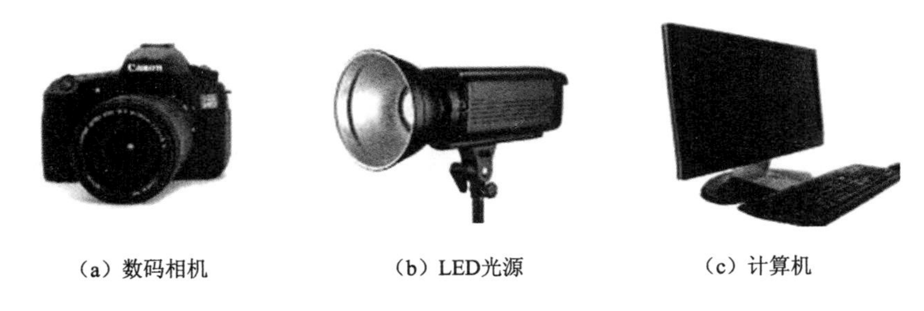
(a) 数码相机　(b) LED光源　(c) 计算机

图 3-5　图像采集设备

(3) 定点密度测试工具

定点密度测试工具主要有自制环刀和电子秤。考虑到实验模型尺寸等因素，自制内径为 10 mm 和高度为 100 mm 的环刀，并在环刀的 50 mm 处标注刻度线，如图 3-6(a)所示。自制环刀用于爆破后煤层的取样，取样后使用电子秤称得不同位置处煤样的质量，然后通过密度公式计算不同位置的煤体密度，得到煤层爆破前后的密度变化数据。

### 3.1.2　爆破物理模拟试验方案

为模拟煤岩层实际赋存状态，物理模型爆破试验选取“顶板-松软煤层-底

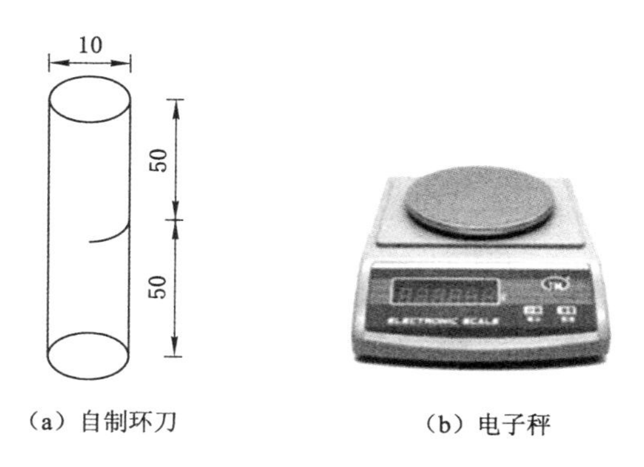


（a）自制环刀　　　　（b）电子秤

图 3-6　定点密度测试工具

板"结构的三层物理模型，采用粒径均匀的河砂、325 普通硅酸盐水泥、石膏粉、粒径 0～2 mm 煤粉和水等材料按照不同比例分别配置煤层和顶底板。根据配比方案，煤层和顶底板的抗压强度有明显的差异，能很好地模拟目前国内普遍存在的煤层赋存状态。

试验前在试验箱体内侧的四周和底部均放置厚度为 1 cm 的纸板，纸板均由防水膜严实包裹，纸板的作用一方面是吸收爆破产生的部分应力波，减小边界条件的影响，另一方面是测量电阻率时能保持煤层边界与箱体的绝缘，避免试验箱体的导电性对煤层电阻率数据的影响。

三层煤岩体物理试验模型在试验箱体中分层浇筑完成，试验模型整体尺寸为 720 mm×720 mm×300 mm，预留爆破孔直径为 12 mm，深度为 20 mm，预留爆破孔通过预埋直径为 12 mm 的透明亚克力棒[图 3-7(a)]实现，实验模型如图 3-7(d) 所示。

铺设煤层时，待煤层具备一定强度后，在煤层上表面规矩预埋 64 个规格为 $\phi$1.8 mm×20 mm 的水泥钢钉，将水泥钢钉顶部与漆包线(两端裸露，直径为 0.5 mm)的一端缠绕相连，水泥钢钉作为电极，漆包线作为导线，确保电极与导线耦合良好。待电极预埋完毕后即可浇筑底板，试验模型浇筑完成并干燥养护 28 d，保证模型能达到预设的强度，即可进行爆破试验。

试验模型养护结束后，即可开展一系列松软煤层模型爆破试验，具体试验步骤(图 3-8)如下：

① 爆破试验前，使用电法大线将电法仪主机与电法基站相连，使用插拔夹将测量电极与电法大线相连，ABN 线与电法仪主机相连。开启电法仪主机，启动基站，检查主机与基站、基站与电法大线之间是否连接完好，检测各电极是否连接良好，激发信号是否良好，避免因连接不当导致的电阻率数据误差。检查完

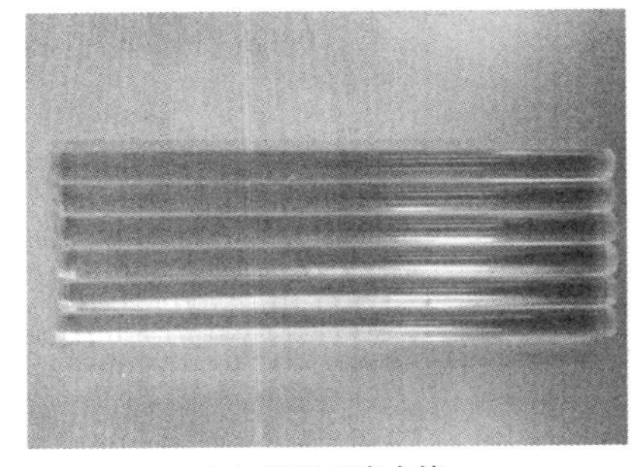
(a) 透明亚克力棒

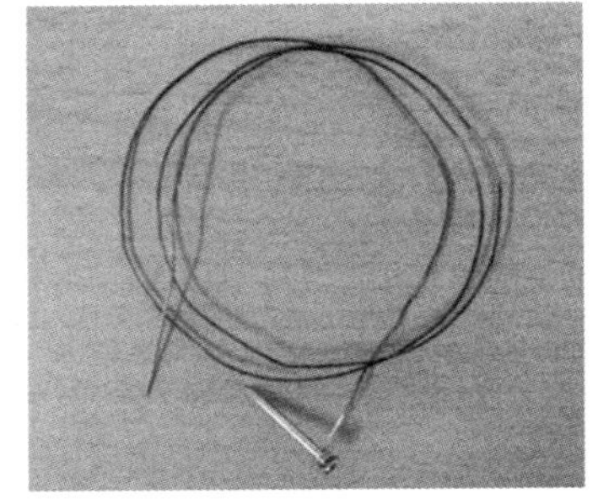
(b) 电极与导线连接方式

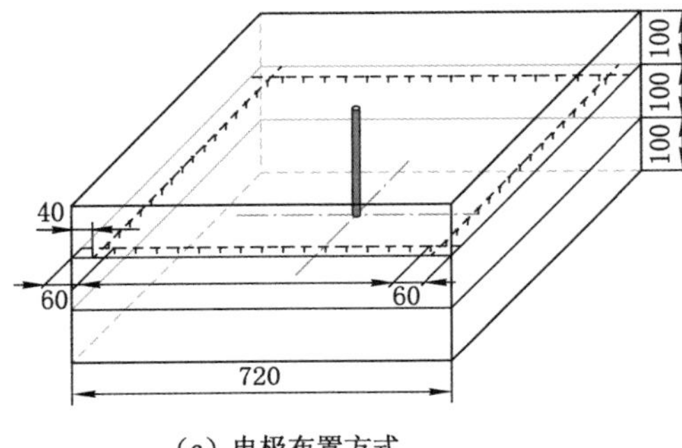

(c) 电极布置方式

(d) 试验模型

图 3-7　模型配制

毕，进行采集参数设置，在确保煤层边界绝缘的条件下采集爆破前煤层的电阻率数据。

② 根据不同条件的试验方案，将不同药量的黑索金炸药对应放入试验模型预留爆破孔中，保证药柱垂直居中放入爆破孔并检查药柱没有发生倾斜，装药完成后，留出引线并用湿润黄泥填塞封孔。

③ 将钢板置于试验模型上方，再将千斤顶置于钢板上方，千斤顶顶端与反力架接触，千斤顶通过顶升操作作用于反力架，反力架则提供反向的作用力作用于试验模型。通过上述加载过程，反力系统对试验模型施加 2.5 MPa 的力以避免或减小模型边界的爆破碎片。

④ 将炸药的引线与发爆器相连，在确保试验人员撤离到安全地点后，将发爆器钥匙逆时针旋转至充电挡，进入准备爆破阶段，再将发爆器钥匙顺时针旋转至爆破挡，引爆炸药。

⑤ 爆破完成后，卸除千斤顶、钢板和反力架等加载装置。

⑥ 根据步骤①所述方法，重复步骤①，再次采集煤层电阻率数据，此时的电

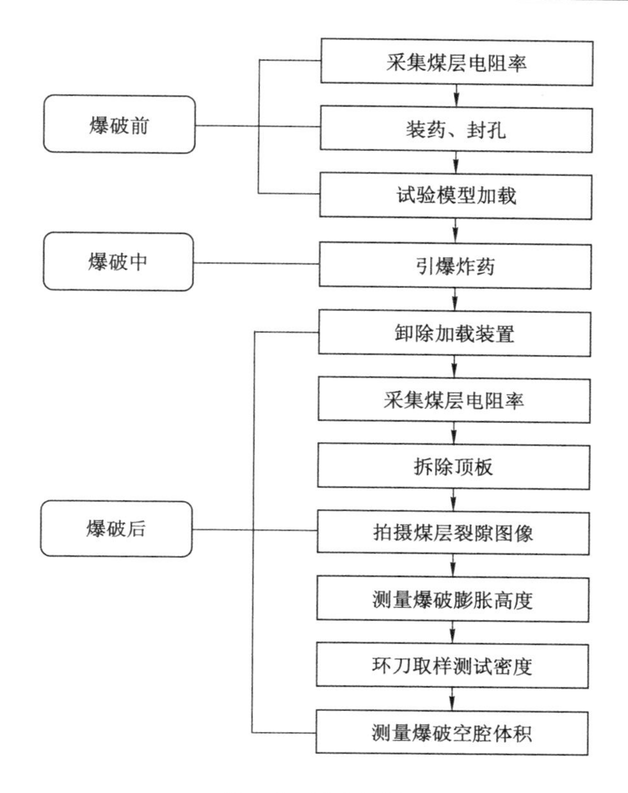


图 3-8 试验步骤

阻率为爆破后煤层的电阻率数据。

⑦ 电阻率数据采集完毕后,小心拆除顶板。需要说明的是,在浇筑试验模型时,通常是在煤层浇筑完成 24 h 后浇筑顶板,因此爆破后能较为轻松地用手将顶板和煤层分离,煤层能保持完整且裂隙不会受到影响。

⑧ 顶板拆除后,使用毛刷仔细清除煤层表面灰土,避免灰土对爆破裂隙观测的影响。拍摄煤层裂隙图像前,合理设置 LED 光源,使光线垂直于煤层的表面照射,确保裂隙图像表现结果尽可能真实准确。借助数码相机拍摄煤层裂隙图像,拍摄时选取合适的拍摄距离和角度以获取较为清晰、质量较高的裂隙图像。观察煤层是否出现膨胀隆起现象,若存在这种现象,则测量爆破后煤层膨胀隆起区域的中心位置与边缘位置的高度差。

⑨ 煤层裂隙图像采集完成后,沿爆破孔径方向按一定的间距在煤层表面均匀标注取样点。在使用自制环刀取样时,首先检查环刀内壁是否干净,然后按照预先标注的取样点位置将环刀竖直地压入煤层中,当环刀 50 mm 刻度线与煤层

表面齐平时，停止下压环刀，轻轻旋转环刀并小心取出煤样。每次取样完成后，使用电子秤称煤体质量，并按照不同取样点位置记录对应的煤体质量，后续完成煤体密度计算。应注意的是，取样时尽量减小周围煤层扰动，确保环刀取样测定煤层密度的稳定性。

⑩ 环刀取样完成后，调制较稀的石膏浆，将石膏浆缓缓注入爆破空腔，等待石膏浆完全凝固后将其取出，得到不规则石膏块。将石膏块放入装有水的烧杯中，测量石膏块的体积，即爆破空腔体积。

以下对拟开展的 3 种试验方案进行详细介绍(不同介质的爆破试验在 3.5 节详细介绍)：

(1) 不同煤层强度的爆破物理模拟试验方案

为探索爆破作用下松软煤层的爆破变形特征，通过改变煤层的强度参数，研究不同强度条件的煤层爆破变形特征。

为了确定煤层强度，设置 5 个煤层配比，采用河砂、水泥、石膏粉和煤粉配制试块，试块的尺寸为 100 mm×100 mm×100 mm，共制作 15 个试块并将其编号，如图 3-9(c)所示。试块养护结束后，使用压力机测试试块的强度，得到试块的应力-应变曲线(图 3-10)和单轴抗压强度，计算相同配比条件试块的平均抗压强度，如表 3-1 所列。

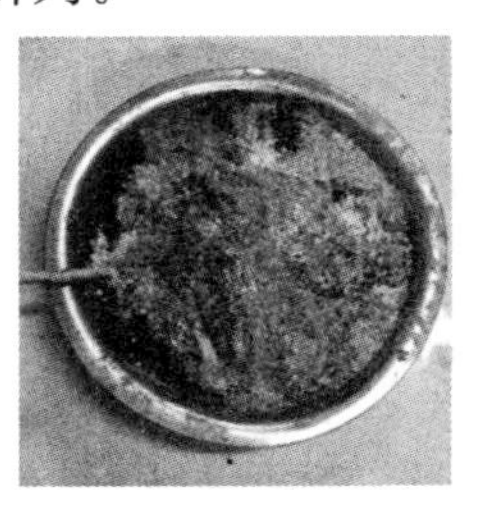

(a) 配比材料

(b) 制作试块

(c) 试块制作完成

(d) 强度测试

图 3-9　煤层配比试验

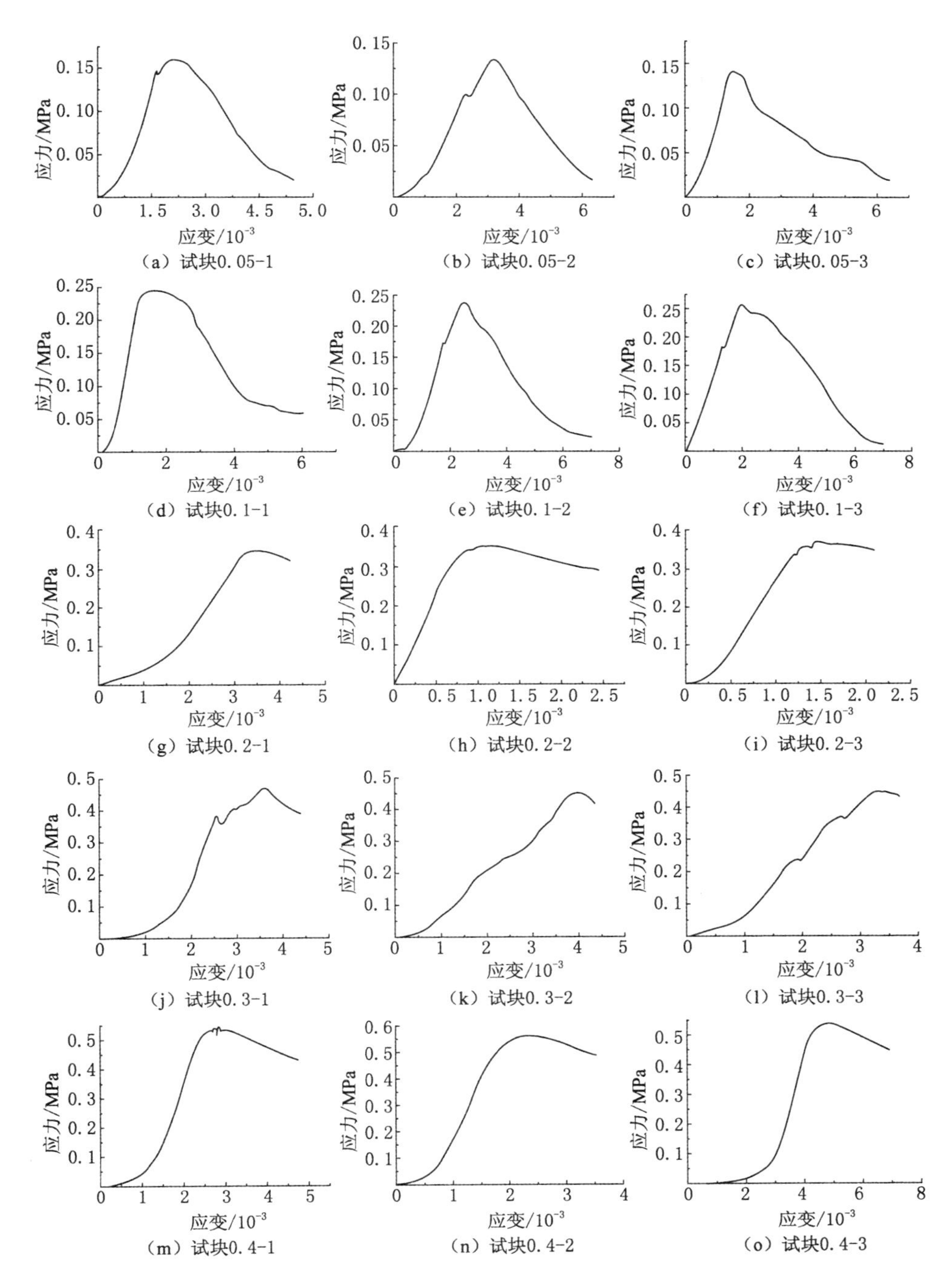


图3-10　试块应力-应变曲线

**表 3-1　试块配比方案及抗压强度测试结果**

| 组别 | 试块配比 | | | | | 试块编号 | 抗压强度/MPa | 平均抗压强度/MPa |
|---|---|---|---|---|---|---|---|---|
| | 河砂 | 水泥 | 石膏粉 | 煤粉 | 水 | | | |
| Ⅰ | 3.5 | 0.05 | 1.0 | 1.0 | 1.37 | 0.05-1 | 0.159 | 0.145 |
| | | | | | | 0.05-2 | 0.134 | |
| | | | | | | 0.05-3 | 0.141 | |
| Ⅱ | 3.5 | 0.10 | 1.0 | 1.0 | 1.37 | 0.1-1 | 0.243 | 0.246 |
| | | | | | | 0.1-2 | 0.238 | |
| | | | | | | 0.1-3 | 0.256 | |
| Ⅲ | 3.5 | 0.20 | 1.0 | 1.0 | 1.37 | 0.2-1 | 0.346 | 0.354 |
| | | | | | | 0.2-2 | 0.349 | |
| | | | | | | 0.2-3 | 0.368 | |
| Ⅳ | 3.5 | 0.30 | 1.0 | 1.0 | 1.37 | 0.3-1 | 0.465 | 0.450 |
| | | | | | | 0.3-2 | 0.449 | |
| | | | | | | 0.3-3 | 0.436 | |
| Ⅴ | 3.5 | 0.40 | 1.0 | 1.0 | 1.37 | 0.4-1 | 0.544 | 0.548 |
| | | | | | | 0.4-2 | 0.562 | |
| | | | | | | 0.4-3 | 0.538 | |

上述煤层配比试验结果表明，试块的强度大小与水泥的配比量成正比。随着浇筑试块的河砂、水泥、石膏粉、煤粉、水等材料的配比由 3.5∶0.05∶1∶1∶1.37 改变为 3.5∶0.4∶1∶1∶1.37，煤层的强度由 0.145 MPa 增大为 0.548 MPa。根据测试结果，构建不同煤层强度的松软煤层试验模型，共浇筑 5 个模型试块，模型配比方案如表 3-2 所列。

**表 3-2　不同煤层强度模型配比方案及抗压强度测试结果**

| 类别 | 模型配比 | | | | | 抗压强度/MPa |
|---|---|---|---|---|---|---|
| | 河砂 | 水泥 | 石膏粉 | 煤粉 | 水 | |
| 顶板 | 5.6 | 1.00 | 2.0 | 0 | 2.10 | 9.270 |
| $Q_1$ 煤层 | 3.5 | 0.05 | 1.0 | 1.0 | 1.37 | 0.145 |
| $Q_2$ 煤层 | 3.5 | 0.10 | 1.0 | 1.0 | 1.37 | 0.246 |
| $Q_3$ 煤层 | 3.5 | 0.20 | 1.0 | 1.0 | 1.37 | 0.354 |
| $Q_4$ 煤层 | 3.5 | 0.30 | 1.0 | 1.0 | 1.37 | 0.450 |
| $Q_5$ 煤层 | 3.5 | 0.40 | 1.0 | 1.0 | 1.37 | 0.548 |
| 底板 | 5.2 | 1.00 | 2.5 | 0 | 2.10 | 10.160 |

试验模型养护结束后，按照试验步骤对试验模型依次进行爆破，具体爆破参数如表 3-3 所列。

**表 3-3 $Q_1$～$Q_5$ 爆破参数**

| 模型编号 | 药量/g | 煤层强度/MPa | 封孔方式 | 不耦合系数 $K$ |
|---|---|---|---|---|
| $Q_1$ | 2.2 | 0.145 | 黄泥封孔 | 1.2(药柱直径 10 mm、爆破孔直径 12 mm) |
| $Q_2$ | 2.2 | 0.246 | 黄泥封孔 | |
| $Q_3$ | 2.2 | 0.354 | 黄泥封孔 | |
| $Q_4$ | 2.2 | 0.450 | 黄泥封孔 | |
| $Q_5$ | 2.2 | 0.548 | 黄泥封孔 | |

(2) 不同装药量条件的爆破物理模拟试验方案

为探索爆破载荷作用下松软煤层的爆破变形特征，通过改变装药量，研究不同药量条件的煤层爆破变形特征。

试验拟设 5 种不同的药量，根据预试验得到的试验结果来确定药量的范围，在这个范围内，煤层可以产生较为明显的爆破裂隙。试验使用黑索金炸药，黑索金炸药是一种爆炸力非常强大的烈性炸药，比 TNT 猛烈 1.5 倍。查阅相关材料可知，其爆速在密度为 1.7 g/cm$^3$ 时可达 8 350 m/s，而且起爆相对容易，1 g 黑索金爆炸生成的气体量为 0.908 L。

构建相同煤层强度的松软煤层试验模型，共浇筑 4 个模型试块，$Y_3$ 与 $Q_4$ 为同一模型，模型配比方案及抗压强度测试结果如表 3-4 所列。试验模型养护结束后，对试验模型依次进行爆破，具体爆破参数如表 3-5 所列。

**表 3-4 不同药量模型配比方案及抗压强度测试结果**

| 类别 | 模型配比 | | | | | 抗压强度/MPa |
|---|---|---|---|---|---|---|
| | 河砂 | 水泥 | 石膏粉 | 煤粉 | 水 | |
| 顶板 | 5.6 | 1.0 | 2.0 | 0 | 2.10 | 9.270 |
| $Y_1$～$Y_5$ 煤层 | 3.5 | 0.3 | 1.0 | 1.0 | 1.37 | 0.450 |
| 底板 | 5.2 | 1.0 | 2.5 | 0 | 2.10 | 10.160 |

**表 3-5　Y1～Y5 爆破参数**

| 模型编号 | 药量/g | 爆炸生成的气体量/L | 煤层强度/MPa | 封孔方式 | 不耦合系数 $K$ | 备注 |
| --- | --- | --- | --- | --- | --- | --- |
| $Y_1$ | 1.2 | 1.09 | 0.450 | 黄泥封孔 | 1.2(药柱直径 10 mm、爆破孔直径 12 mm) | $Y_3$ 与 $Q_4$ 为同一模型 |
| $Y_2$ | 1.7 | 1.54 | 0.450 | 黄泥封孔 | | |
| $Y_3$ | 2.2 | 2.00 | 0.450 | 黄泥封孔 | | |
| $Y_4$ | 2.7 | 2.45 | 0.450 | 黄泥封孔 | | |
| $Y_5$ | 3.2 | 2.91 | 0.450 | 黄泥封孔 | | |

(3) 不同封孔状态下爆破物理模拟试验方案

为分析爆生气体在爆破过程中的作用[253-254]，设置不封孔条件下的试验 $Y_6$，试验 $Y_6$ 是 $Y_3$($Q_4$)的对比，即进行相同煤层强度和药量条件下是否含爆生气体的对比，$Y_3$ 采用黄泥封孔方式，而 $Y_6$ 不封孔。

构建与 $Y_3$($Q_4$)相同煤层强度的松软煤层试验模型，共浇筑 1 个模型试块，模型配比方案如表 3-6 所列。试验模型养护结束后，按照步骤对 $Y_6$ 进行爆破，具体爆破参数如表 3-6 所列。

**表 3-6　$Y_3$、$Y_6$ 模型配比方案及爆破参数**

| 模型编号 | 药量/g | 煤层强度/MPa | 爆炸生成的气体量/L | 封孔方式 | 不耦合系数 $K$ |
| --- | --- | --- | --- | --- | --- |
| $Y_3$ | 2.2 | 0.450 | 2.00 | 黄泥封孔 | 1.2(药柱直径 10 mm、爆破孔直径 12 mm) |
| $Y_6$ | 2.2 | 0.450 | 0(理想) | 不封孔 | |

### 3.1.3　试验监测分析方法

采用数字图像处理、定点密度测试和电阻率层析成像三种方法对爆破变形进行分析，其中数字图像处理主要用于定量分析爆破裂隙形态，定点密度测试主要用于分析松软煤层爆破后的密度变化，电阻率层析成像则主要用于分析区域电阻率变化。

(1) 数字图像处理

数字图像处理作为一种量测岩土体空间结构及几何形态的数字表征手段，可以很好地应用于岩土体的宏观监测与微观结构定量分析中。与传统手段相比，数字图像处理在微观上可以帮助人们更加全面地认识岩土体内部的结构特征和动态变形特征，通过对岩土材料颗粒形状、粒径、球度等的研究可以合理解释宏观的变形破坏现象。宏观连续的岩土体在微观上表现为一系列颗粒和孔隙组成的结构系统,结合CT(计算机层析成像)或SEM(扫描电子显微镜)拍摄的岩土体微观结构相片,数字图像处理技术可以高效率、低消耗的探明岩土体内部颗粒和孔隙间的关系,通过定量化分析更好地了解岩土体在外力作用下的宏观变形和破坏机理。

当岩体受到的外力达到自身最大的抗压或者抗剪强度时,岩体发生破坏,由于破坏的速度快、时间短,人们往往通过破裂面的形貌特征来确定裂纹的性质,但是破坏的岩体呈现出很多交错的破裂面,严重影响了对裂纹性质的判断。在岩土工程中,使用高速摄像机捕捉动态事件是一种常见的手段,高速摄像机可以捕捉到岩体突然而且剧烈的破坏过程,找出裂纹的起始位置以及之后的发展延伸方向,结合数字图像处理技术分析裂纹的形成、扩展及展布特征,进而研究裂纹扩展机制及其性质。

在本研究中,数字图像处理是通过对图像进行去除噪声、增强、复原、分割、提取特征等处理[255-256],利用数码相机采集爆破后煤层表面裂隙图像,然后运用MATLAB软件进行图像的预处理。

图像的预处理主要包括如下步骤:

① 图像的读取与灰度化。获取的裂隙图像为彩色图像,对图像进行灰度处理,将彩色图像转化为灰度图像。

② 图像去除噪声。采用中值滤波法去噪,保留图像的细节特征,避免图像失真。

③ 图像灰度变换。调整图像的对比度与亮度使爆破裂隙与周围煤体区分更为明显。

在图像的预处理完成后,对图像的进行边缘检测,边缘主要表现为沿裂隙边缘走向的像素变化较小,而垂直于裂隙边缘方向的像素变化明显,边缘检测使裂隙的轮廓及图像的细节变得更加清晰[257]。

通过上述步骤强化了图像所反映的裂隙信息,进而提取煤层裂隙形态,最后根据所提取的图像信息进行分析计算。

(2) 定点密度测试

为研究爆破前后不同区域的煤层密度变化,采用定点密度测试方法[258]。用自制环刀沿爆破孔径向,按一定的间距在煤层表面均匀且竖直地布置取样点,取样点位置如图3-11所示。

假设自制环刀质量为 $m$,称取煤样质量为 $m_1$,自制环刀容积为 $V$,则爆破后的煤体密度 $\rho_m$ 为:

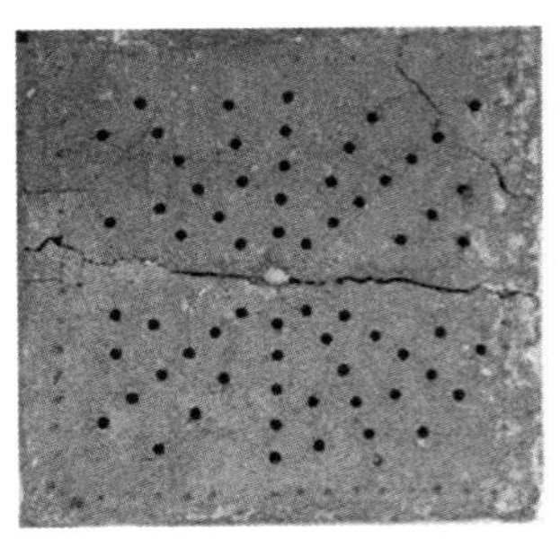

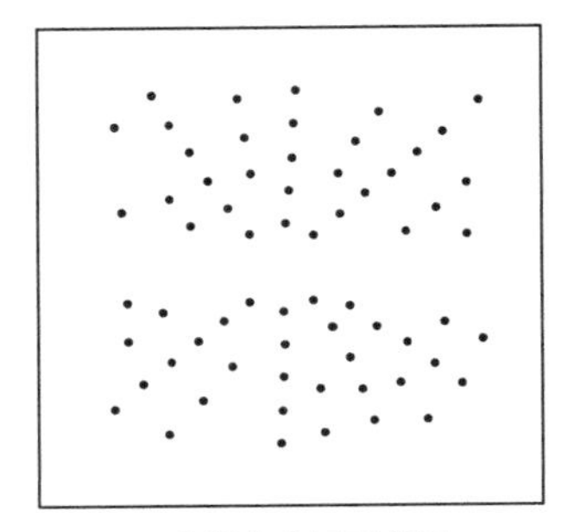

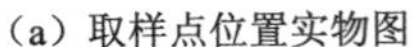

（a）取样点位置实物图　　（b）取样点位置示意图

图 3-11　取样点位置

$$\rho_m = \frac{m_1 - m}{V} \tag{3-1}$$

为了验证自制环刀取样的稳定性，制作与爆破试验模型尺寸相同的试块，掀开顶板，使用自制环刀在煤层的不同位置随机取样 5 次进行测量，取样质量最大值与最小值的差值为 0.01 g，取样质量结果相差很小。由此可见，环刀取样结果较为稳定，误差在允许的范围内。

（3）电阻率层析成像

电阻率能够反映煤岩体内部结构变化[259-260]，在煤矿井下环境中，由于地质环境的复杂性，煤层电阻率往往会受多种因素的影响，影响因素主要包括煤层组分、温度、湿度、变质程度等[261-262]。而在单轴压缩试验或模型爆破试验中，试块的组分、温度、湿度、变质程度等因素基本一致，且测试条件保持相同。因此，在应力应变过程或爆破载荷作用过程中，试块的电阻率变化主要与受载试块孔隙、裂隙分布的演化有关[263-266]。当煤岩体内部孔隙、裂隙闭合时，导电性能提高，电阻率下降；当煤岩体产生微裂隙，并不断贯通形成宏观裂隙时，导电通道被阻断，电阻率升高[267-268]。

直流电阻率法包括很多种测量方法，网络并行电法就是其中的一种，在模型爆破试验中，采用网络并行电法仪采集电阻率数据。网络并行电法是直流电阻率法[269-270]（以煤层的导电性差异为基础[271]）的一种，这种测试方法是建立在高密度电法基础上的一种新型技术，核心是海量数据信息采集与处理的并行。网络并行电法仪与高密度电法勘探设备相比具有较大优势，主要表现在：在功能上具备传统电法测试系统的跟踪测量方法，且携带方便，操作简单，极大地提高了勘探效率，存储功能也有了质的提高。网络并行电法仪数据采集主要采用的是电极供电（AM 法）与偶极子供电（ABM 法）两种方式，这是因为电法勘探的信号产生主要是通过供电电极 AB 向大地供电。目前，网络并行电法广泛用于地质构造及变形破坏勘察、煤矿采空区探测等方面[272-275]。

直流电阻率法的测量原理并不复杂，即将提前埋设在测量区域内的 $A$、$B$ 两个发电电极连接到直流电源的两段，$A$、$B$ 两端接电后在两个发电电极之间会形成一个稳定的半空间的电场。不同电阻率的地下岩体会对电场的分布产生影响。如果地下的岩体是均质的、没有断面的单一岩石，那么两电极之间生成的电场分布将会十分均匀。如果地下的岩石中含有杂质，杂质的电阻小于岩石时，此位置的电阻就较小，电场强度较大；杂质的电阻大于岩石时，此位置的电阻较大，流过的电流较小，电场强度较小。同理，岩石中存在的裂隙也会导致电流大小发生变化，电场也会发生变化，通过接收仪器接收到电场的变化，分析裂隙大小位置。根据直流电法探测原理[276-277]，假设试验介质为均匀且各向同性的煤体，供电电极 $A$、$B$ 向电阻率为 $\rho$ 的煤体供电流强度为 $I$ 的电流，如图 3-12 所示，任意测量电极 $M$、$N$ 存在相应的电位 $U_M$ 和$U_N$，分别为：

$$U_M = \frac{\rho I}{2\pi}\left(\frac{1}{AM} - \frac{1}{BM}\right) \tag{3-2}$$

$$U_N = \frac{\rho I}{2\pi}\left(\frac{1}{AN} - \frac{1}{BN}\right) \tag{3-3}$$

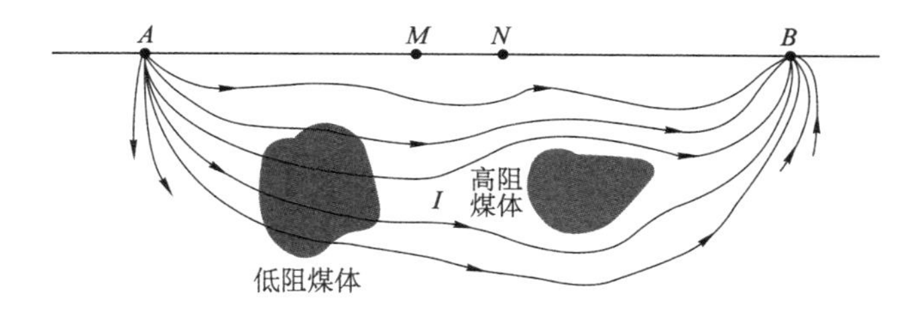


图 3-12 直流电阻率法测量原理示意图

测量电极 $M$、$N$ 之间产生的电位差为：

$$\Delta U_{MN} = \frac{\rho I}{2\pi}\left(\frac{1}{AM} - \frac{1}{BM} - \frac{1}{AN} + \frac{1}{BN}\right) \tag{3-4}$$

则煤体电阻率为：

$$\rho = \frac{\Delta U_{MN}}{I} \frac{2\pi}{\left(\frac{1}{AM} - \frac{1}{BM} - \frac{1}{AN} + \frac{1}{BN}\right)} \tag{3-5}$$

考虑电极排列、断面特点等影响因素，上述计算公式得到的电阻率不等于煤层的真电阻率，称为视电阻率。采用电阻率层析成像方法，对测得的电阻率数据进行反演分析，得到爆破前后煤层电阻率的区域性变化情况，进而分析煤层爆破变形特征。

### 3.1.4 煤层爆破变形的定量表征方法

松软煤层爆破后会出现三种现象：煤层开裂，并呈现爆破裂隙；爆破孔位置出现一个空腔，简称爆破空腔；煤层爆破孔附近的区域出现膨胀隆起现象，简称爆破膨胀[278]。因此，松软煤层的爆破变形主要包含了爆破裂隙、爆破空腔和爆破膨胀三种形式。

目前，针对煤层爆破变形的研究多侧重于定性分析，不能直观地评价爆破后煤层的变形情况。为更准确地分析煤层爆破变形特征，对爆破变形进行定量表征，即定量计算爆破裂隙面积、爆破空腔体积和爆破膨胀体积，具体方法如下。

(1) 爆破裂隙面积的计算

首先，对拍摄的煤层表面裂隙图像进行读取、灰度化、去除噪声、灰度变换、边缘检测等处理，得到煤层表面裂隙的黑白图像。

然后，将处理好的煤层表面裂隙图像导入 AutoCAD 软件，调整图像的大小使图像与煤层实物的比例为 1∶1，使用 CAD 工具连续勾画每条爆破裂隙的边缘，形成一个个独立的闭合图形。

最后，分别查看各个闭合图形的面积，依次记录，将所有闭合图形的面积相加，得到闭合图形总面积即爆破裂隙总面积。

(2) 爆破空腔体积的测量

使用石膏浆或液态玻璃胶填充爆破空腔来测量其体积。调制好较稀的石膏浆，将石膏浆缓缓注入爆破空腔或直接将液态玻璃胶注入爆破空腔，等待石膏浆或液态玻璃胶完全凝固后将其取出，得到一个不规则的三维物体，即爆破空腔，如图 3-13(a)所示。

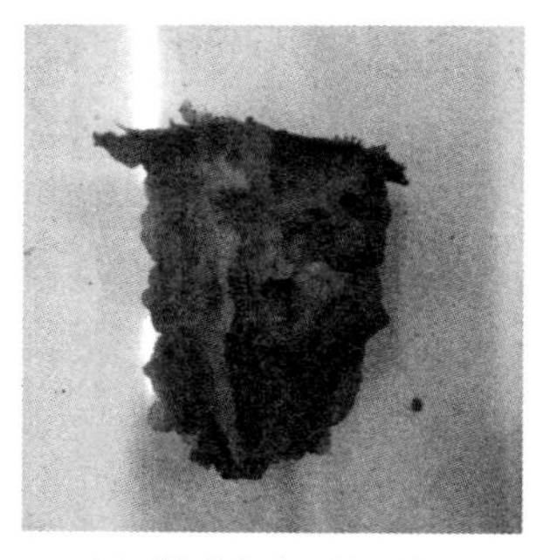

(a) 爆破空腔三维形态

(b) 排水法测体积

图 3-13　爆破空腔体积的测量

使用排水法测物体体积，根据物体的大小在烧杯中装一定量的水，记录水的体积 $V_0$，将物体放入烧杯中并确保被水没过，如图 3-13(b)所示，记录此时水和物体体积 $V_1$，则物体体积为 $V_1$ 和 $V_0$ 的差值。物体体积 $\Delta V$ 为：

$$\Delta V = V_1 - V_0 \tag{3-6}$$

物体体积 $\Delta V$ 即为爆破空腔体积。

(3) 爆破膨胀体积的计算

拆除顶板后，测量爆破后煤层膨胀隆起区域的中心位置与边缘位置的高度差，将膨胀隆起部分近似地看作球缺，计算膨胀隆起角度和球的半径，并将球缺高(即膨胀区域的中心位置与边缘位置的高度差)和球半径代入球缺公式计算得到球缺体积，即爆破膨胀体积。

对于松软煤层而言，爆破变形可以分为压缩变形和疏松变形。为综合评价煤层的爆破变形情况，引入一个从体积角度考虑的爆破变形评价指标 $V$，$V$ 的计算公式为：

$$V = V_a + V_c - V_b \tag{3-7}$$

$$V_a = S_a h \tag{3-8}$$

式中 $V_a$——煤层裂隙体积，即煤层表面裂隙面积 $S_a$ 和煤层厚度 $h$ 的乘积，呈现疏松变形；

$V_b$——爆破空腔体积，呈现压缩变形；

$V_c$——爆破膨胀体积，呈现疏松变形。

当 $V>0$ 时，爆破后的煤层整体上为疏松状态；反之，则呈现压缩状态。

## 3.2 松软煤层爆破变形特征

### 3.2.1 煤层强度对爆破变形的影响

实验室内开展的 5 个不同煤层强度条件下松软煤层模型爆破试验均成功完成，得到的结果如下。

#### 3.2.1.1 煤层爆破裂隙形态

煤层爆破裂隙形态直观地反映了煤层的破裂情况，爆破后松软煤层呈现径向主裂隙、环向主裂隙和径向微裂隙三种裂隙形态，如图 3-14 所示。

径向主裂隙贯穿煤层表面，并与爆破孔相连；环向主裂隙贯穿煤层表面，但不与爆破孔相连；径向微裂隙为不连续的、微小的径向裂隙。部分试验出现了边界反射裂隙，该裂隙由煤层四周边界向煤层内部扩展，这是因为试验箱体内侧纸板未完全吸收爆炸应力波能量，煤层受应力波的反射作用产生边界反射裂隙。

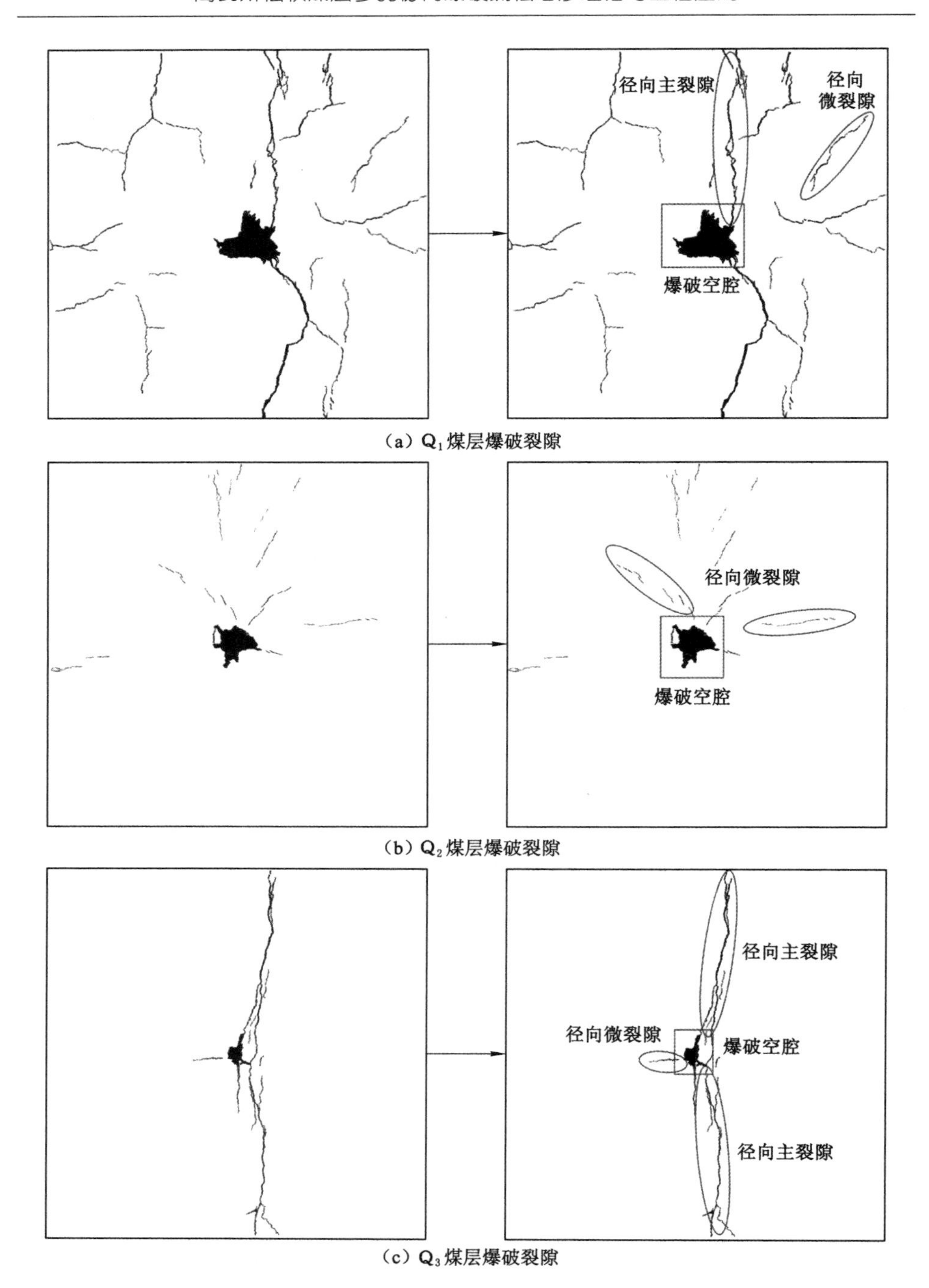

（a）$Q_1$ 煤层爆破裂隙

（b）$Q_2$ 煤层爆破裂隙

（c）$Q_3$ 煤层爆破裂隙

图 3-14　不同煤层强度爆破裂隙

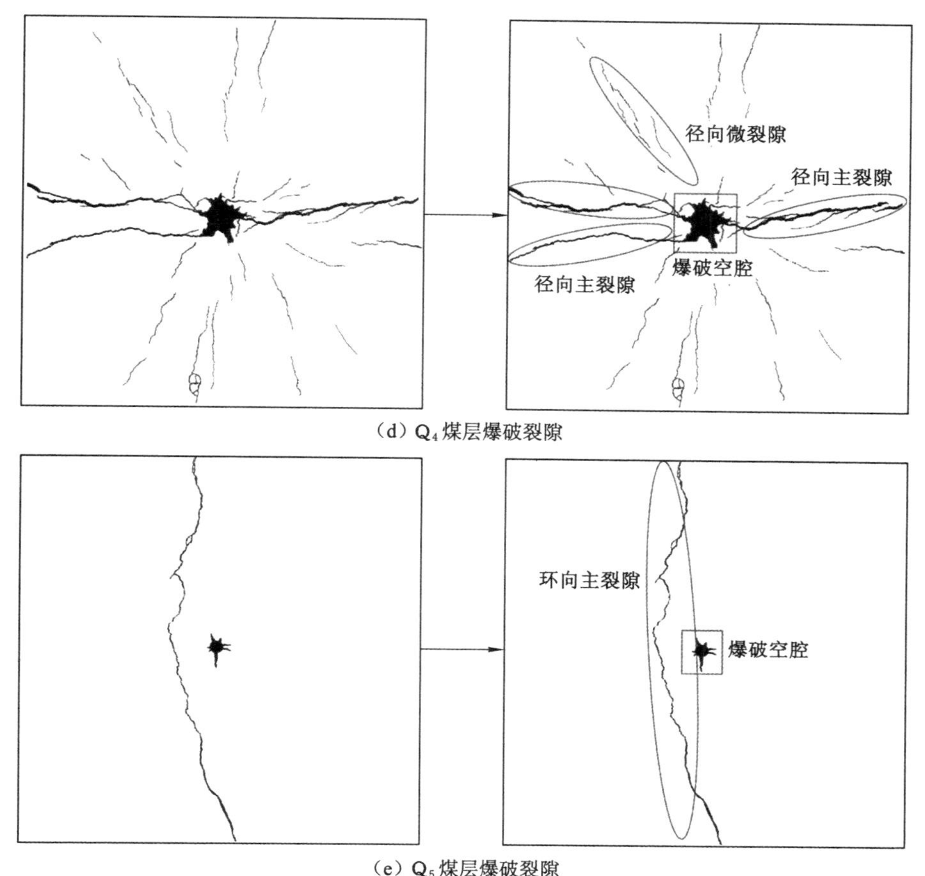


(d) $Q_4$ 煤层爆破裂隙

(e) $Q_5$ 煤层爆破裂隙

图 3-14(续)

由于爆破裂隙形成的随机性,不同煤层强度条件下呈现的爆破裂隙形态、分布位置、裂隙数量、裂隙宽度等存在一定的差异性。

(1) 爆破裂隙形态

$Q_1$、$Q_3$、$Q_4$ 煤层呈现了径向主裂隙和径向微裂隙并存的现象,$Q_2$ 煤层只存在径向微裂隙,$Q_5$ 煤层只存在环向主裂隙。$Q_1$、$Q_2$、$Q_4$ 煤层均存在边界反射裂隙。从 $Q_1$ 到 $Q_5$ 这五个模型中煤层裂隙形态中可以看出,煤层爆破后最多只存在一种主裂隙形态,即径向主裂隙和环向主裂隙不会同时存在。除 $Q_5$ 煤层以外,其余煤层爆破后均存在径向微裂隙。

(2) 裂隙分布位置

$Q_1$、$Q_3$、$Q_4$ 煤层的径向主裂隙和 $Q_5$ 煤层的环向主裂隙均沿着煤层的两条对边方向扩展，而不是沿对角线方向扩展，部分径向主裂隙出现了分叉现象。径向微裂隙大体上呈现由爆破孔中心向外辐射的分布状态，$Q_1$ 煤层径向微裂隙分布在离爆破孔较远的位置，$Q_3$ 煤层径向微裂隙分布在爆破孔周围，$Q_2$、$Q_4$ 煤层的径向微裂隙有的分布在离爆破孔较远的位置，有的分布在爆破孔周围，而分布在爆破孔周围的有些与爆破孔相连，有些不与爆破孔相连。$Q_2$ 煤层径向微裂隙主要分布在煤层的右上方，而 $Q_4$ 煤层径向微裂隙则均匀地分布在煤层的上下方。边界反射裂隙则分布在煤层边界，由煤层边界向煤层内部扩展。

(3) 裂隙数量

$Q_1$、$Q_3$ 煤层存在一条贯穿煤层上下侧的径向主裂隙，而 $Q_4$ 煤层存在三条与爆破孔相连的只贯穿煤层一侧的径向主裂隙，$Q_5$ 煤层只存在一条贯穿煤层上下侧的环向主裂隙。爆破后 $Q_1$～$Q_4$ 煤层中径向微裂隙的数量最多(除 $Q_5$ 煤层)以外，而 $Q_4$ 煤层径向微裂隙的数量又为最多。$Q_1$ 煤层的边界反射裂隙最多，$Q_2$、$Q_4$ 煤层次之，$Q_3$、$Q_5$ 煤层则没有。

(4) 裂隙宽度

不同的裂隙形态伴随着不同的裂隙宽度，径向主裂隙和环向主裂隙的宽度大于径向微裂隙的宽度，$Q_1$、$Q_3$、$Q_4$ 煤层径向主裂隙宽度从爆破孔到煤层边界逐渐减小，其中出现分叉现象的径向主裂隙宽度变化则由分叉裂隙的宽度之和反映。$Q_5$ 煤层环向主裂隙宽度呈现中间较小、两端较大的变化趋势。$Q_1$～$Q_4$ 煤层径向微裂隙的宽度并无明显变化规律，只有与爆破孔相连的径向微裂隙宽度呈现从爆破孔向外逐渐减小的变化趋势。煤层边界反射裂隙宽度从煤层边界到煤层内部逐渐减小。

#### 3.2.1.2 煤层爆破变形特征

根据煤层爆破变形定量表征方法，分别计算不同强度条件下煤层的爆破裂隙面积、爆破空腔体积和爆破膨胀体积，如表 3-7 所列。

**表 3-7　$Q_1$～$Q_5$ 煤层爆破变形的定量表征**

| 模型编号 | 爆破裂隙面积/$cm^2$ | 爆破空腔体积/$cm^3$ | 爆破膨胀体积/$cm^3$ |
| --- | --- | --- | --- |
| $Q_1$ | 52.58 | 1 120 | 0 |
| $Q_2$ | 7.61 | 530 | 0 |
| $Q_3$ | 20.07 | 110 | 0 |
| $Q_4$ | 68.02 | 600 | 58.3 |
| $Q_5$ | 16.58 | 60 | 0 |

随着煤层强度的增大,爆破裂隙面积和爆破空腔体积变化规律并不明显。当煤层强度最小(0.145 MPa)时,爆破空腔体积最大。当煤层强度为 0.45 MPa 时,爆破裂隙面积最大。

为综合评价煤层的爆破变形情况,按照爆破变形评价指标的计算公式进行计算,计算结果如表 3-8 和图 3-15 所示。

**表 3-8 $Q_1$～$Q_5$ 煤层爆破变形评价计算结果**

| 模型编号 | 爆破裂隙体积 $V_1$ /cm$^3$ | 爆破空腔体积 $V_2$ /cm$^3$ | 爆破膨胀体积 $V_3$ /cm$^3$ | 爆破变形评价指标值 $V$ /cm$^3$ |
|---|---|---|---|---|
| $Q_1$ | 525.8 | 1 120 | 0 | −594.2 |
| $Q_2$ | 76.1 | 530 | 0 | −453.9 |
| $Q_3$ | 200.7 | 110 | 0 | 90.7 |
| $Q_4$ | 680.2 | 600 | 58.3 | 138.5 |
| $Q_5$ | 165.8 | 60 | 0 | 105.8 |

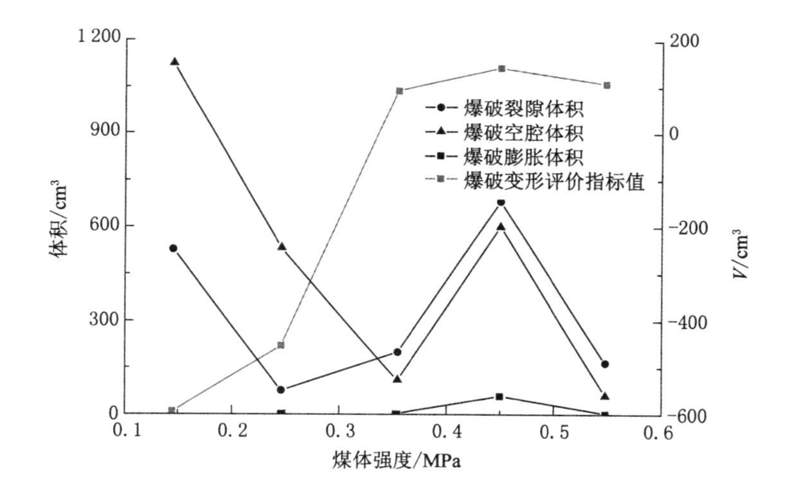


图 3-15 $Q_1$～$Q_5$ 煤层爆破变形评价图示

由图 3-15 可知,随着煤层强度的增加,爆破变形评价指标值 $V$ 呈现先增加后减小的趋势。当煤层强度为 0.45 MPa 时,爆破裂隙体积和爆破变形评价指标值均为最大,结合相应的爆破裂隙的分布特征,发现大多数裂隙呈现辐射状分布,此时的爆破效果最佳。当煤层强度低于 0.25 MPa 时,煤层呈现的爆破变形状态都为压缩状态。因此,对于松软煤层而言,当煤层强度低于一定值时,仅依靠爆破致裂作用很难增加煤层的透气性，无法提高瓦斯抽采效率。

### 3.2.2 药量对煤层爆破变形的影响

实验室内开展的 5 个不同装药量条件下松软煤层模型爆破试验均成功完成，得到的结果如下。

#### 3.2.2.1 煤层爆破裂隙形态

不同药量条件和不同煤层强度条件爆破后松软煤层所呈现的爆破裂隙形态趋于一致，即呈现径向主裂隙、环向主裂隙和径向微裂隙三种裂隙形态，试验中出现了边界反射裂隙，如图 3-16 所示。

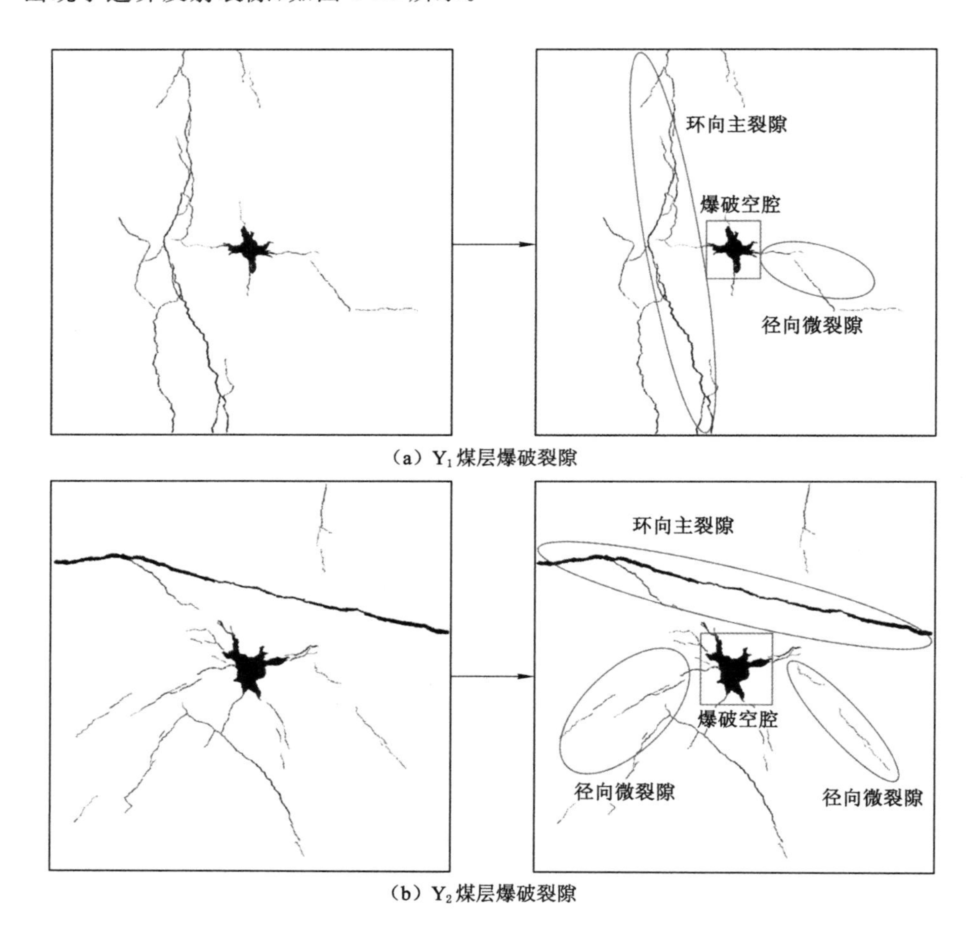


(a) $Y_1$ 煤层爆破裂隙

(b) $Y_2$ 煤层爆破裂隙

图 3-16　不同药量爆破裂隙

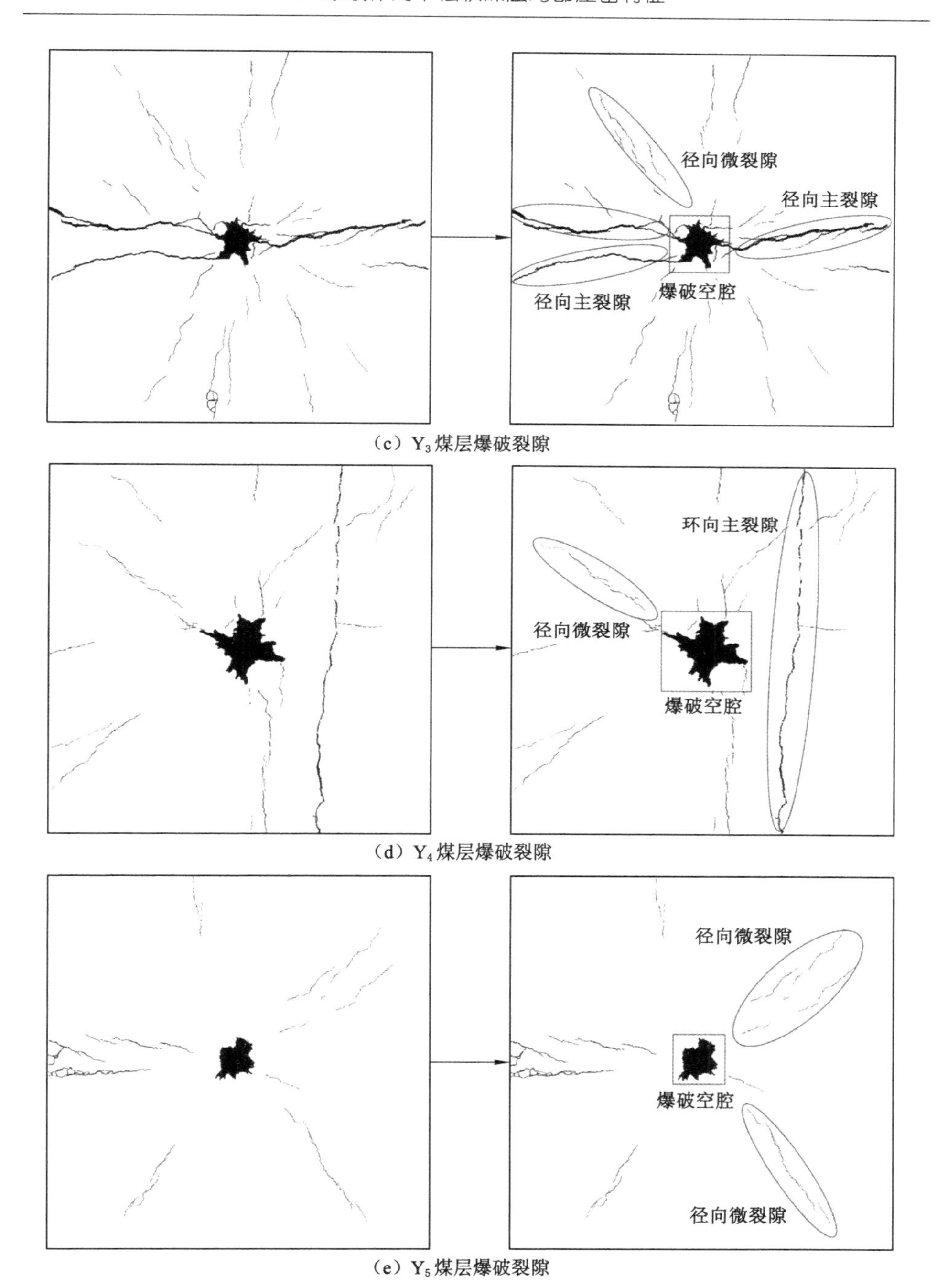


（c）$Y_3$ 煤层爆破裂隙

（d）$Y_4$ 煤层爆破裂隙

（e）$Y_5$ 煤层爆破裂隙

图 3-16(续)

（1）爆破裂隙形态

$Y_1$、$Y_2$、$Y_4$ 煤层呈现了环向主裂隙和径向微裂隙并存的现象，$Y_3$ 煤层呈现了径向主裂隙与径向微裂隙并存的现象，$Y_5$ 煤层只存在径向微裂隙。$Y_1 \sim Y_5$ 煤层均存在径向微裂隙和边界反射裂隙。从 $Y_1 \sim Y_5$ 煤层的裂隙形态中可以看出，煤层爆破后最多只存在一种主裂隙形态，即径向主裂隙和环向主裂隙不会同时存在。

（2）裂隙分布位置

$Y_3$ 煤层径向主裂隙和 $Y_1$、$Y_2$ 和 $Y_4$ 煤层环向主裂隙均沿着煤层的两条对边方向扩展，而不是沿对角线方向扩展，径向主裂隙和环向主裂隙均出现了分叉现象。径向微裂隙大体上呈现由爆破孔中心向外辐射的分布状态，$Y_1 \sim Y_5$ 煤层径向微裂隙既有分布在离爆破孔较远的位置的，也有分布在爆破孔周围的。$Y_1$ 煤层径向微裂隙主要分布在爆破孔周围，以爆破孔中心为对称点呈现对称分布，$Y_2$ 煤层径向微裂隙分布在环向主裂隙下方，$Y_3$ 煤层所有裂隙以穿过爆破孔中心的水平轴线为对称轴呈现近似对称，$Y_5$ 煤层径向微裂隙分布较为均匀。

（3）裂隙数量

$Y_1$、$Y_4$ 煤层均存在一条贯穿煤层上下侧的环向主裂隙，$Y_2$ 煤层存在一条贯穿煤层左右侧的环向主裂隙，而 $Y_3$ 煤层存在三条与爆破孔相连的只贯穿煤层一侧的径向主裂隙。爆破后 $Y_1 \sim Y_5$ 煤层中径向微裂隙的数量最多，而 $Y_3$ 煤层径向微裂隙的数量又为最多。$Y_4$ 煤层边界反射裂隙最多，$Y_3$、$Y_5$ 煤层次之，$Y_1$、$Y_2$ 煤层最少。

（4）裂隙宽度

径向主裂隙和环向主裂隙的宽度普遍大于径向微裂隙的宽度，$Y_1$ 煤层环向主裂隙宽度变化并不明显，$Y_3$ 煤层径向主裂隙宽度从爆破孔到煤层边界逐渐减小，而 $Y_2$、$Y_4$ 煤层环向主裂隙宽度呈现中间较小、两端较大的变化趋势。$Y_1 \sim Y_5$ 煤层与爆破孔相连的径向微裂隙宽度呈现从爆破孔向外逐渐减小的变化趋势，而其余径向微裂隙的宽度并无明显变化规律。边界反射裂隙宽度从煤层边界到煤层内部逐渐减小。

#### 3.2.2.2 煤层爆破变形特征

根据煤层爆破变形定量表征方法，分别计算不同药量条件下煤层的爆破裂隙面积、爆破空腔体积和爆破膨胀体积，如表 3-9 所列。

**表 3-9 $Y_1 \sim Y_5$ 煤层爆破变形的定量表征**

| 模型编号 | 爆破裂隙面积/$cm^2$ | 爆破空腔体积/$cm^3$ | 爆破膨胀体积/$cm^3$ |
| --- | --- | --- | --- |
| $Y_1$ | 38.41 | 280 | 0 |
| $Y_2$ | 62.80 | 500 | 28.68 |
| $Y_3$ | 68.02 | 600 | 58.30 |
| $Y_4$ | 42.81 | 700 | 68.95 |
| $Y_5$ | 14.71 | 620 | 247.41 |

随着药量的增加，爆破裂隙面积和爆破空腔体积呈现先增大后减小的变化趋势，爆破膨胀体积则逐渐增大。当药量为 2.2 g 时，爆破裂隙面积最大，表明松软煤层爆破存在着可获得最大爆破裂隙面积的药量值；而当药量为 2.7 g 时，爆破空腔体积最大，表明药量的增大不一定导致爆破裂隙面积增大，可能导致爆破空腔体积和爆破膨胀体积的增大。

为综合评价煤层的爆破变形情况，按照爆破变形评价指标的计算公式进行计算，计算结果如表 3-10 和图 3-17 所示。

**表 3-10 $Y_1 \sim Y_5$ 煤层爆破变形评价计算结果**

| 模型编号 | 爆破裂隙体积 $V_1$ /$cm^3$ | 爆破空腔体积 $V_2$ /$cm^3$ | 爆破膨胀体积 $V_3$ /$cm^3$ | 爆破变形评价指标值 $V$/$cm^3$ |
| --- | --- | --- | --- | --- |
| $Y_1$ | 384.1 | 280 | 0 | 104.10 |
| $Y_2$ | 628.0 | 500 | 28.68 | 156.68 |
| $Y_3$ | 680.2 | 600 | 58.30 | 138.50 |
| $Y_4$ | 428.1 | 700 | 68.95 | −202.95 |
| $Y_5$ | 147.1 | 620 | 247.41 | −225.49 |

由图 3-17 可知，随着药量的增加，爆破变形评价指标值 $V$ 呈现先增加后减小的趋势。当药量超过某一药量时，煤层呈现的爆破变形状态由疏松状态变为压缩状态，并随着药量的继续增加，煤层的压缩变形不断增大。由此可见，药量增大所增加的能量不一定用于爆破裂隙面积的增加，也可能用于爆破空腔体积和爆破膨胀体积的增加。当药量合适时，爆破既可以产生较大范围的爆破裂隙，又可以使爆破孔壁煤体和裂隙周围煤体不被过度挤压。因此，对于松软煤层而言，爆破存在一个合适的药量，在该药量条件下煤层能达到最好的增透效果，而不是药量越大，爆破增透效果越好。

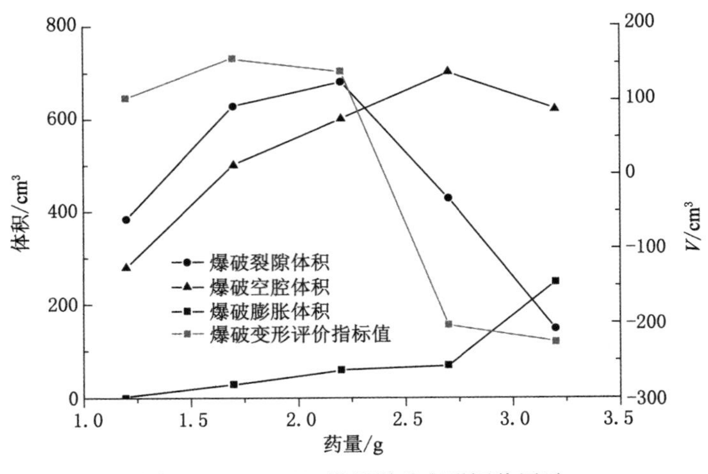


图 3-17　$Y_1 \sim Y_5$ 煤层爆破变形评价图示

### 3.2.3　爆生气体对煤层爆破变形的影响

不同封孔状态包含不封孔和封孔两种条件，两类松软煤层模型爆破试验成功完成，得到的结果如下。

#### 3.2.3.1　煤层爆破裂隙形态

$Y_6$ 煤层呈现环向主裂隙、径向主裂隙和径向微裂隙并存的现象，边界区域出现了边界反射裂隙，如图 3-18 所示。环向主裂隙分布在爆破空腔上方，并由一条裂隙分叉为两条裂隙，径向主裂隙分布在爆破空腔的左下方，径向主裂隙和环向主裂隙宽度变化并不明显。

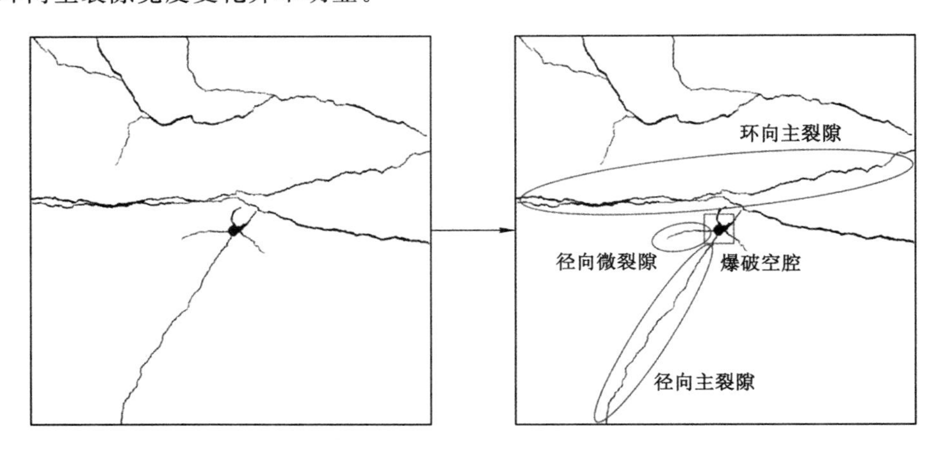


图 3-18　不封孔条件下的爆破裂隙

#### 3.2.3.2 煤层爆破变形特征

根据煤层爆破变形定量表征方法，计算 $Y_6$ 煤层的爆破裂隙面积、爆破空腔体积和爆破膨胀体积，与 $Y_3$ 进行对比，如表 3-11 所列。

**表 3-11 $Y_3$、$Y_6$ 煤层爆破变形的定量表征**

| 模型编号 | 爆破裂隙面积/$cm^2$ | 爆破空腔体积/$cm^3$ | 爆破膨胀体积/$cm^3$ |
|---|---|---|---|
| $Y_3$（封孔） | 68.02 | 600 | 58.3 |
| $Y_6$（不封孔） | 61.43 | 180 | 0 |
| 变化率/% | −9.69 | −70 | −100 |

相同煤层强度和药量条件下，$Y_6$ 煤层的爆破裂隙面积比 $Y_3$ 减小了 9.69%、爆破空腔体积减小了 70%，表明对于松软煤层而言，爆生气体在爆破过程中对煤体的移动变形起到了关键作用。

为综合评价封孔或不封孔条件下煤层的爆破变形情况，按照爆破变形评价指标的计算公式进行计算，计算结果如表 3-12 所列。

**表 3-12 $Y_3$、$Y_6$ 煤层爆破变形评价计算结果**

| 模型编号 | 爆破裂隙体积 $V_1$ /$cm^3$ | 爆破空腔体积 $V_2$ /$cm^3$ | 爆破膨胀体积 $V_3$ /$cm^3$ | 爆破变形评价指标值 $V$/$cm^3$ |
|---|---|---|---|---|
| $Y_3$ | 680.2 | 600 | 58.3 | 138.5 |
| $Y_6$ | 614.3 | 180 | 0 | 434.3 |

比较 $Y_3$、$Y_6$ 煤层的 $V$ 值，发现两者呈现疏松变形，且不封孔条件下爆破变形评价指标值大于封孔条件，表明对于松软煤层而言，爆生气体的存在会增加煤体的爆破压缩变形，因而降低爆破增透效果。

### 3.2.4 爆破空腔与爆破膨胀的形成原理

炸药爆炸的瞬间产生大量爆生气体，爆生气体迅速膨胀充满爆破孔，并以准静压形式作用于爆破孔壁面煤体上[279-281]，推动挤压孔壁煤体质点做径向移动，使爆破不断扩展，形成爆破空腔，如图 3-19 所示。爆破空腔的形成直接导致煤体体积的减小，爆破孔周围煤体受到挤压。爆生气体推动挤压孔壁煤体移动的同时进入爆破孔周围煤体的孔隙、裂隙，导致煤层中心区域出现隆起现象，产生爆破膨胀变形。

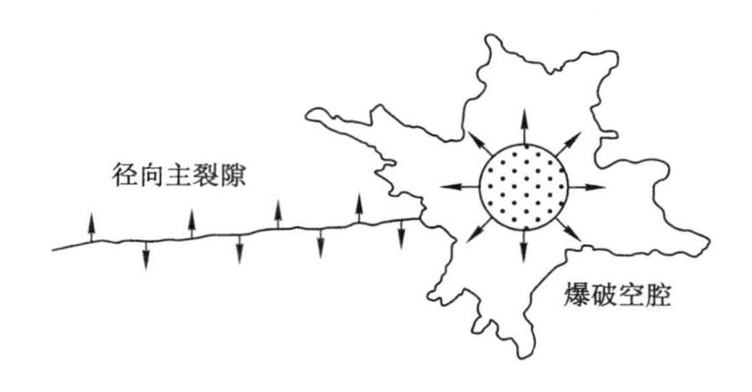


图 3-19　爆生气体的作用原理

煤层强度越小，煤体越容易被挤压而发生变形，此时的爆破空腔越大[282]。随着药量的增加，爆破空腔体积呈现先增大后减小的趋势，爆破膨胀体积则逐渐增大。药量的增加意味着爆生气体的量增加，爆生气体除了作用于径向裂隙以外，一部分用于形成爆破空腔，一部分用于产生爆破膨胀，因此爆破空腔和爆破膨胀体积逐渐增大，当药量为 3.2 g 时，爆破空腔体积较药量为 2.7 g 时减小较少，而爆破膨胀体积则大幅度增加，表明原本作用于爆破空腔的一部分爆生气体却用于产生爆破膨胀。

综上所述，爆炸应力波的主要作用是裂隙的起裂和环向主裂隙的扩展，而爆生气体是径向裂隙扩展、爆破空腔形成和爆破膨胀变形产生的决定性因素。对于松软煤层而言，爆生气体的作用是主要的。

## 3.3　爆破后松软煤层密度变化特征

### 3.3.1　密度变化的云图分析方法

采用监测分析方法中所叙述的定点密度测试方法，使用自制环刀取样得到爆破后不同位置处煤体的质量，通过计算每个取样位置的煤体密度，可以得到一系列密度数据，将爆破后煤体的密度值减去爆破前煤体的密度值，得到爆破前后煤层的密度差值，即为密度变化数据。

将模型煤层的相邻两边分别设定为 $X$ 和 $Y$ 轴，既而确定每个取样位置中心点的坐标值$(x,y)$，如图 3-20(a)所示。将每个取样位置中心点的坐标值和每个取样位置的密度变化数据分别导入 Surfer 软件作为 $A$、$B$、$C$ 列的值，即取样位置中心点的横坐标 $x$ 对应为 A 列的值，取样位置中心点的纵坐标 $y$ 对应为 B 列的值，取样位置的密度变化值对应为 C 列的值，如图 3-20(b)所示。

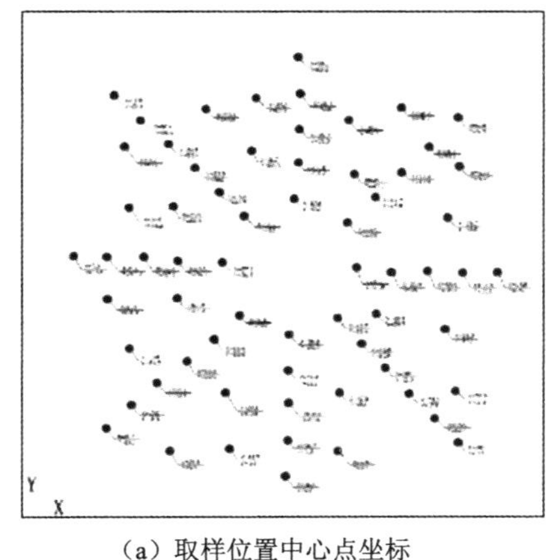

(a) 取样位置中心点坐标

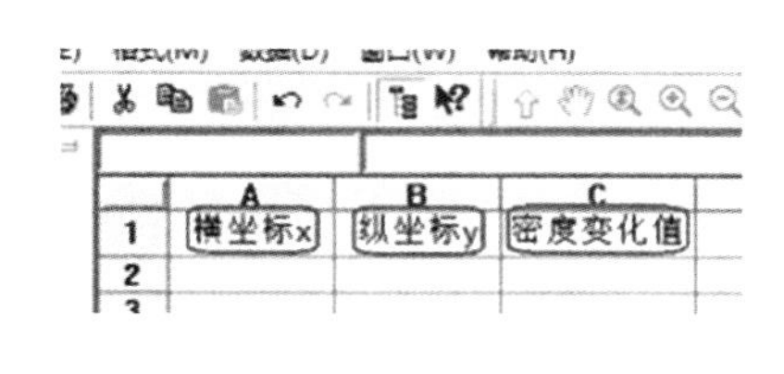


(b) 密度数据的导入

图 3-20　煤层密度变化云图分析方法

根据上述数据绘制等值线图，得到煤层密度变化云图。为了更好地分析爆破裂隙与密度变化之间的关系，将煤层裂隙图与煤层密度变化云图进行叠加，通过设置图片透明度，使煤层裂隙与密度变化同时呈现，如图 3-21 和图 3-22 所示。

### 3.3.2　煤层爆破前后的密度变化规律

#### 3.3.2.1　煤层强度对煤层密度变化的影响

不同强度条件下的煤层密度变化如图 3-21 所示，爆破后松软煤层出现明显的压密区，煤层爆破前后密度的变化量在 $-0.2\sim0.15$ g/cm$^3$ 之间，即煤层密度呈现增大区与减小区并存的现象。密度变化大于 0 的区域为增大区，密度变化小于 0 的区域为减小区。

通过计算压密区在煤层中所占的比例发现，$Q_1$、$Q_2$、$Q_3$ 煤层的压密范围明显大于 $Q_4$、$Q_5$ 煤层的压密范围，且压密区所占比例分布在 23.9%～39.8%的范围内，表明随着煤层强度的增加，压密范围呈现减小的趋势。$Q_1$、$Q_3$、$Q_4$ 煤层密度峰值位置主要分布在径向主裂隙的周围。$Q_1\sim Q_5$ 煤层沿爆源中心径向的密度变化并无明显规律。

不同类型的裂隙周围煤体密度变化不同，径向主裂隙（$Q_1$、$Q_3$ 煤层）周围的煤体密度普遍增大，密度最多增加了 0.1 g/cm$^3$；环向主裂隙（$Q_5$ 煤层）和径向微裂隙（$Q_1\sim Q_5$ 煤层）周围的煤体密度普遍减小，密度最多减小了 0.18 g/cm$^3$。其中，裂隙周围煤体密度变化的计算区域为距离爆破裂隙边界的 $L\leqslant 10D$ 区间内（$D$ 表示裂隙某点的宽度值）。$Q_1$、$Q_3$、$Q_4$、$Q_5$ 煤层爆破后存在两种裂隙并存

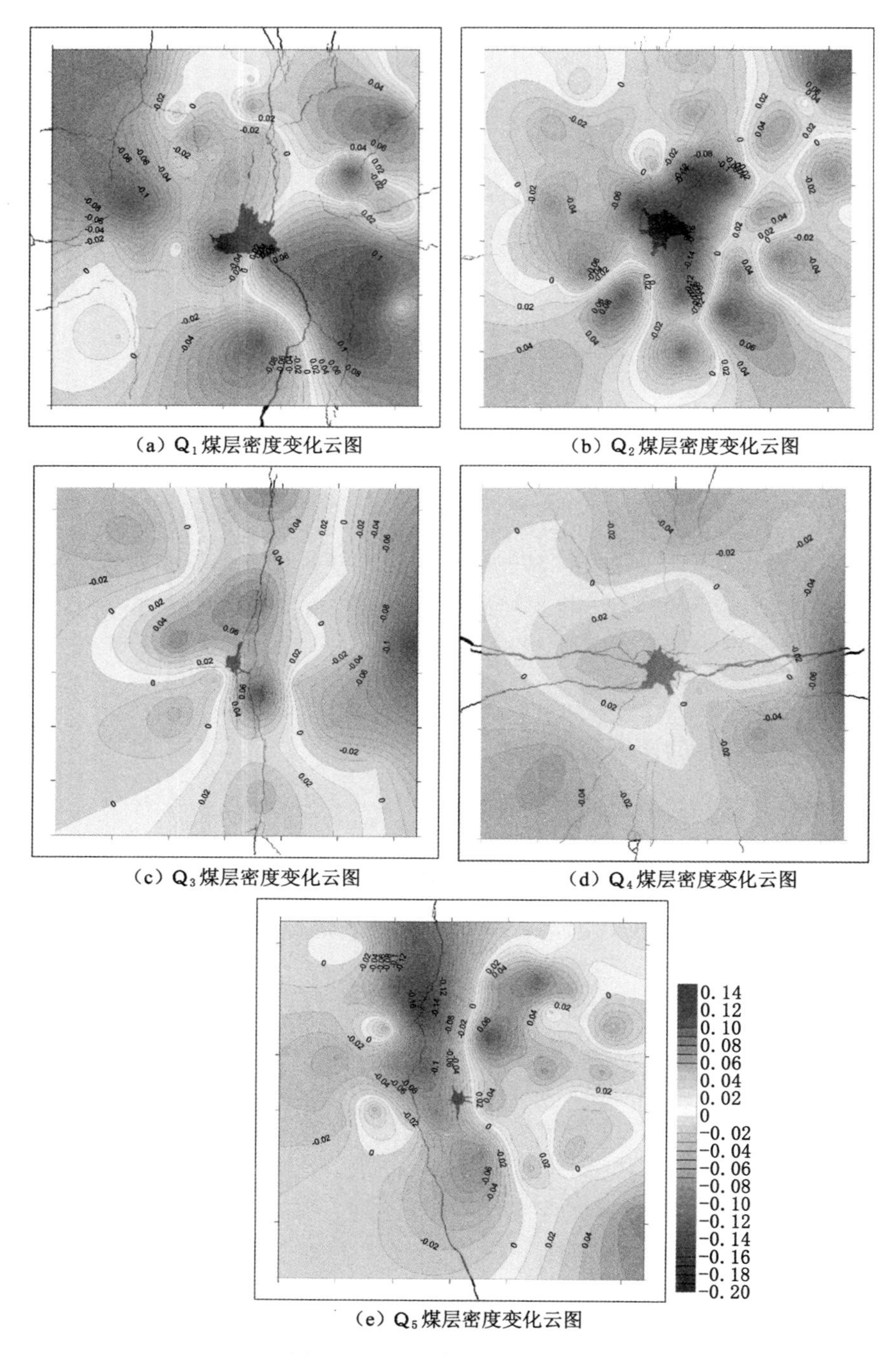


(a) $Q_1$煤层密度变化云图　(b) $Q_2$煤层密度变化云图

(c) $Q_3$煤层密度变化云图　(d) $Q_4$煤层密度变化云图

(e) $Q_5$煤层密度变化云图

图 3-21　不同煤层强度密度变化云图

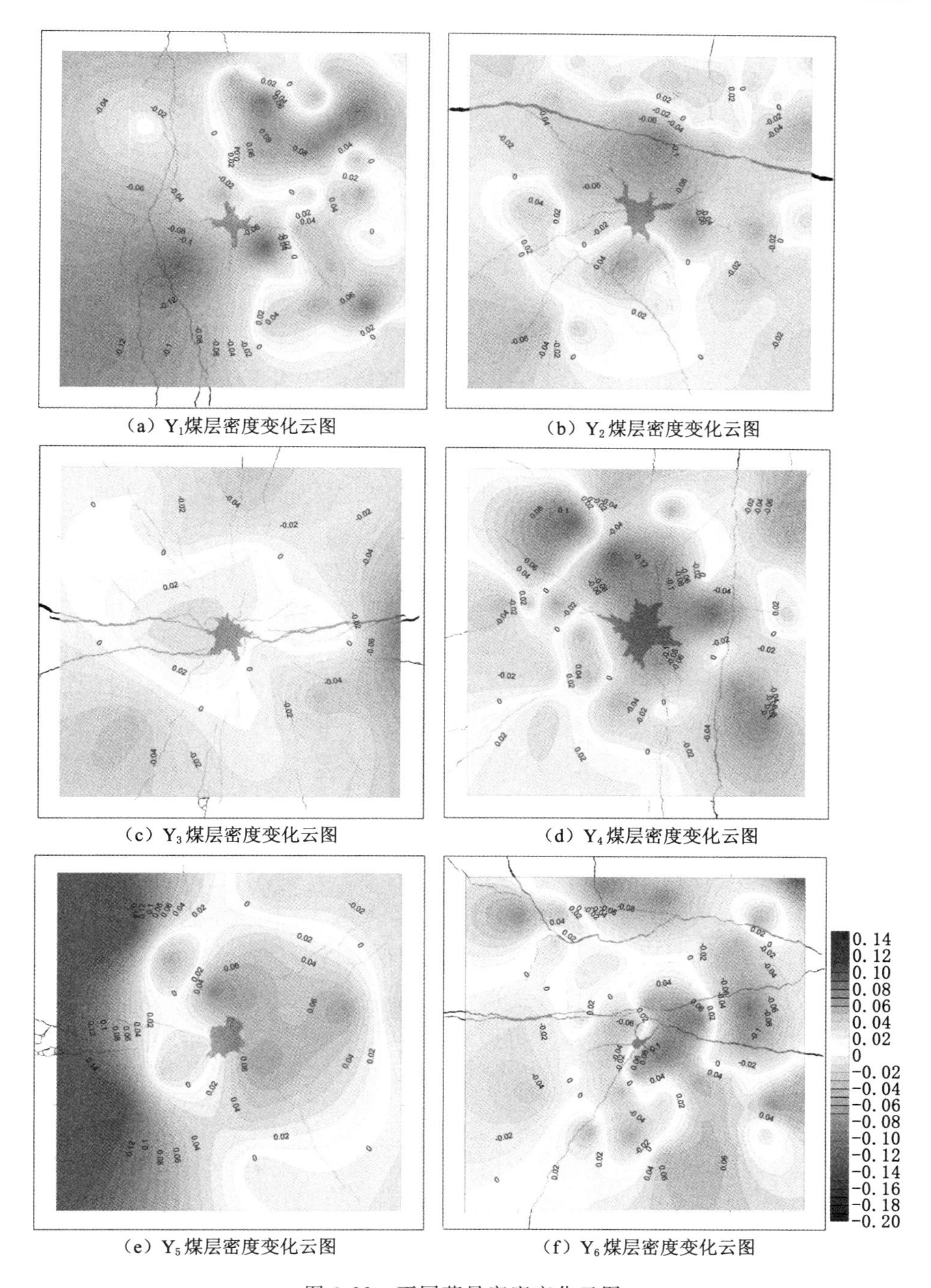


（a）$Y_1$煤层密度变化云图

（b）$Y_2$煤层密度变化云图

（c）$Y_3$煤层密度变化云图

（d）$Y_4$煤层密度变化云图

（e）$Y_5$煤层密度变化云图

（f）$Y_6$煤层密度变化云图

图 3-22　不同药量密度变化云图

的情况，当径向微裂隙与径向主裂隙在同一个区域内存在时（$Q_1$、$Q_3$、$Q_4$ 煤层），微裂隙周围煤体密度普遍呈现增大的趋势。

$Q_1$、$Q_5$ 煤层爆破空腔右侧出现大面积的压密区，$Q_2$ 煤层爆破空腔左下方出现小面积的压密区，$Q_3$ 煤层爆破空腔周围出现条带状的压密区，$Q_4$ 煤层爆破空腔周围同样出现压密区，但压密程度小于 $Q_1$、$Q_2$、$Q_3$、$Q_5$ 煤层，因为 $Q_4$ 煤层除了存在爆破空腔，还存在爆破膨胀变形，爆破空腔变形所呈现的密度增大被爆破膨胀变形所呈现的密度减小所削弱。

3.3.2.2　药量对煤层密度变化的影响

不同药量条件下的煤层密度变化如图 3-22(a)～(e)所示，不封孔条件下的煤层密度变化如图 3-22(f)所示。爆破后松软煤层同样出现压密区，通过计算压密区在煤层中所占的比例发现，随着药量的增加，压密区所占比例呈现先减小后增大的趋势，且压密区所占比例分布在 23.9％～61.3％的范围内，其中 $Y_5$ 煤层的压密范围明显大于 $Y_1$～$Y_4$ 煤层的压密范围，表明药量增加到某个值时，会使煤层的压密范围显著增加。

径向主裂隙（$Y_3$ 煤层）周围的煤体密度普遍增大，密度最多增加了 0.04 g/cm$^3$；环向主裂隙（$Y_1$、$Y_2$、$Y_4$ 煤层）和径向微裂隙（$Y_1$～$Y_5$ 煤层）周围的煤体密度普遍减小，密度最多减小了 0.12 g/cm$^3$。$Y_1$、$Y_2$、$Y_3$、$Y_4$ 煤层爆破后存在两种裂隙并存的情况，当径向微裂隙与环向主裂隙在同一个区域内存在时（$Y_1$、$Y_2$ 煤层），微裂隙周围煤体密度普遍呈现减小的趋势；当径向微裂隙与径向主裂隙在同一个区域内存在时（$Y_4$ 煤层），微裂隙周围煤体密度普遍呈现增大的趋势。

$Y_1$ 煤层爆破空腔右侧出现大面积的压密区，$Y_2$ 煤层爆破空腔下方出现小面积的压密区，$Y_3$ 煤层爆破空腔周围出现压密程度较小的压密区，$Y_4$ 煤层爆破空腔左侧出现小面积的压密区，$Y_5$ 爆破空腔右侧出现大面积的压密区，与此同时，左侧煤层边界出现大范围高程度的压密区，考虑 $Y_5$ 煤层左侧边界出现破碎区，表明此区域受爆炸应力波的反射作用影响较大。

$Y_6$ 煤层爆破空腔周围同样存在压密区，由于试验条件的限制，爆生气体在短时间内并未完全逃逸，爆破过程中仍有小部分气体作用于煤体，对煤体产生较小程度的影响，$Y_6$ 煤层受爆炸应力波和小部分爆生气体的共同作用，因此 $Y_6$ 煤层密度变化规律并不明显。

### 3.3.3　松软煤层爆破前后密度变化原理

松软煤层爆破后会出现爆破裂隙、爆破空腔和爆破膨胀三种变形现象，通过定点测试密度的方法确定煤层爆破前后存在着密度变化，即爆破变形过程伴随着煤层的密度变化。对于松软煤层而言，爆破后存在明显的压密区，爆破前后煤层密度存在增大区与减小区并存的现象。从爆破变形的形成原理方面分析松软煤层密度变化原理。

当径向裂隙形成后,爆生气体楔入径向裂隙并持续作用于裂隙,使原有裂隙继续向前扩展直至裂隙贯穿煤层的表面,进而形成径向主裂隙。对于松软煤层而言,在径向主裂隙的形成过程中,爆生气体除了作用于裂隙尖端煤体使裂隙继续扩展以外,还会对裂隙两侧煤体产生压力作用使裂隙两侧煤体发生位移,进而挤压裂隙周围煤体,因此,径向主裂隙周围的煤体受爆生气体的挤压作用密度增大,使松软煤层呈现局部压实效应。当环向裂隙形成后,裂隙受应力波反射拉伸作用逐渐贯穿煤层的表面,形成环向主裂隙,周围煤体发生局部损伤密度减小。爆破近区径向微裂隙周围的煤体密度变化受爆破空腔的影响显著,变化规律不明显;然而,爆破中远区径向微裂隙周围煤体受到气体膨胀压力场的作用,密度普遍减小。当主裂隙与微裂隙在同一区域存在时,此区域的密度变化以主裂隙所反映的密度变化为主导,即此区域的密度变化呈现与主裂隙的密度变化一致。

爆生气体推动孔壁煤体移动形成爆破空腔的同时进入爆破孔周围煤体的孔隙和裂隙中,形成爆破膨胀变形,爆破空腔的形成直接导致煤体体积减小,爆破孔周围煤体受爆生气体的挤压作用密度增大[283],使松软煤层呈现局部压实效应。而爆破膨胀所在区域的煤体受爆生气体的膨胀作用密度减小,因此,当爆破空腔变形与爆破膨胀变形同时存在时,爆破空腔变形和爆破膨胀变形两者谁更占主导存在不确定性,因此爆破空腔和爆破膨胀所在区域煤体的密度变化不明显。

因此,爆破后松软煤层内存在明显的压密区,爆破载荷下煤体的移动变形导致煤层密度发生变化,使松软煤层呈现局部压实效应。

## 3.4　松软煤层爆破变形的电阻率响应

### 3.4.1　煤体受载变形过程的电阻率响应规律

为研究构造煤受载破坏过程电阻率响应的方向性差异特征,开展了配比软煤正方体试块的单轴压缩试验,分别从竖直方向和水平方向测试了煤体的电阻率,分析了构造煤受载破坏过程的应力应变特征,得到了不同方向上煤体的电阻率响应特征。

#### 3.4.1.1　试验系统与方案

试验系统主要由加载部分和电阻率测试部分组成,如图 3-23 所示。加载部分采用电子万能试验机,具有全数字闭环控制、多通道采集等功能。电阻率测试部分主要包括型号为 TH2822C 的 LCR 数字电桥测试仪、铜片电极、绝缘垫等。其中数字电桥测试仪读数分辨率可达 0.000 1，最高测量频率可达 100 kHz，恒定 100 Ω 源电阻，0.6 Vrms 测量电平，可提供最优 0.25%的测量精度。通过加载部分进行构造煤的单轴压缩试验，并运用电阻率测试部分对构造煤受载破坏过程的电阻率进行实时测试。

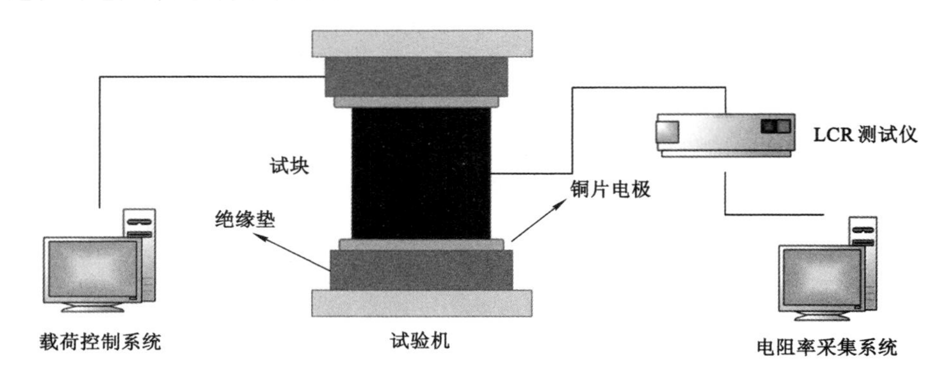


图 3-23　试验系统示意图

采用配比软煤开展试验，按照河砂：水泥：石膏粉：煤粉：水为 3.5：0.3：1.0：1.0：1.37 的比例配制正方体试块，尺寸为 100×100×100 mm，如图 3-24 所示。试块配制完成后，养护 28 d，保证试块能达到一定的强度。

图 3-24　配比软煤试块

试块养护结束后，开展单轴压缩试验，对试块受载破坏过程的电阻率进行实时测试，具体试验步骤如下：

① 为了消除测试装置对试块电阻率的影响，防止电流通过压力机进行传递，在上侧铜片电极的上方和下侧铜片电极的下方分别放置绝缘垫。

② 在绝缘垫片与试块的上下表面之间，放置尺寸为 100 mm×100 mm 的正方形铜片作为测试电极，进行竖直方向上的电阻率测试。铜片表面上均匀涂抹导电膏，以确保铜片与煤体表面的良好导电性能。在进行水平方向的电阻率测试时，试块的侧面分别放置 50 mm×50 mm 的正方形铜片作为测试电极，尺寸比试块测面表面小。

③ 使用导线将铜片电极与 LCR 测试仪相连，使用 USB 数据线将 LCR 测试仪与计算机相连，同步启动压力机和电阻率采集软件进行单轴压缩过程试验数据的采集。试验采用恒定速率的位移加载方式，加载速率为 1 mm/min。

3.4.1.2 应力应变特征

试验结果显示，试块的抗压强度分布在 0.4～0.5 MPa 的范围内，不同方向上试块的应力、电阻率、电阻率变化率随时间的变化曲线分别如图 3-25 和图 3-26 所示。电阻率的变化率 $\lambda$ 计算方法如下：

$$\lambda = \rho/\rho_0 \tag{3-9}$$

式中 $\rho$——测试电阻率；

$\rho_0$——初始电阻率。

根据曲线变化特征，试块从加载到破坏分为 4 个阶段，依次为压密阶段、弹

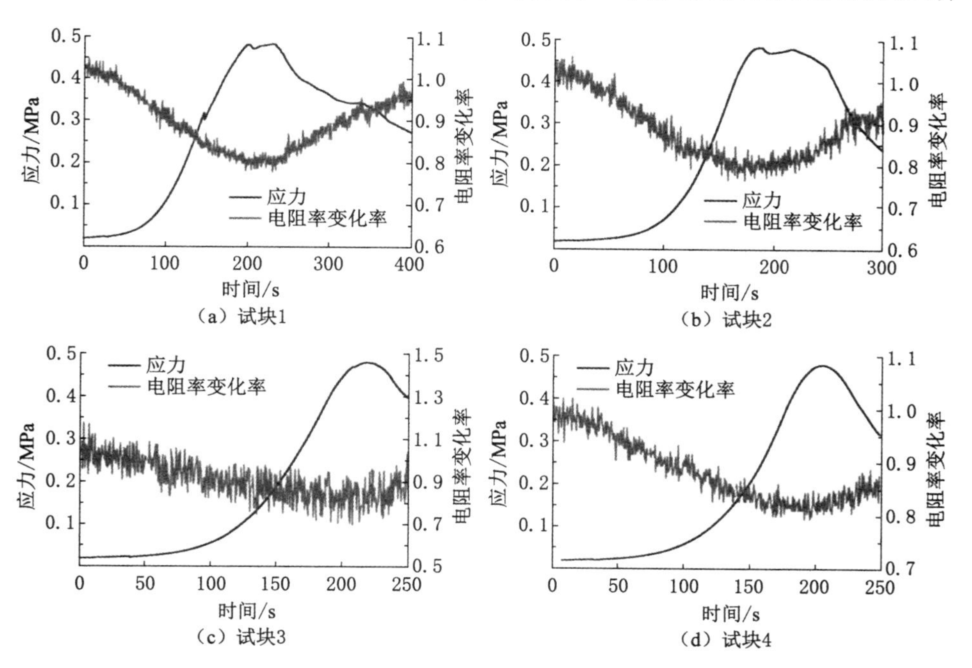


图 3-25 竖直方向上煤体单轴压缩过程应力、电阻率变化率随时间的变化曲线

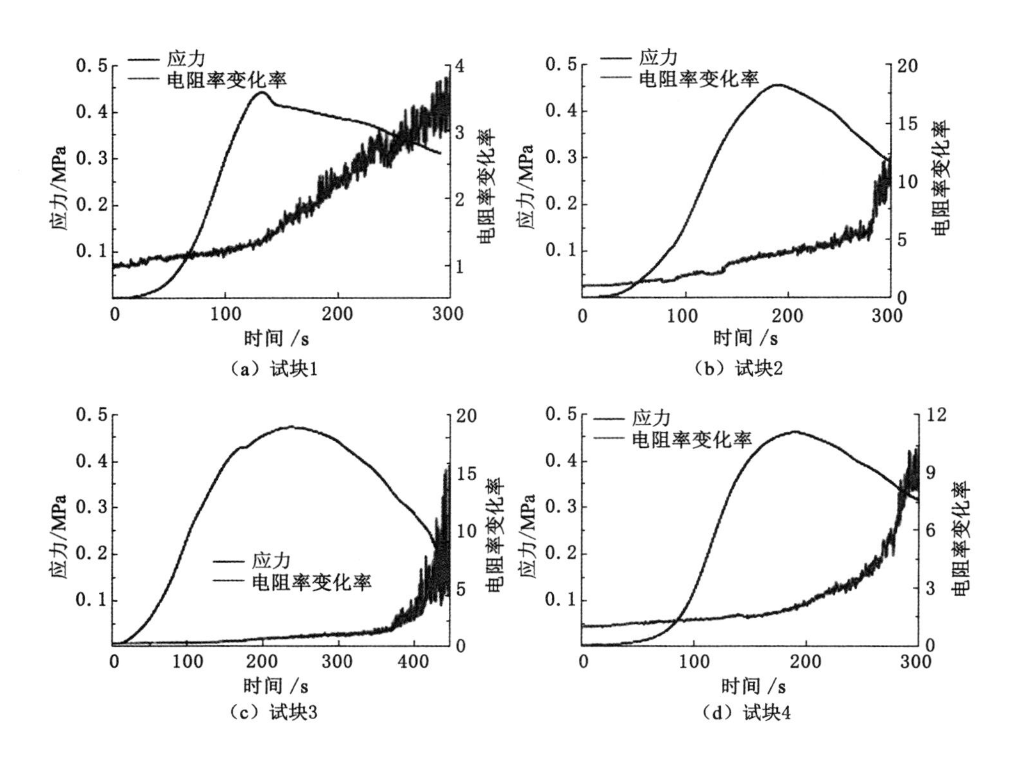


(a) 试块1　(b) 试块2　(c) 试块3　(d) 试块4

图 3-26　水平方向上煤体单轴压缩过程应力、电阻率变化率随时间的变化曲线

性阶段、塑性阶段和破坏阶段。压密阶段，应力值缓慢上升，试块内部的孔隙、微裂隙在外力的作用下逐渐压缩闭合，试块内部颗粒间的接触程度增加。弹性阶段，应力值急剧上升，应力-时间曲线斜率逐渐增加（即弹性模量增加），试块内部孔隙、微裂隙完全闭合；在该阶段的后期，试块内部出现新的微小破裂。塑性阶段，应力-时间曲线斜率逐渐降低，随着外力的不断施加，新的裂隙不断萌生，弹性阶段产生的微小破裂不断发展。破坏阶段，应力突然下降，试块在塑性阶段发展的裂隙相互贯通形成宏观裂隙。

3.4.1.3　电阻率响应特征

与煤体受载过程相对应，试块竖直方向和水平方向上电阻率呈现出显著的变化规律，且两者存在显著的方向性差异。

（1）竖直方向上煤体的电阻率响应特征

竖直方向上煤体的电阻率呈现先减小后增大的趋势，压密阶段、弹性变形内试块的电阻率减小至最小值，电阻率的最小值为起始值的 70%～80%。进入塑性阶段后，电阻率开始缓慢回升。而进入破坏阶段后，电阻率则快速增加。

（2）水平方向上煤体的电阻率响应特征

与竖直方向的电阻率变化规律显著不同，水平方向上煤体的电阻率呈现缓慢增大、快速增大和急剧增大三个阶段。

压密阶段、弹性变形，试块的电阻率呈现缓慢增大特征；塑性阶段，试块的电阻率开始出现快速增大的现象；进入破坏阶段后，试块的电阻率急剧增加，试块到达破坏点时的电阻率是起始值的1.5～5倍。

综合分析竖直方向和水平方向电阻率的变化规律，发现竖直方向的电阻率变化远不如水平方向电阻率的变化幅度大，而且水平方向电阻率呈现持续增大的特征。

#### 3.4.1.4　试块破坏形态分析

正方体试块内呈现出多条裂纹竖向分布的特征，如图3-27所示。裂纹从试块底部向上方扩展，部分裂纹贯穿试块的上下表面。裂纹将试块分割为多个子承载面，但试块整体性仍较好。

图3-27　试块裂纹形态

由于试块采用配比型煤，具有较好均质性。当受载面积为 $S_0$ 时，煤体试块对外表现出的强度 $P$ 为：

$$P = E\varepsilon S_0 \tag{3-10}$$

式中　$E$——试块的弹性模量；

$\varepsilon$——应变，即形变量与原尺寸的比值（$\Delta l/l$）。

受载过程中试块内部产生的微裂纹不断发育和扩展，将完整的近似均匀的试块切割成 $n$ 个子承载面，子承载面上的裂隙长度可记作 $l_i$。随着裂隙的出现，试块内部的受力状态不断改变。在裂隙的影响下，试块的弱化效果可用式（3-11）描述。

$$\begin{cases}\sigma_{ei}=\sigma_0(1-D_i), & \sigma_{ei}<\sigma_t\\ \sigma_{ei}=0, & \sigma_{ei}>\sigma_t\end{cases} \tag{3-11}$$

式中 $\sigma_{ei}$——试块内裂隙长度为 $l_i$时的应力；

$\sigma_0$——试块的最大应力；

$D_i$——试块内裂隙长度为 $l_i$时的损伤；

$\sigma_t$——破坏极限。

若存在 $n$ 个承载结构到了破坏极限，此时试块强度变为：

$$P=\sum_{i=n+1}^{n}S_iE\varepsilon(1-D_i) \tag{3-12}$$

式中 $n$——承载结构个数；

$S_i$——第 $n$ 个承载结构的受载面积。

在外部载荷作用下，试块内部的裂纹不断发展使承载结构更易达到破坏极限，并形成较为稠密的子结构，子结构相互贯通形成复杂的破裂面。可见，在试块的受载过程中，试块被裂纹分割为多个承载结构。从宏观角度上看，多个承载结构在竖直方向呈现近似并联形态，而水平方向则呈现出近似串联的形态。

3.4.1.5 电阻率方向性差异的机制

竖直方向上试块的电阻率呈现先减小后增大的趋势，而水平方向上试块的电阻率呈现缓慢增大、快速增大和急剧增大三个阶段。

① 压密和弹性变形阶段，外部载荷逐步增大，试块在受压方向（竖直）和非受压方向（水平）呈现不同的变形特征，并决定了不同方向上电阻率的变化规律。

在受压方向，外部载荷使试块原有的孔隙被压实、压密，试块的变形呈线性增长，呈现弹性变形特征。孔隙的闭合使试块的导电通道明显改善，电流通过的有效截面增大。同时，由于试块内部结构变得更为致密，微观颗粒之间的距离大幅度减小，水分在其中的比例相对升高，也有效改善了试块的导电通道。因此，试块竖直方向上呈现出电阻率减小的趋势。

在非受压方向上，试块呈现出微小的横向变形，导致试块结构在水平方向呈现疏松特征，微观颗粒之间的距离被拉大，劣化了试块的导电通道，从而使水平方向的电阻率呈现小幅增大的趋势。

② 塑性阶段，外部载荷超过试块的屈服强度，试块出现了塑性变形。试块内部微裂纹快速发展，在竖直方向上的变形迅速增大，而在水平方向上发生明显的膨胀变形，此时试块出现扩容现象。

竖直方向上，试块内的微裂纹快速发展使试块被分割为 $n$ 个子承载面，承载面的破断使不同位置的有效导电面积减小，而且每个承载面之间均为高电阻率的空气，因而竖直方向上的电阻率开始呈现增大趋势。水平方向上，多个子承载面呈现串联现象，但子承载面之间的间距仍较小，电阻率出现快速增大的迹象。

③ 破坏阶段，试块内部结构出现崩塌，裂纹相互贯通形成大的破裂面。

竖直方向上，试块电阻率仍在上升，试块被整体破坏，导电通道大幅减少。水平方向上，由于子结构之间的间距大幅增大，导电通道被大幅切断，电阻率急剧增大，电阻率的值远大于初始值。

### 3.4.2 煤层区域电阻率层析成像方法

采用电阻率层析成像方法反演分析爆破前后煤层的电阻率数据具体内容如下：

(1) 获取电性参数(电阻率)文件(图 3-28)

试验过程中分别采集爆破前后煤层的电阻率数据，得到一系列测线文件。

首先，打开 WBD 软件，新建电法工程，将测线文件导入。

其次，解编数据，剔除个别异常数据，得到电极编号(ID)与电压的关系曲线，如图 3-28(a)所示。

然后，编辑电极坐标，输入预先铺设电极的坐标，电极坐标如图 3-28(b)所示。

最后，进行常规探测，即进行电性参数(电阻率)计算，得到温纳四极电阻率断面剖面图，将剖面图信息以 AGI 文件的形式导出。

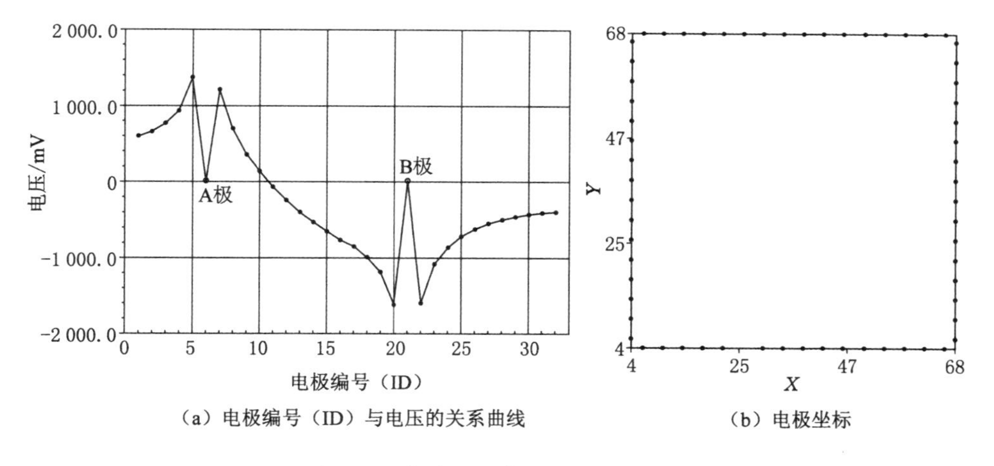

(a) 电极编号 (ID) 与电压的关系曲线　(b) 电极坐标

图 3-28 获取电性参数(电阻率)文件

(2) 提取 $XY$、$XZ$、$YZ$ 面的切片数据

打开 EarthImager 软件，分别设置初始参数、正演模拟参数和电阻率反演参数，读取 AGI 文件信息；进行电阻率反演，得到电阻率反演三维图像，如图 3-29 所示。

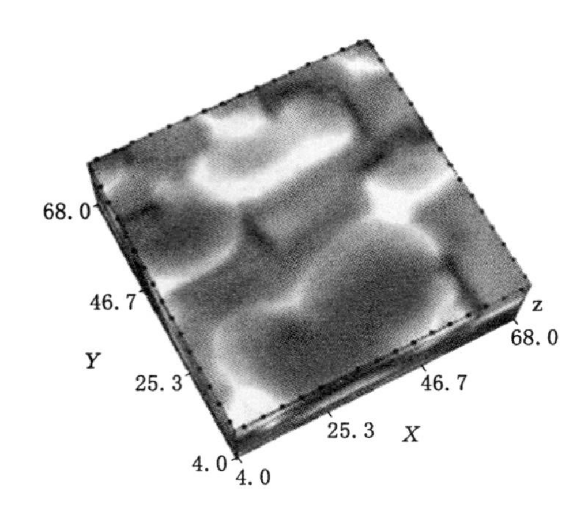


图 3-29 电阻率反演三维图像

保存 $XYZ$ 格式的反演结果并进行三维切片数据提取，即分别提取 $XY$、$YZ$、$XZ$ 面的切片数据。由于软件的限制，只能提取规定的深度与厚度的切片，对于 $XY$ 面而言，提取深度为 1.9 cm 和 6.1 cm 的切片数据；对于 $XZ$ 面而言，提取 $Y$ 轴坐标为 12 cm、24 cm、36 cm、48 cm 和 60 cm 的切片数据；对于 $YZ$ 面而言，提取 $X$ 轴坐标为 12 cm、24 cm、36 cm、48 cm 和 60 cm 的切片数据。

(3) 绘制爆破前后煤层电阻率变化云图

分别处理 $XY$、$XZ$、$YZ$ 面的电阻率切片数据使其以云图的形式呈现。

首先，将不同面、不同深度与厚度的切片数据导入 Surfer 软件，其中 $XY$ 面的切片数据为$(x,y,\rho)$，$XZ$ 面的切片数据为$(x,z,\rho)$，$YZ$ 面的切片数据为$(y,z,\rho)$。

然后，将切片数据转化为网格文件，运用数学功能将爆破后的电阻率切片数据与爆破前的电阻率切片数据相除，得到新的网格文件。

最后，导入爆破前后相除的电阻率数据网格文件，绘制等值线图，得到爆破前后煤层的电阻率变化云图。

电阻率层析成像方法见图 3-30。

### 3.4.3 松软煤层爆破变形的电阻率响应

#### 3.4.3.1 煤层强度对爆破变形电阻率响应的影响

不同强度煤层爆破前后的电阻率变化如图 3-31～图 3-35 所示。$Q_1$～$Q_5$ 煤层电阻率呈现增大区与减小区并存的现象。$XY$ 面 2 cm 和 6 cm 深度的切片图大体一致，小部分区域存在差异，这是因为爆破过程中煤层内部变形的不均匀性，即爆破裂隙、爆破空腔等在煤层不同深度位置扩展的程度不一样。

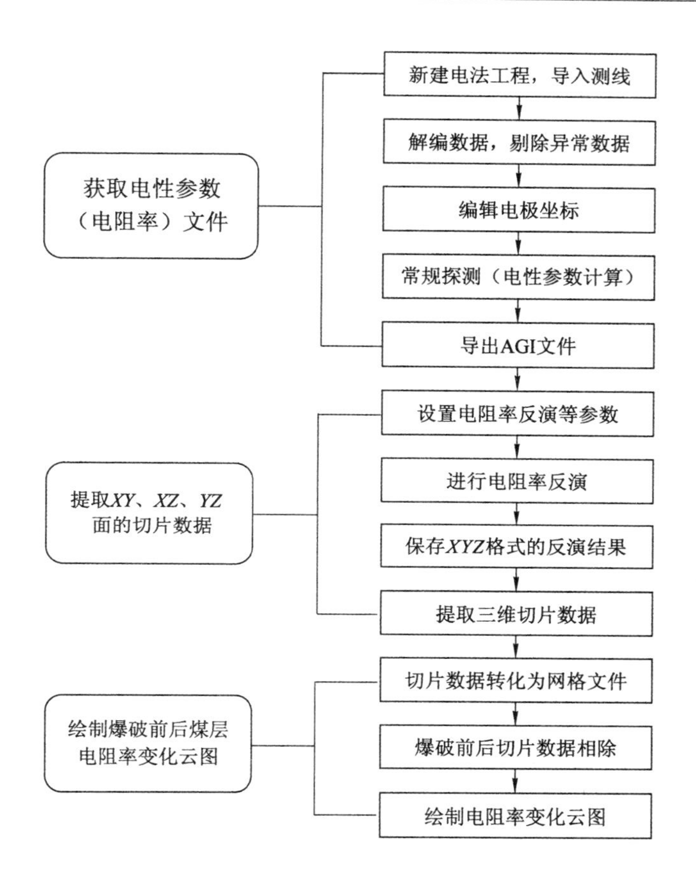


图 3-30　电阻率层析成像方法

根据图 3-31，由 $XY$ 面切片、$XZ$ 面 36 cm 处的切片中横坐标为 30～45 cm 的区域和 $YZ$ 面 36 cm 处的切片可以看出，$Q_1$ 煤层爆破空腔所在区域的电阻率减小，且至少减小 75%。

由 $XY$ 面切片、$XZ$ 面切片中横坐标为 40～50 cm 的区域和 $YZ$ 面 48 cm 处的切片可以看出，径向主裂隙周围的电阻率减小，且至少减小 75%。模型边界反射裂隙周围的电阻率大体上减小。

由此可见，在爆破影响区域内，当径向主裂隙与爆破空腔共存时，所在区域电阻率减小。

根据图 3-32，由 $XY$ 面切片、$XZ$ 面 36 cm 处的切片中横坐标为 30～40 cm 的区域和 $YZ$ 面 36 cm 处的切片可以看出，$Q_2$ 煤层爆破空腔所在区域的电阻率增大，且最多增加了 10 倍。

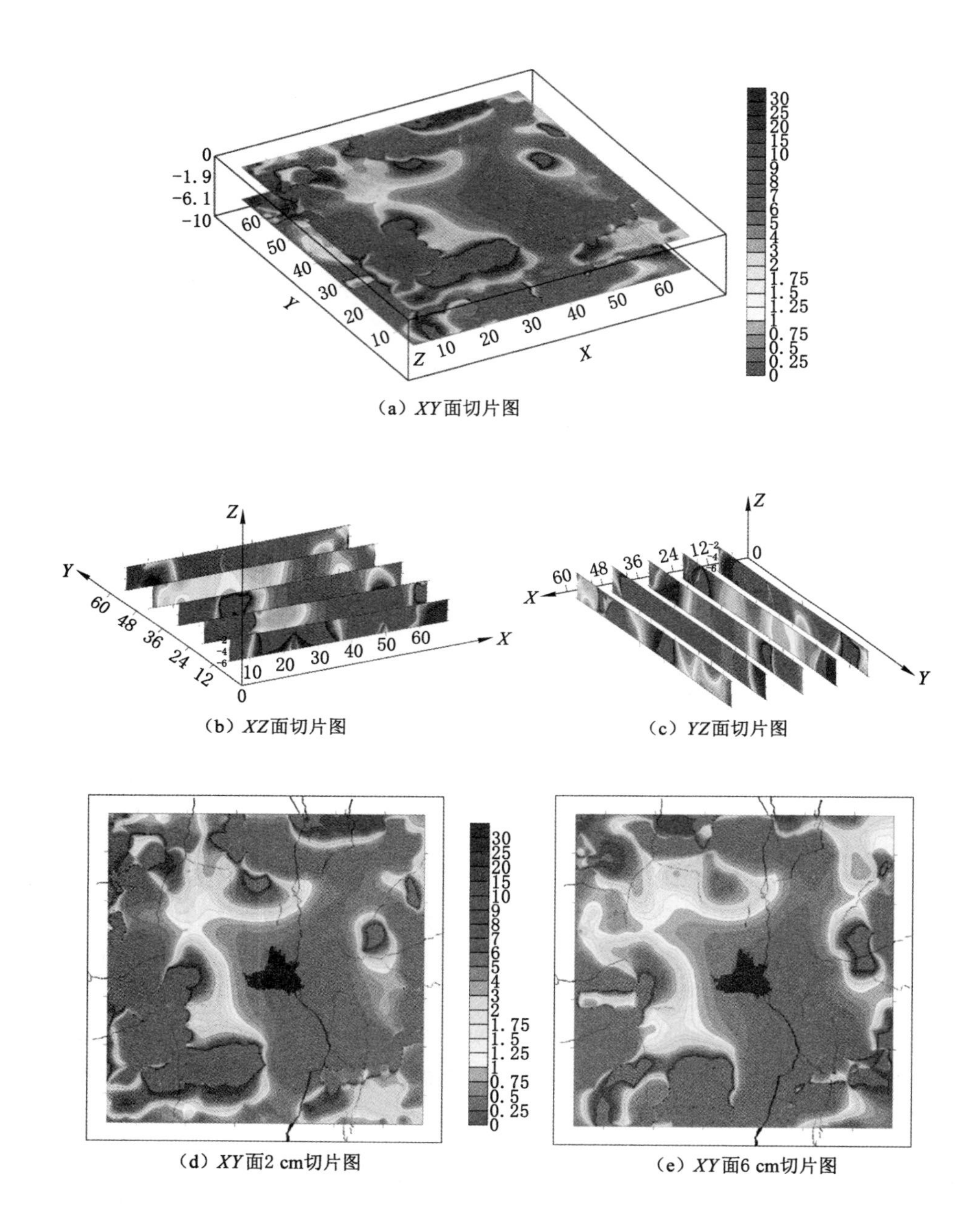

(a) XY面切片图

(b) XZ面切片图

(c) YZ面切片图

(d) XY面2 cm切片图

(e) XY面6 cm切片图

图 3-31　$Q_1$ 煤层爆破前后电阻率变化云图

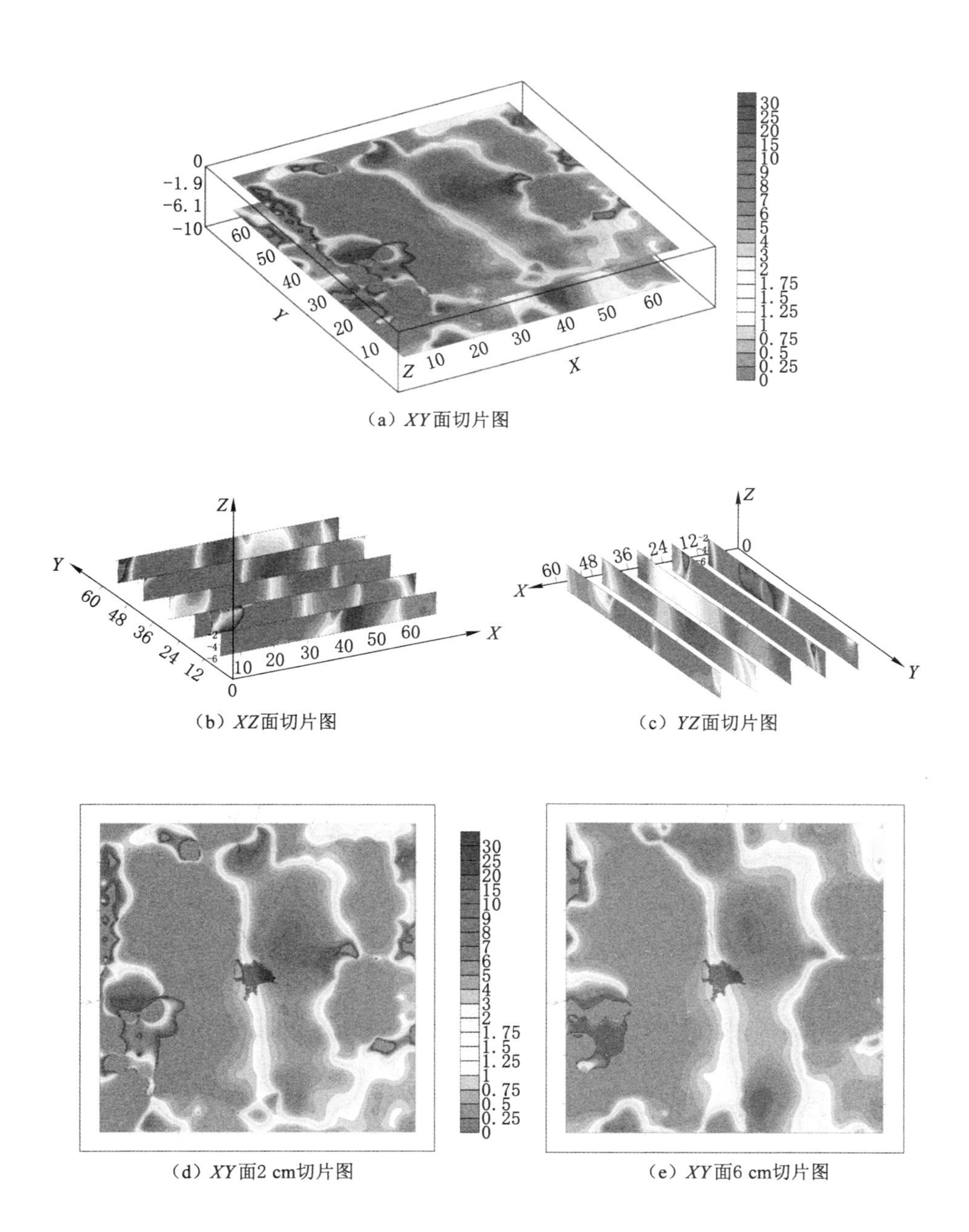


图 3-32 $Q_2$ 煤层爆破前后电阻率变化云图

由 $XY$ 面切片、$XZ$ 面切片中横坐标为 20～30 cm 和 40～50 cm 的区域和 $YZ$ 面 24 cm 和 48 cm 处的切片可以看出，爆破空腔左侧的电阻率减小，而爆破空腔右侧的电阻率增加。

由此可见，在爆破影响区域内，爆破空腔周围出现了一些径向微裂隙，径向微裂隙周围的电阻率大体上增加。

根据图 3-33，由 $XY$ 面切片、$XZ$ 面 36 cm 处的切片中横坐标为 34～40 cm 的区域和 $YZ$ 面 36 cm 处的切片可以看出，$Q_3$ 煤层爆破空腔所在区域的电阻率减小，且至少减小 75%。

由 $XY$ 面切片、$XZ$ 面切片中横坐标为 35～42 cm 的区域可以看出，径向主裂隙周围的电阻率减小，且至少减少 75%。在爆破空腔周围出现了一些径向微裂隙，径向微裂隙周围的电阻率减小。

由此可见，在爆破影响区域内，当爆破空腔、径向主裂隙和径向微裂隙共存时，所在区域的电阻率减小。

根据图 3-34，由 $XY$ 面切片、$XZ$ 面 36 cm 处的切片中横坐标为 30～40 cm 的区域和 $YZ$ 面 36 cm 处的切片中纵坐标为 30～40 cm 的区域可以看出，$Q_4$ 煤层爆破空腔所在区域的电阻率减小，且至少减小 75%。

爆破空腔左侧存在两条径向主裂隙，由 $XY$ 面切片、$XZ$ 面 36 cm 处的切片中横坐标为 4～30 cm 的区域和 $YZ$ 面 12 cm、24 cm 处的切片中纵坐标为 30～40 cm 的区域可以看出，这两条径向主裂隙周围的电阻率减小，且至少减小 75%；爆破空腔右侧存在一条径向主裂隙，该条主裂隙周围的电阻率随着 $X$ 值的增加呈现先减小后增大的现象。爆破近区（爆破空腔周围）径向微裂隙周围电阻率减小，爆破中远区径向微裂隙周围电阻率增大。

由此可见，在爆破影响区域内，当爆破空腔、径向主裂隙和爆破近区径向微裂隙共存时，所在区域电阻率减小。

根据图 3-35，由 $XY$ 面切片、$XZ$ 面 36 cm 处的切片中横坐标为 30～40 cm 的区域和 $YZ$ 面 36 cm 处的切片可以看出，$Q_5$ 煤层爆破空腔所在区域的电阻率增加，且最多增加了 125%。

由 $XY$ 面切片、$XZ$ 面切片中横坐标为 30～40 cm 的区域可以看出，环向主裂隙周围的电阻率增加，且最多增加了 35 倍。当爆破空腔与环向主裂隙在同一个区域存在时，所在区域的电阻率增加。

随着煤层强度的增加，煤层电阻率减小区面积先减小后增加，电阻率增大区面积先增大后减小，$Q_1$ 煤层电阻率减小区面积最大，而 $Q_3$ 煤层电阻率增大区面积最大。

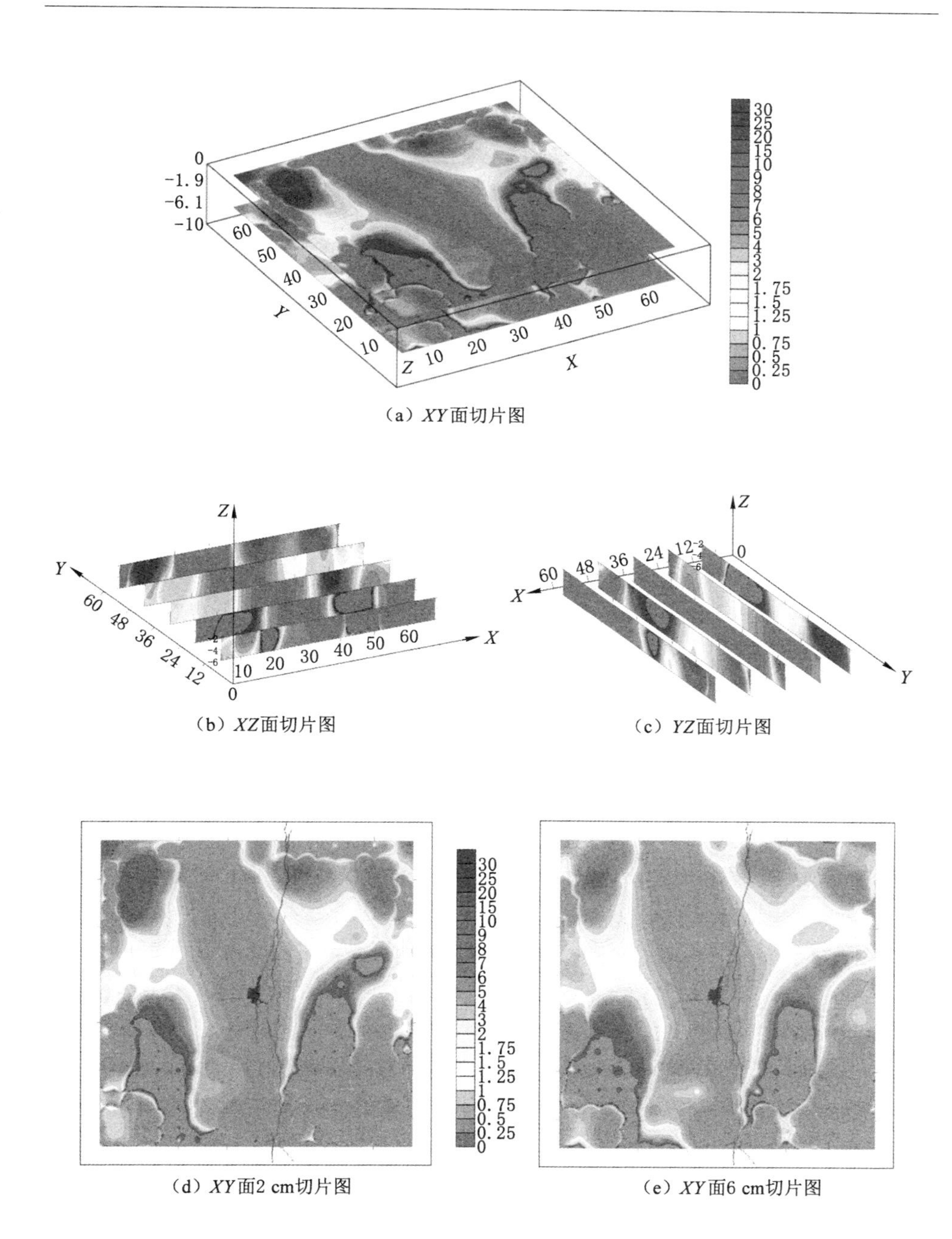


（a）XY面切片图

（b）XZ面切片图

（c）YZ面切片图

（d）XY面2 cm切片图

（e）XY面6 cm切片图

图 3-33 $Q_3$ 煤层爆破前后电阻率变化云图

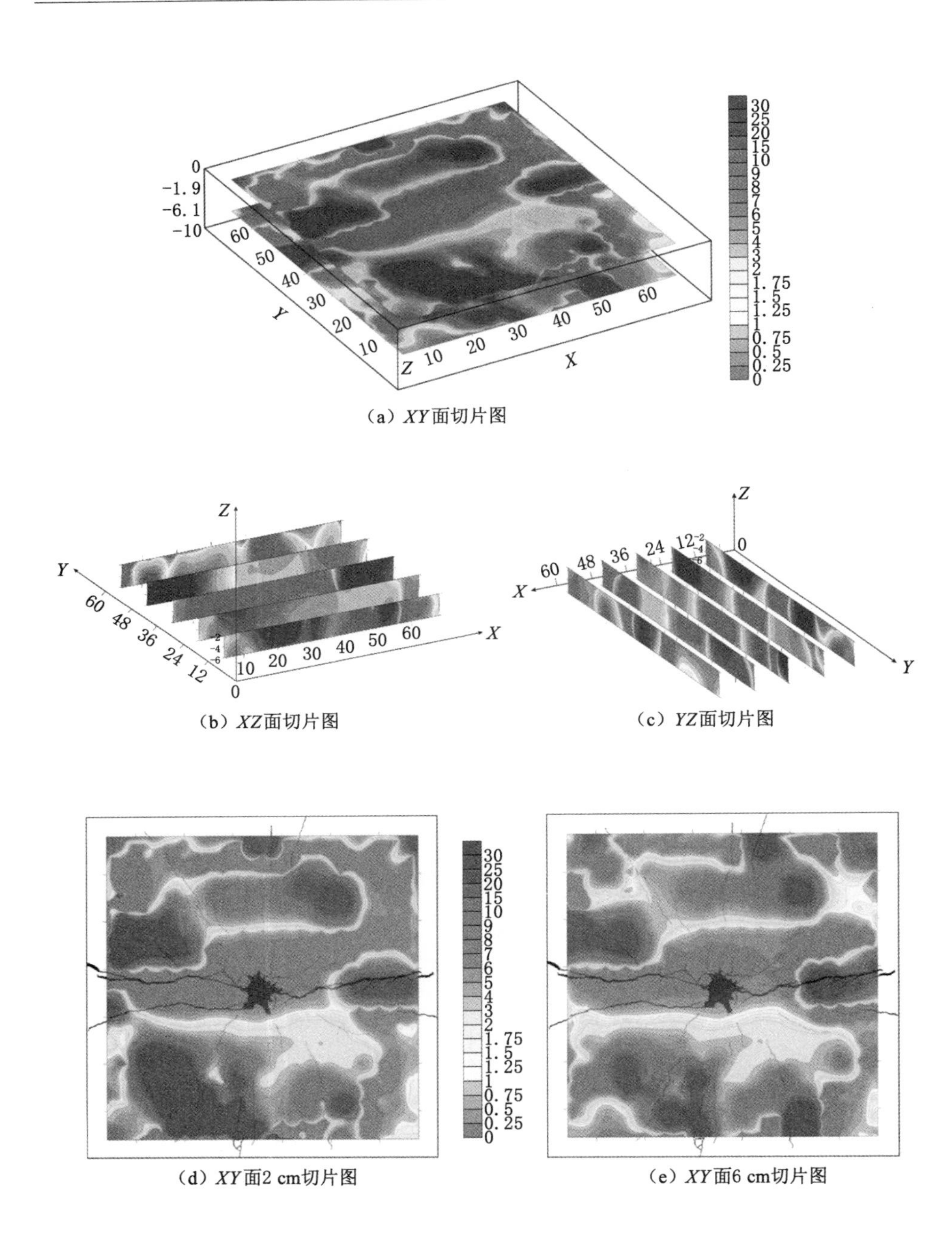


(a) *XY*面切片图

(b) *XZ*面切片图

(c) *YZ*面切片图

(d) *XY*面2 cm切片图

(e) *XY*面6 cm切片图

图 3-34 $Q_4$ 煤层爆破前后电阻率变化云图

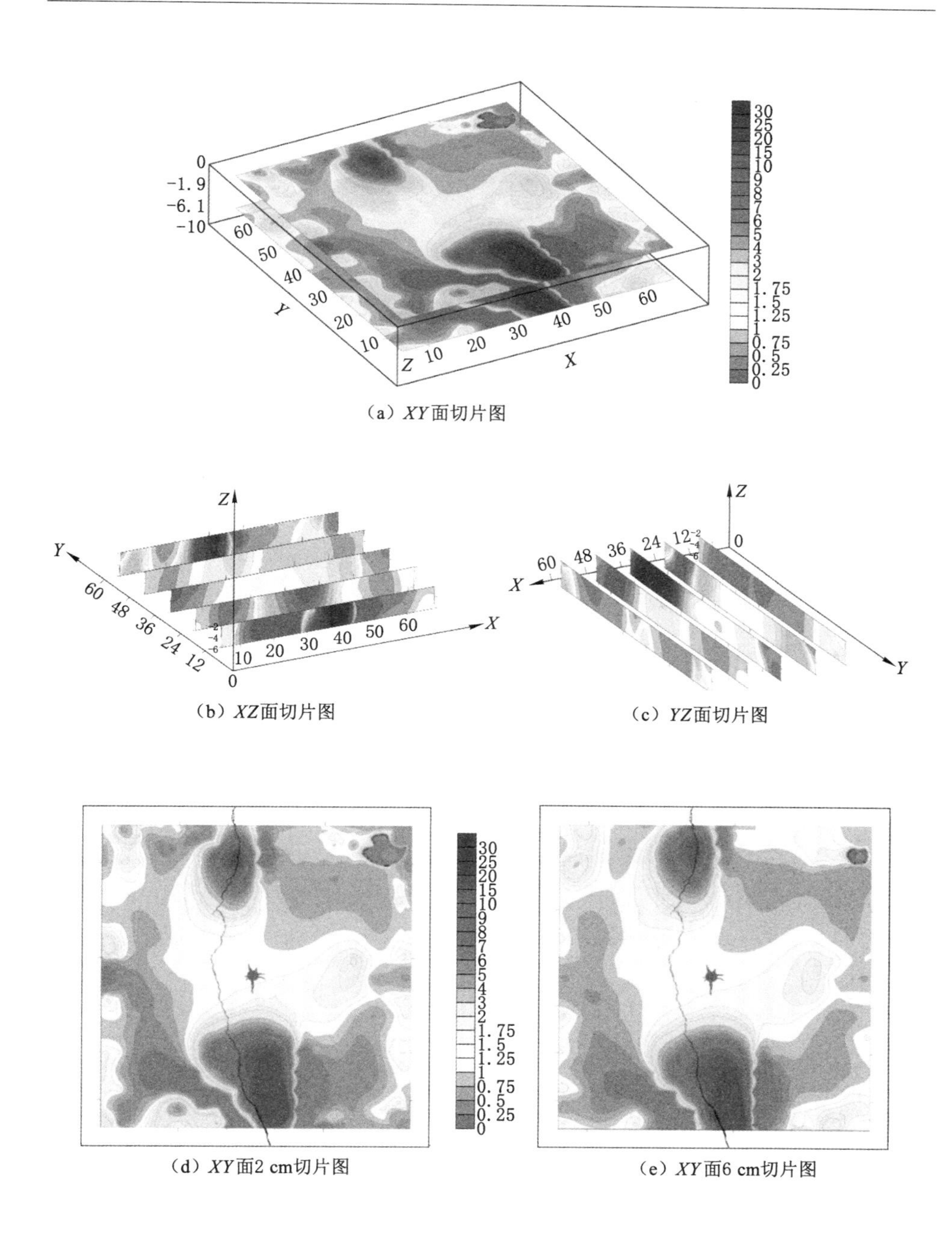


(a) XY面切片图

(b) XZ面切片图

(c) YZ面切片图

(d) XY面2 cm切片图

(e) XY面6 cm切片图

图 3-35　$Q_5$ 煤层爆破前后电阻率变化云图

#### 3.4.3.2 药量对爆破变形电阻率响应的影响

不同药量条件下煤层爆破前后的电阻率变化如图 3-36～图 3-40 所示。$Y_1$～$Y_5$ 煤层电阻率呈现增大区与减小区并存的现象。

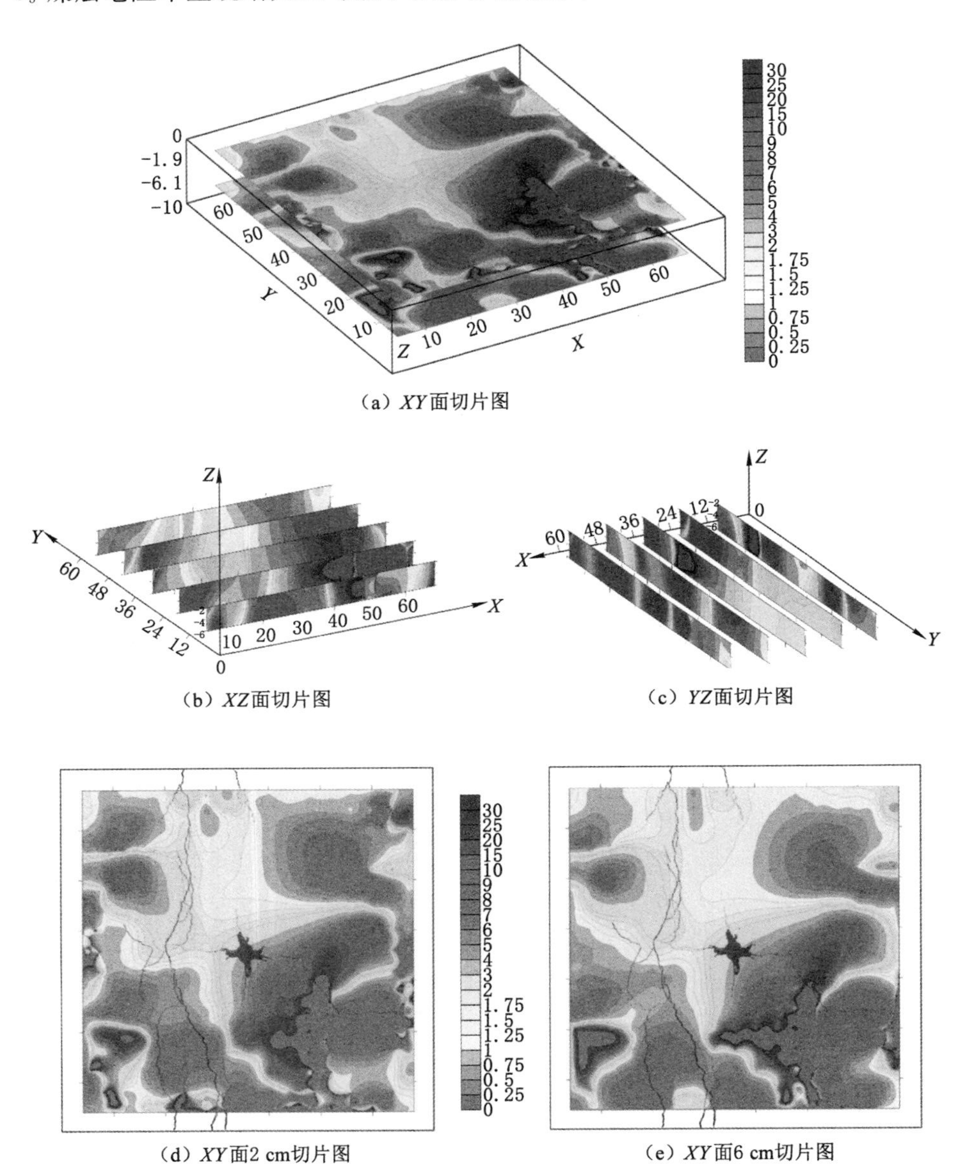


(a) XY面切片图

(b) XZ面切片图

(c) YZ面切片图

(d) XY面2 cm切片图

(e) XY面6 cm切片图

图 3-36　$Y_1$ 煤层爆破前后电阻率变化云图

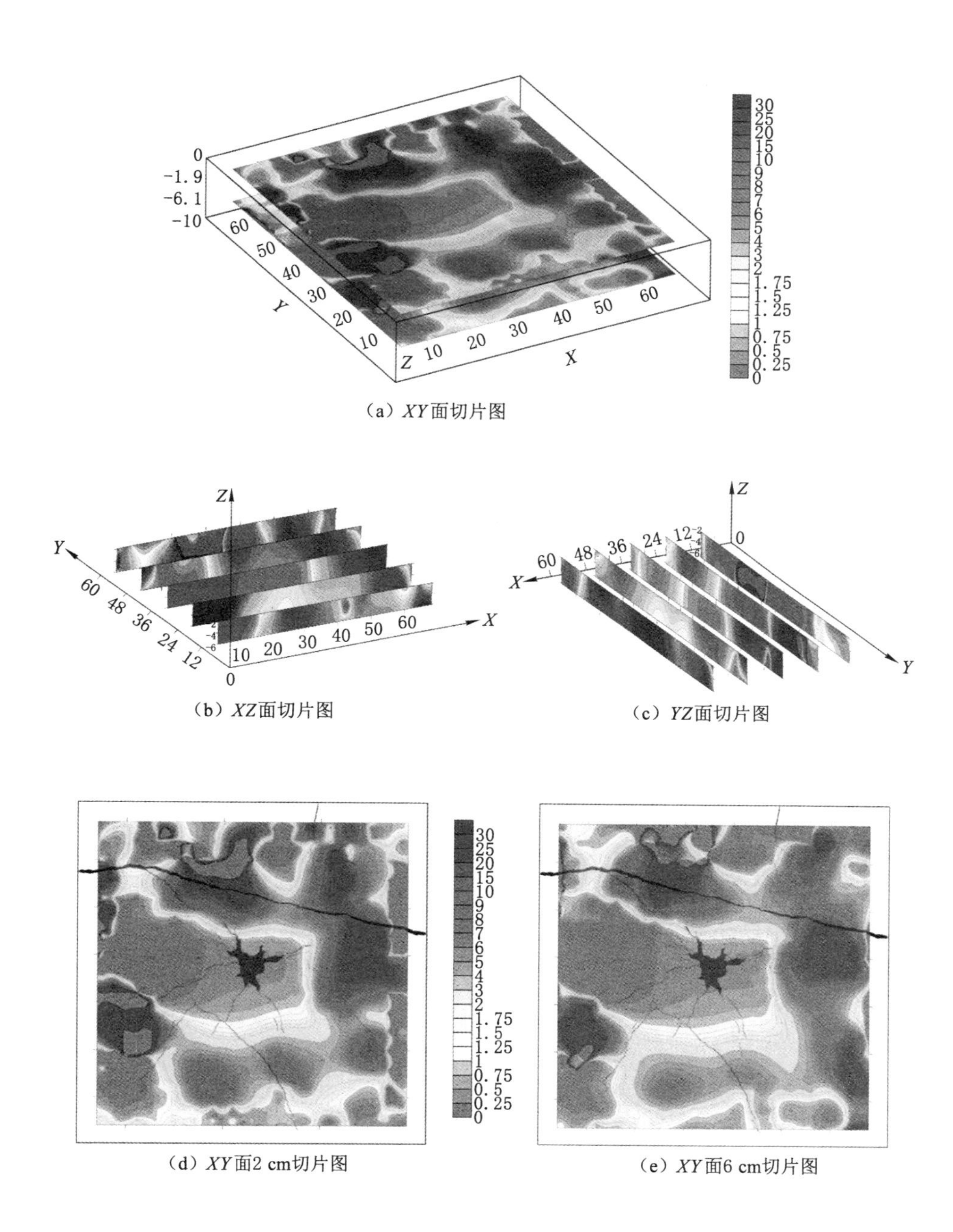


(a) XY面切片图

(b) XZ面切片图

(c) YZ面切片图

(d) XY面2 cm切片图

(e) XY面6 cm切片图

图 3-37 $Y_2$ 煤层爆破前后电阻率变化云图

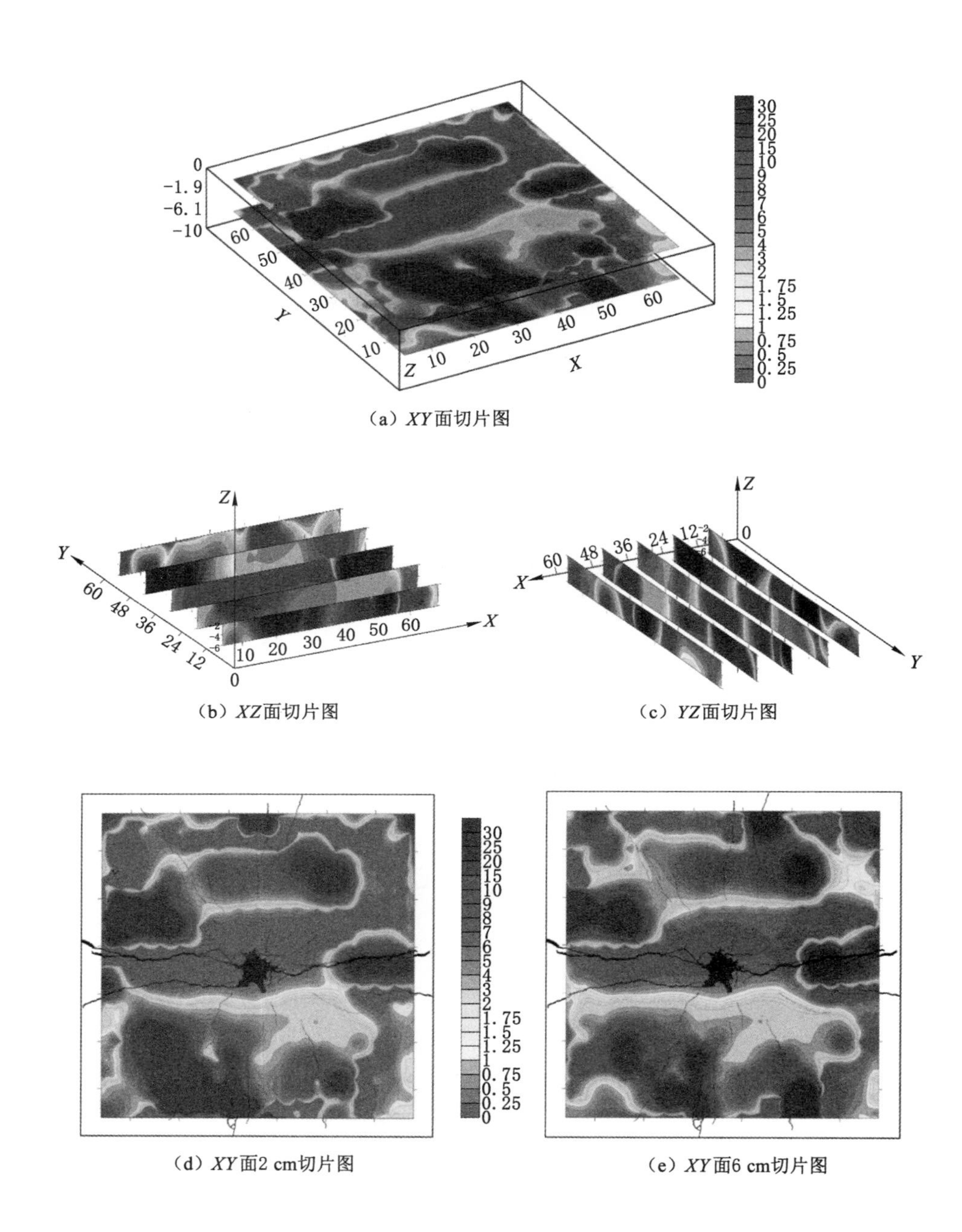


(a) XY面切片图



(b) XZ面切片图



(c) YZ面切片图

(d) XY面2 cm切片图

(e) XY面6 cm切片图

图 3-38　$Y_3$ 煤层爆破前后电阻率变化云图

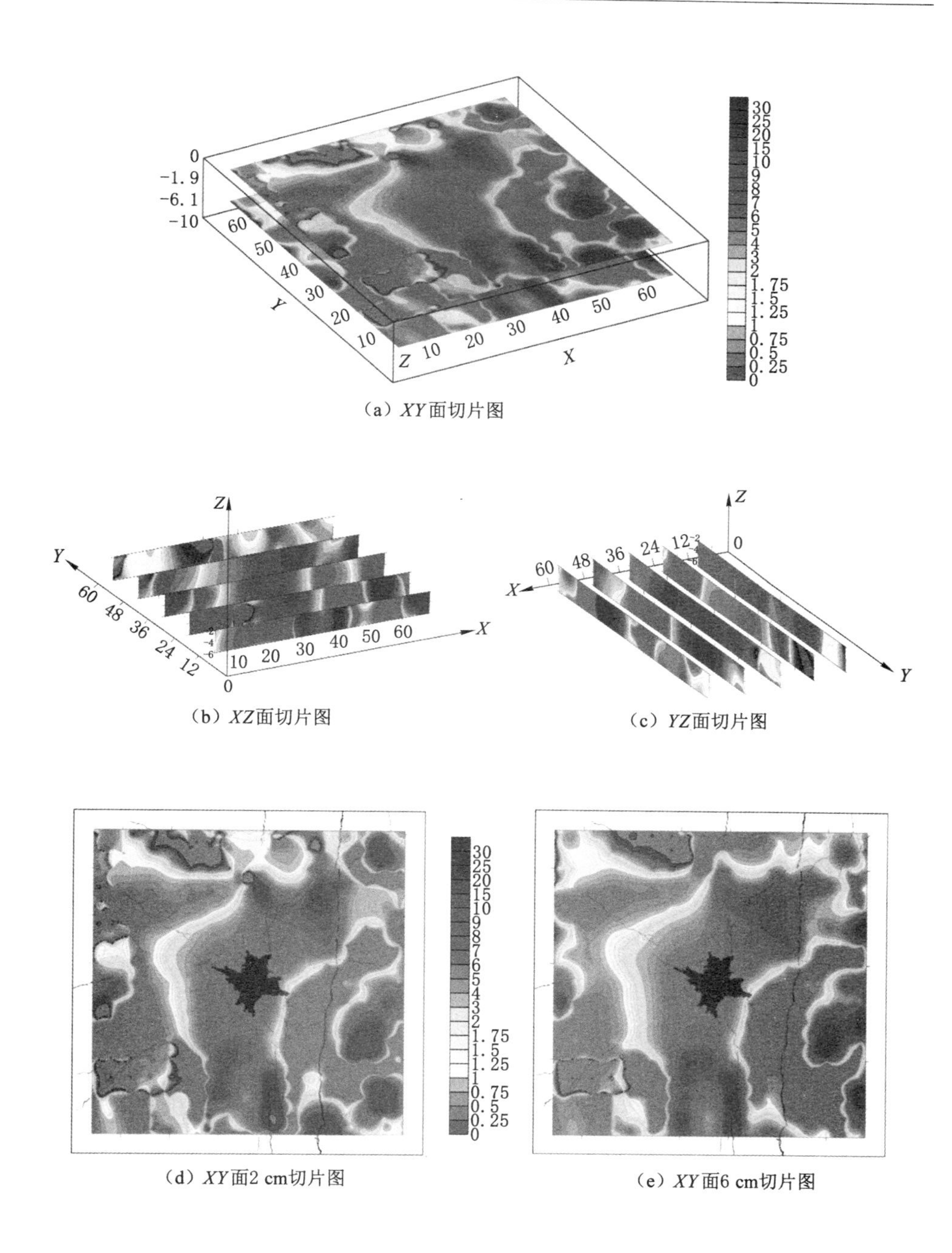


（a）*XY*面切片图

（b）*XZ*面切片图

（c）*YZ*面切片图

（d）*XY*面2 cm切片图

（e）*XY*面6 cm切片图

图 3-39　$Y_4$ 煤层爆破前后电阻率变化云图

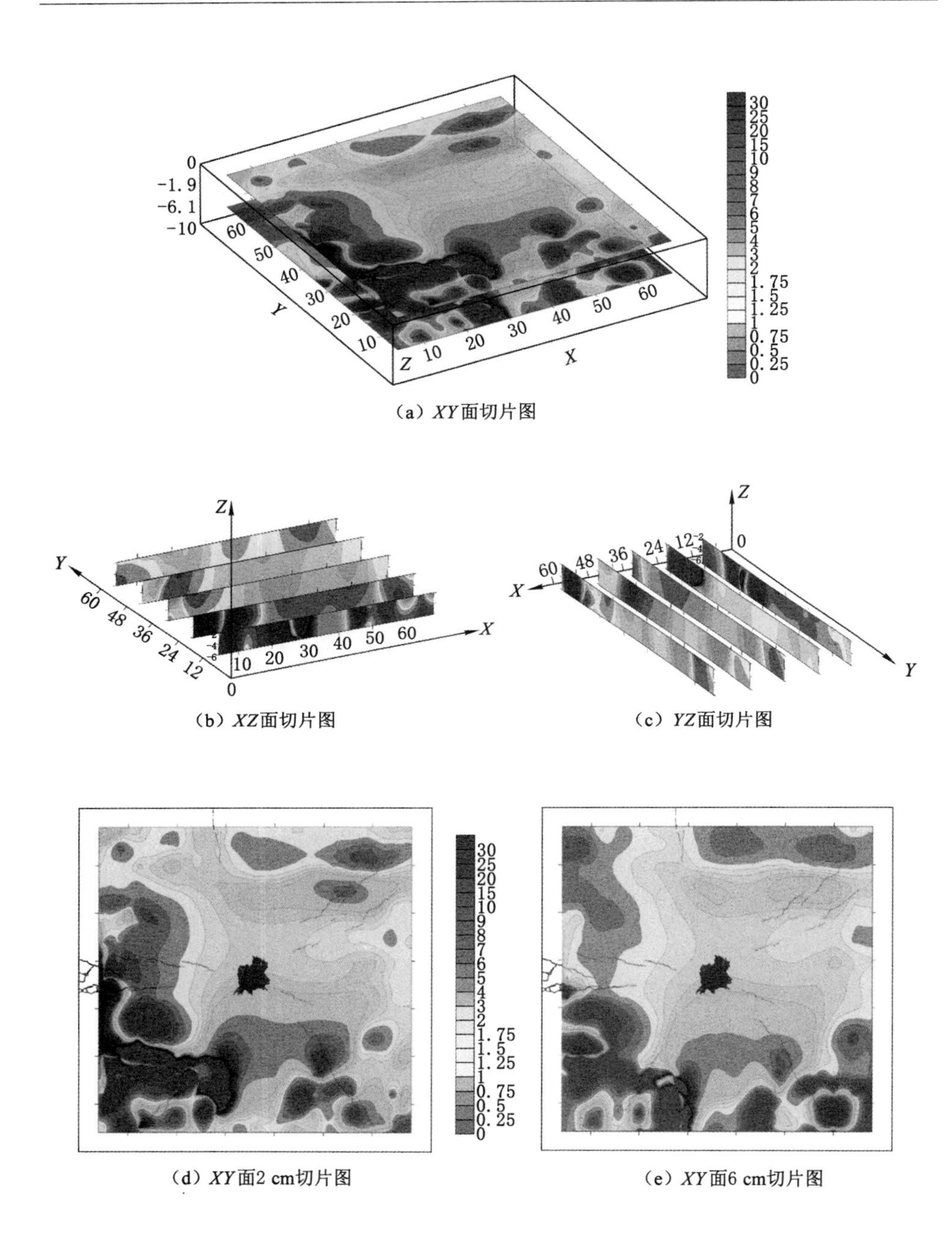


（a）*XY*面切片图

（b）*XZ*面切片图

（c）*YZ*面切片图

（d）*XY*面2 cm切片图

（e）*XY*面6 cm切片图

图 3-40　$Y_5$ 煤层爆破前后电阻率变化云图

根据图 3-37，由 $XY$ 面切片、$XZ$ 面 36 cm 处的切片中横坐标为 30～42 cm 的区域和 $YZ$ 面 36 cm 处的切片中纵坐标为 33～45 cm 的区域可以看出 $Y_2$ 煤层爆破空腔所在区域的电阻率减小，且减小了 50%～75%。

爆破空腔的上方存在一条倾斜的环向主裂隙，该条主裂隙周围的电阻率增大，且最多增加了 35 倍。爆破近区径向微裂隙周围的电阻率减小，爆破中远区径向微裂隙周围电阻率增大。

$Y_3$ 与 $Q_4$ 为同一模型，$Y_3$ 煤层爆破变形的电阻率响应规律不再赘述，如图 3-38所示。

根据图 3-39，由 $XY$ 面切片、$XZ$ 面 36 cm 处的切片中横坐标为 28～43 cm 的区域和 $YZ$ 面 36 cm 处的切片可以看出，$Y_4$ 煤层爆破空腔所在区域的电阻率增大，且最多增加了 15 倍。

爆破空腔的右侧存在一条环向主裂隙，该条主裂隙周围煤体电阻率随着 $Y$ 值的增加呈现先减小后增大的现象。爆破空腔周围存在多条径向微裂隙，径向微裂隙周围煤体电阻率增加。

根据图 3-40，由 $XY$ 面切片、$XZ$ 面和 $YZ$ 面 36 cm 处的切片可以看出，$Y_5$ 爆破空腔周围的电阻率增加。$Y_5$ 煤层中只存在径向微裂隙，径向微裂隙周围煤体电阻率大体上增加。随着药量的增加，煤层电阻率减小区面积减小，电阻率增大区面积增加。

#### 3.4.3.3 爆生气体对爆破变形电阻率响应的影响

不封孔条件下煤层爆破前后的电阻率变化如图 3-41 所示。$Y_6$ 煤层电阻率呈现增大区与减小区并存的现象。与相同药量、相同煤层强度、封孔条件下的试验进行对比，电阻率减小区的面积减小。

由 $XY$ 面切片、$XZ$ 面和 $YZ$ 面 36 cm 处的切片可以看出，爆破空腔周围存在小面积的电阻率减小区，爆破空腔上方存在环向主裂隙，该条环向主裂隙从 $X$ 为 30 cm 的位置分成两条裂隙，环向主裂隙周围煤体电阻率增加。爆破空腔左下方存在一条径向主裂隙，该条主裂隙周围煤体电阻率增加。

### 3.4.4 松软煤层爆破前后的电阻率变化原理

松软煤层爆破前后的电阻率变化原理可从爆生气体和应力波两个角度来分析。

#### 3.4.4.1 爆生气体对煤层电阻率的影响

爆生气体作用于爆破孔壁面煤体，推动挤压孔壁煤体质点做径向移动，形成爆破空腔，爆破空腔周围煤体受挤压作用被局部压实，电阻率减小；与此同时，爆生气体可能会对上覆岩层产生推动作用，在推动挤压孔壁煤体移动的同时进入

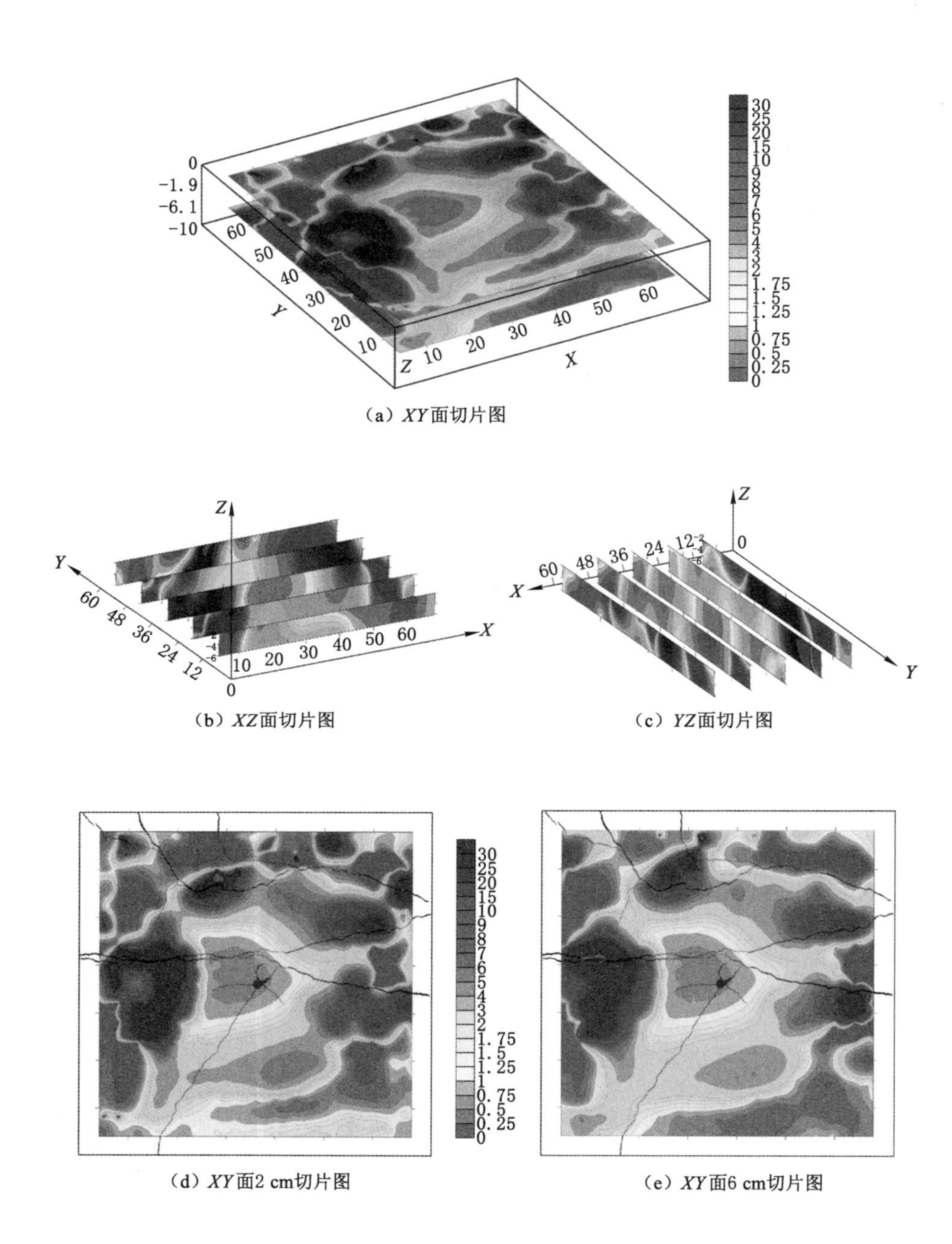


（a）*XY*面切片图

（b）*XZ*面切片图

（c）*YZ*面切片图

（d）*XY*面2 cm切片图

（e）*XY*面6 cm切片图

图 3-41　$Y_6$ 煤层爆破前后电阻率变化云图

爆破孔周围煤体的孔隙和裂隙中，导致煤层中心区域出现体积膨胀现象，该区域煤体的电阻率增大。爆生气体楔入已经形成的径向主裂隙中，对裂隙两侧煤体产生压力作用，推动煤体发生位移，导致裂隙周围煤体电阻率减小。

$Q_1$ 煤层出现较大的爆破空腔和一条贯穿煤层的径向主裂隙，爆破空腔和主裂隙出现大面积的电阻率减小区域；$Q_2$ 煤层爆破空腔左侧出现电阻率减小区域，而爆破空腔右侧煤体电阻率增加，这是因为爆破空腔右上侧出现多条径向微裂隙，阻断了煤体的导电通道，煤体电阻率增加；$Q_3$ 煤层与 $Q_1$ 煤层类似，都出现了爆破空腔和径向主裂隙，其周围煤体电阻率减小，但爆破空腔周围出现了径向微裂隙，此时径向微裂隙没有影响该区域整体的电阻率，该区域还是呈现电阻率减小的现象；$Q_4$（$Y_3$）煤层爆破空腔和其左侧两条径向主裂隙周围电阻率减小，爆破空腔右侧的径向主裂隙周围煤体电阻率随着 $X$ 值的增加呈现先减小后增大的现象，右侧径向主裂隙的后部出现了多条分叉的裂隙，煤体电阻率受其影响，出现局部增大的现象。

$Y_1$ 煤层爆破空腔体积较小，未发现爆破膨胀现象，但爆破空腔周围出现多条径向微裂隙。同时爆破空腔左侧出现了环向主裂隙，受两者的影响，爆破空腔周围煤体电阻率增加，环向主裂隙周围煤体电阻率随着 $Y$ 值的增加呈现先减小后增大的现象。考虑环向主裂隙左侧出现较长的边界反射裂隙，两条裂隙中间煤体受挤压出现局部电阻率减小的现象。$Y_2$ 煤层的爆破空腔体积较大，爆破膨胀体积较小，爆破空腔周围出现多条径向微裂隙，但爆破空腔周围煤体电阻率增大，表明此时爆破空腔所在区域的电阻率以爆破空腔所反映的电阻率为主导，即电阻率减小；$Y_4$、$Y_5$ 煤层也出现了较大的爆破空腔体积，但爆破膨胀体积较 $Y_1$～$Y_3$ 煤层而言更为明显，此时爆破空腔所在区域的电阻率以爆破膨胀所反映的电阻率为主导，即煤体电阻率增大。

$Y_6$（不封孔）煤层爆破空腔所在区域出现了小面积的电阻率减小区，由于气体逃逸存在通道和时间的问题，爆生气体在短时间内并未完全逃逸，爆破过程中仍有小部分气体作用于煤体，对煤体产生较小程度的影响，导致爆破孔周围煤体的电阻率减小。而正因为气体的量较小，此试验中的径向主裂隙受爆生气体的影响极小，径向主裂隙周围煤体电阻率增大。

#### 3.4.4.2 爆炸应力波对煤层电阻率的影响

煤层在只受爆炸应力波的反射拉伸作用而不受爆生气体作用时，产生环向主裂隙，导电通道被阻断，裂隙周围煤体的电阻率增大[284]。

$Q_5$ 煤层爆破空腔与环向主裂隙周围电阻率增大，但爆破空腔的体积较小，此时爆破空腔周围煤体所反映的电阻率变化被环向主裂隙所影响，该区域的电阻率变化以环向主裂隙为主导，煤体电阻率增大；$Y_2$、$Y_6$ 煤层爆破空腔上方出现环向主裂隙，周围煤体电阻率减小；$Y_4$ 煤层的环向主裂隙周围煤体电阻率呈现局部增大的现象。

综上所述，径向主裂隙和爆破空腔周围煤体电阻率减小，而环向主裂隙周围煤体电阻率增加。当爆破空腔与径向主裂隙共存时，所在区域电阻率减小。当爆破空腔与环向主裂隙在同一个区域存在时，所在区域的电阻率增加。当爆破空腔与主裂隙在同一个区域存在时，所在区域的电阻率以主裂隙所呈现的电阻率为主。当爆破空腔、径向主裂隙和径向微裂隙共存时，所在区域的电阻率减小。

因此，爆破后松软煤层的部分煤体受挤压作用被局部压实，电阻率减小，验证了爆破后松软煤层内存在明显的压密区这一现象。松软煤层爆破变形的电阻率响应结果与爆破变形过程伴随的密度变化结果基本一致。

## 3.5 不同介质对煤层爆破变形的影响

在松软煤层的爆破过程中会出现压密特征，为解决该问题，可从改变介质的角度来进行尝试。因此，分别开展了空气、水、空气-悬砂颗粒和水-悬砂颗粒作用下的有机玻璃爆破试验，分析了爆生裂隙的长度、宽度和空间偏转角度，得到了爆生裂隙的形态特征和悬砂颗粒在裂隙中的分布规律。

(1) 试验系统与方案

不论采用空气还是水作为介质，都存在爆破后裂隙受力闭合从而阻塞瓦斯运移通道的问题。为解决爆生裂隙较快被压实的问题，采用悬砂爆破技术，即在药柱与爆破孔间隙内填充悬砂颗粒，爆炸时悬砂颗粒楔入裂隙中，起到支撑裂隙的作用，进而提高瓦斯抽采效率。因此，开展以有机玻璃为研究对象的爆破试验，研究不同介质作用下爆生裂隙的形态特征，并分析悬砂颗粒在裂隙中的分布规律。

本试验选用的模型材料为有机玻璃板(PMMA)，在动载荷的作用下，有机玻璃板表现出与岩石类材料类似的断裂行为。模型几何尺寸(长度×宽度×厚度)为 300 mm×300 mm×40 mm，模型厚度为 40 mm，以便更直观地观察分析裂隙的空间偏转以及悬砂颗粒的分布特征。有机玻璃板的各力学参数为：弹性模量为 6.1 GPa，纵波、横波波速分别为 2 320 m/s、1 260 m/s，泊松比为 0.31。爆破孔位于模型中心位置，孔径为 12 mm，孔深为 30 mm，如图 3-42 所示。

为研究不同介质作用下爆生裂隙的形态特征，分别选择空气、水、空气-悬砂颗粒和水-悬砂颗粒(悬砂液)作为介质的模型(记作 1～4 号模型)进行试验。试验采用粒径为 0.005～0.180 mm 的核桃壳颗粒作为悬砂颗粒，悬砂液由蓝墨水和核桃壳颗粒配制而成，3 号模型与 4 号模型悬砂颗粒的添加量相同，均为 8 g，试验采用叠氮化铅($P_bN_6$)炸药，药量为 300 mg，药柱直径为 10 mm，高度为 20 mm。

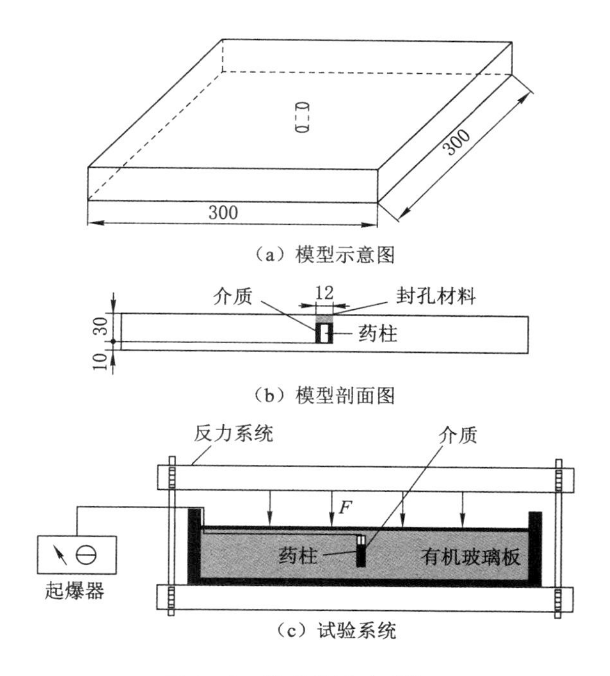


图 3-42　模型及试验系统

(2) 试验步骤

根据试验方案，进行 4 次爆破试验，试验步骤如下：

① 将药柱置于 1 号模型爆破孔，并采用环氧树脂胶进行封孔。

② 将药柱置于 2、3、4 号模型的爆破孔，在药柱与爆破孔的间隙分别填充水、悬砂颗粒和悬砂液，并采用环氧树脂胶封孔。

③ 将有机玻璃板模型放入反力系统，施加应力 $F$ 以减小模型边界的爆破碎片，如图 3-42(c)所示。

④ 分别起爆 1、2、3、4 号模型，采集爆破后裂隙形态图像，测量裂隙长度、宽度和角度等数据。

### 3.5.1　不同介质条件下的爆生裂隙形态

试验现象表明，有机玻璃模型爆破后的裂隙形态呈现为主裂隙和次裂隙两大类，如图 3-43 所示。其中，主裂隙贯穿模型上下表面，次裂隙未贯穿模型上下表面，部分次裂隙为主裂隙的分支裂隙。

为研究爆生裂隙的分布特征，分析裂隙宽度变化及偏转特征，选取爆破孔中心为坐标原点，有机玻璃板平行两边中点连线为 $X$ 轴。建立二维坐标系，同时

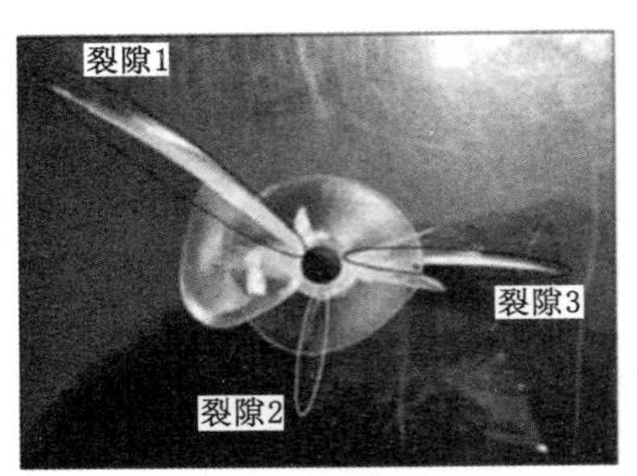


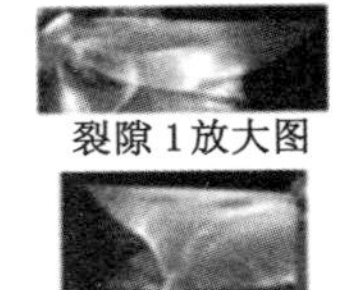

裂隙 1 放大图

裂隙 2 放大图

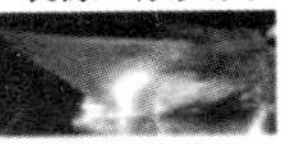

裂隙 3 放大图

(a) 1号模型(空气)

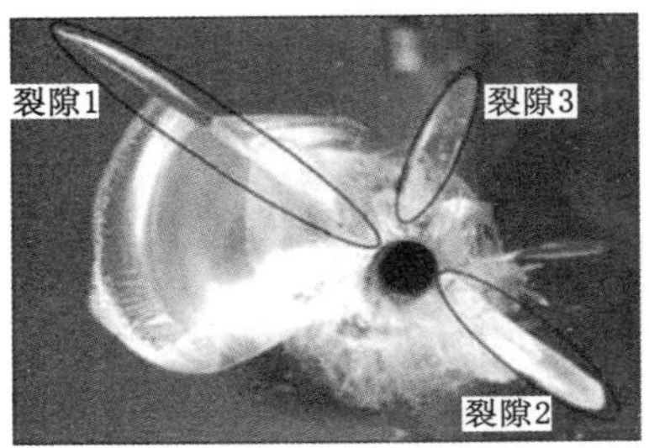

裂隙 1 放大图

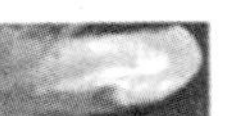

裂隙 2 放大图

裂隙 3 放大图

(b) 2号模型(水)

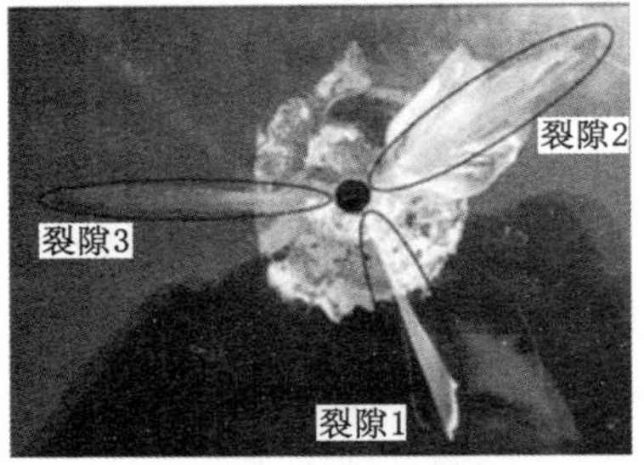

裂隙 1 放大图

裂隙 2 放大图

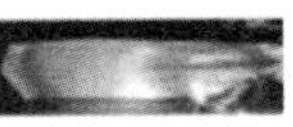

裂隙 3 放大图

(c) 3号模型(空气-悬砂颗粒)

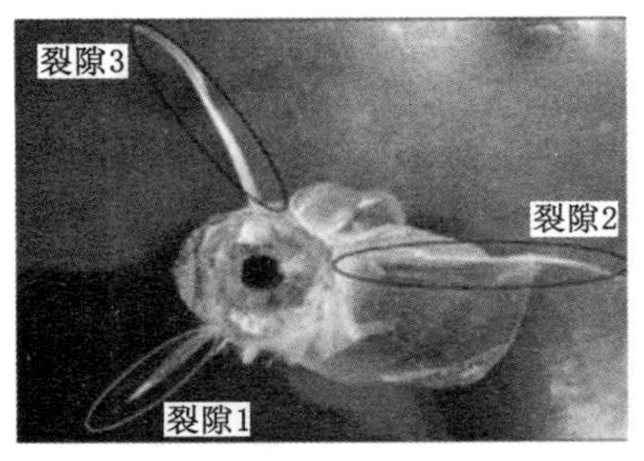


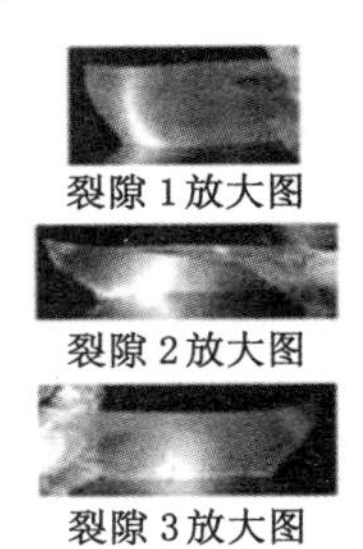

裂隙 1 放大图

裂隙 2 放大图

裂隙 3 放大图

(d) 4号模型(水-悬砂颗粒)

图 3-43　爆生裂隙形态

选取爆破孔中心为圆心，爆破孔壁面为起点，步长为 15 mm，绘制多个等距同心圆，圆形与裂隙上、下表面的交点即测点，裂隙的起始点和终止点也为测点，如图 3-44所示，图中实线为裂隙上表面，虚线为裂隙下表面。使用型号为 MG10085-1A100x 读数显微镜观测测点处的裂隙宽度。

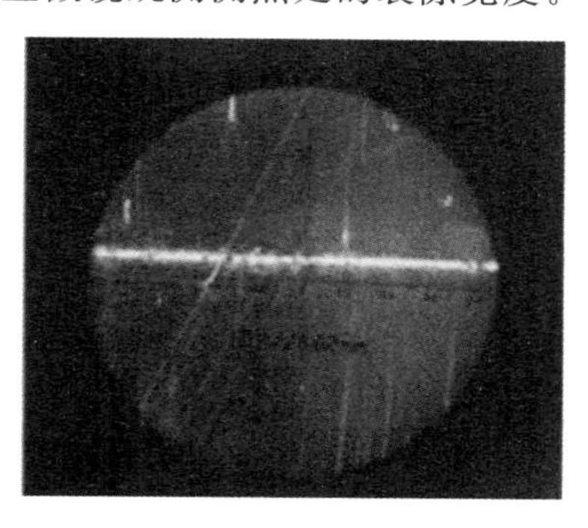

图 3-44 裂隙宽度观测示意图

使用毫米刻度尺分别测量主裂隙上下表面的长度，并计算上下表面裂隙长度的平均值，见表 3-13。

**表 3-13 主裂隙长度**

| 模型编号 | 裂隙编号 | 裂隙长度 $Z$/mm | | | |
|---|---|---|---|---|---|
| | | 上表面 | 下表面 | 平均值 | 最大值 |
| 1 | 1 | 51.1 | 56.5 | 53.8 | 53.8 |
| | 2 | 30.4 | 29.9 | 30.2 | |
| | 3 | 45.1 | 40.5 | 42.8 | |
| 2 | 1 | 55.6 | 70.2 | 62.9 | 62.9 |
| | 2 | 35.4 | 31.9 | 33.7 | |
| | 3 | 29.2 | 29.8 | 29.5 | |
| 3 | 1 | 72.9 | 66.4 | 69.7 | 78.1 |
| | 2 | 79.5 | 74.5 | 77.0 | |
| | 3 | 78.1 | 78.1 | 78.1 | |
| 4 | 1 | 60.1 | 53.6 | 56.9 | 91.2 |
| | 2 | 100.9 | 81.5 | 91.2 | |
| | 3 | 84.1 | 68.8 | 76.5 | |

由表可知，当介质为空气、水、空气-悬砂颗粒和水-悬砂颗粒时，主裂隙长度分别能达到 53.8 mm、62.9 mm、78.1 mm、91.2 mm。采用水作为介质时的主裂隙长度比采用空气作为介质时的主裂隙长度增大了 16.9%，由此可见含水介质的条件下爆破能量的利用率较高。

3 号模型(介质为空气-悬砂颗粒)的主裂隙长度比 1 号模型(介质为空气)的主裂隙长度增大了 45.2%；4 号模型(介质为水-悬砂颗粒)的主裂隙长度比 2 号模型(介质为水)的主裂隙长度增大了 45.0%，可见，相比于单纯的空气和水作为介质时，悬砂颗粒的添加都会使主裂隙长度显著增大。

主裂隙的宽度变化趋势如图 3-45 所示。在相同介质条件下，随着测点与爆破孔之间距离的增加，主裂隙的宽度普遍呈现降低的趋势，即裂隙测点与爆破孔距离越远，裂隙宽度越小，符合爆破能量衰减规律。

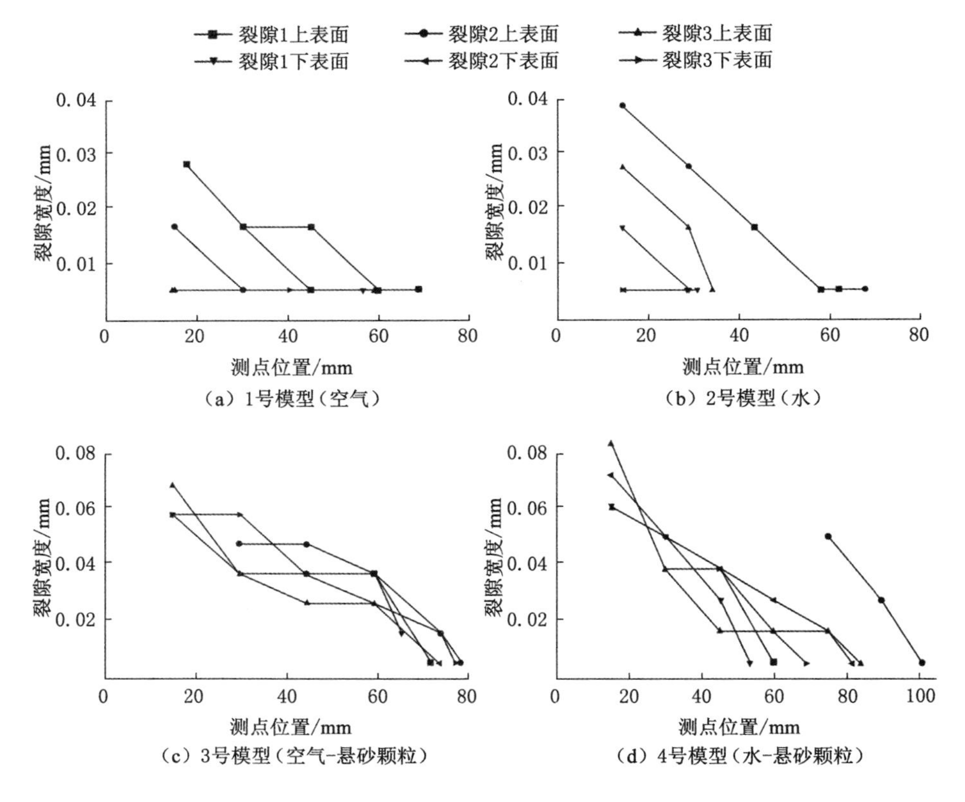


图 3-45 主裂隙宽度变化趋势

当介质为空气时，主裂隙最大宽度为 0.03 mm；当介质为水时，主裂隙最大宽度为 0.04 mm，水介质作用下的主裂隙宽度比空气介质作用下的主裂隙宽度增大了 33.3%。当介质为空气-悬砂颗粒时，主裂隙最大宽度为 0.07 mm；当介质为水-悬砂颗粒时，主裂隙最大宽度为 0.08 mm，可见，相比于单纯的空气和水作为介质时，悬砂颗粒的添加使主裂隙宽度分别增大了 133.3%和 100.0%。炸药爆炸后，爆生气体迅速膨胀，推动介质楔入裂隙。当介质为空气-悬砂颗粒或水-悬砂颗粒时，悬砂颗粒进入裂隙中，起到支撑裂隙的作用，此时裂隙宽度达到最大值。

### 3.5.2 裂隙的空间偏转及悬砂颗粒分布特征

(1) 裂隙空间偏转特征

通过建立二维坐标系分析主裂隙的形态特征，如图 3-46 所示，其中实线表示裂隙上表面，虚线表示裂隙下表面，裂隙上下表面的夹角为裂隙的偏转角。

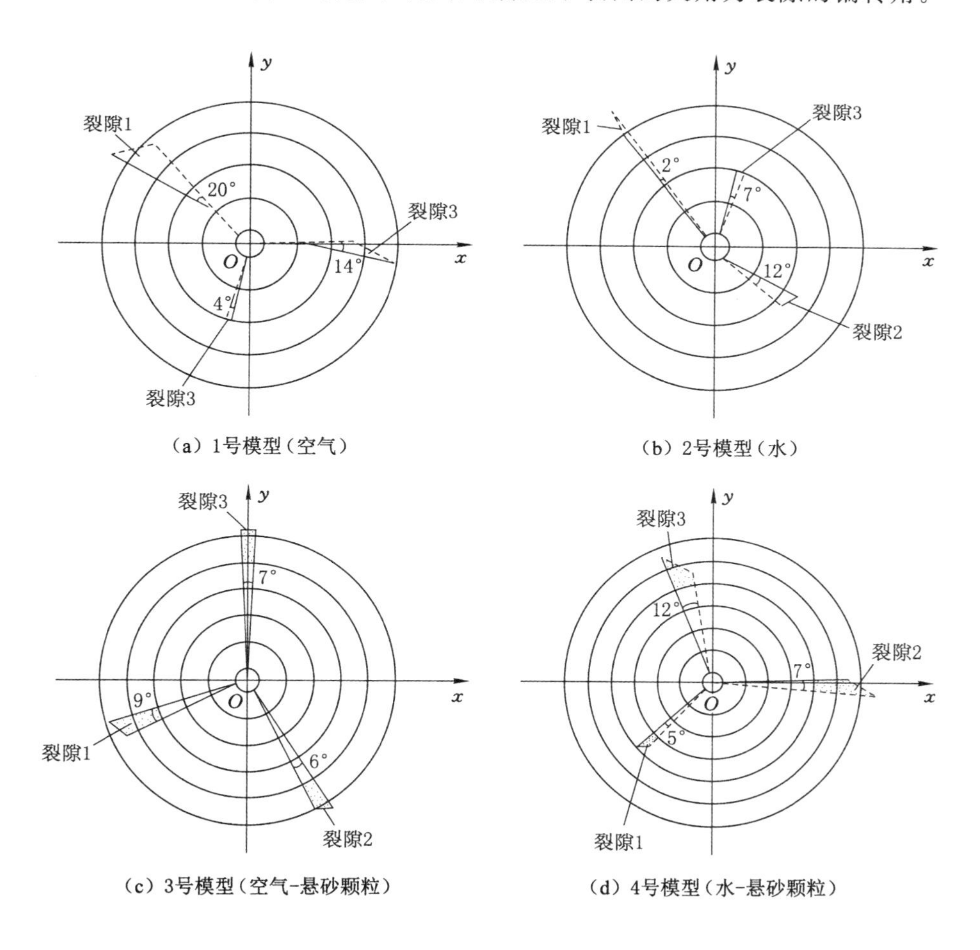


图 3-46 主裂隙的偏转及悬砂颗粒的分布

爆破过程中裂隙会发生不同程度地偏转，主裂隙偏转角度如图 3-46 所示。对比 1 号模型与 3 号模型，当介质为空气时，偏转角度最小值为 4°，最大值为 20°；当介质为空气-悬砂颗粒时，偏转角度最小值为 6°，最大值为 9°。对比 2 号模型和 4 号模型，当介质为水时，偏转角度最小值为 2°，最大值为 12°；当介质为水-悬砂颗粒时，偏转角度最小值为 5°，最大值为 12°。相比于单纯的空气和水作为介质时，悬砂颗粒的添加使裂隙偏转角度分布范围分别降低了 81.3% 和 30.0%，可见，悬砂颗粒的存在弱化了裂隙扩展的偏转作用。

（2）悬砂颗粒分布特征

依照实物中观察到的悬砂颗粒分布位置在图中进行标记，如图 3-46 黑点所示。悬砂颗粒在裂隙中呈现不均匀分布，且主要集中在裂隙的前中部，证明了爆生气体对悬砂颗粒的推动作用。在裂隙形成过程中，悬砂颗粒楔入裂隙起到支撑作用，裂隙进一步扩展后，粒径较大的悬砂颗粒无法向前运动而滞留，粒径较小的悬砂颗粒则继续运动直至无法向前运动。

通过分析空气、水、空气-悬砂颗粒和水-悬砂颗粒介质作用下的主裂隙长度，发现水介质作用下主裂隙的长度明显大于空气介质作用下，可见含水条件下爆破能量的利用率较高，且悬砂颗粒的添加使主裂隙长度显著增大。通过分析空气、水、空气-悬砂颗粒和水-悬砂颗粒介质作用下的主裂隙宽度，发现当介质为空气-悬砂颗粒或水-悬砂颗粒时，裂隙最大宽度增加。可见爆破作用下水、空气携砂楔入裂隙起到支撑裂隙的作用，从而解决爆生裂隙较快被压实的问题。爆破过程中裂隙会发生不同程度地偏转，而悬砂颗粒的存在弱化了裂隙扩展的偏转作用，使裂隙偏转角度分布范围减小。在裂隙形成过程中，悬砂颗粒楔入裂隙，并在裂隙中呈不均匀分布，且主要集中在裂隙的前中部。

## 3.6 本章小结

本章构建了三向约束物理模型爆破试验系统，开展了“顶板-松软煤层-底板”结构的物理模型爆破试验，提出了松软煤层爆破变形的定量表征方法，研究了煤层强度、药量、爆生气体以及不同介质对松软煤层爆破变形的影响规律，主要结论如下：

① 开展了配比松软煤体单轴压缩过程的电阻率测试试验，试验结果表明试块电阻率呈现先下降后上升的趋势。

② 提出了松软煤层爆破变形的定量表征方法，引入从体积角度考虑的爆破变形评价指标 $V$ 来定量评价松软煤层爆破变形情况。当 $V>0$ 时，爆破后的煤层整体上为疏松状态；反之，则呈现压缩状态。

③ 提出了利用爆破前后煤层密度变化云图来分析煤层爆破变形的方法，发现爆破后松软煤层内出现了明显的压密区，且压密区在煤层中所占比例分布在23.9%～61.3%的范围内。爆破载荷下煤体的移动变形导致煤层密度发生变化，使松软煤层呈现局部压实效应。不同类型的裂隙周围煤体密度变化不同，径向主裂隙周围的煤体受爆生气体的挤压作用密度增大，环向主裂隙和径向微裂隙周围的煤体密度普遍减小。

④ 采用电阻率层析成像方法反演分析了爆破前后松软煤层的电阻率数据，分析了爆生气体和爆炸应力波对煤层电阻率的影响，发现受爆生气体挤压作用的煤体电阻率减小，仅受爆炸应力波作用的煤体电阻率增大。径向主裂隙和爆破空腔周围煤体电阻率减小，而环向主裂隙周围煤体电阻率增加；当爆破空腔与主裂隙在同一个区域存在时，所在区域的电阻率以主裂隙所呈现的电阻率为主。松软煤层爆破变形的电阻率响应结果与爆破变形过程伴随的密度变化结果基本一致。

# 4 松软煤层多孔爆破区域疏松解密机理

通过松软煤层物理模型爆破试验，发现了松软煤层受爆破作用后的局部压密现象，这种现象对煤层增透有负面影响，必须通过特定的技术措施解决压密问题。为解决此问题，提出了合理布置钻孔的方法来实现区域疏松解密的目的。

## 4.1 多孔爆破物理模拟试验设计

为了验证爆破区域疏松解密这一高效方法的可靠性，针对松软煤层爆破后的变形特征开展了一系列的研究，设计并开展了含有顶板、松软煤层及底板的三层物理模型的爆破试验。主要从以下两方面开展研究：

① 根据相似材料理论进行煤岩体爆破模拟材料配比试验，确定满足本相似模拟试验所需的煤岩材料配比。

② 制作模拟松散煤层的相似模拟模块，提前在煤层不同位置放置应变片，分析爆炸应力波的传播率减规律；利用电法仪测试系统对爆破前后煤层电阻率变化进行监测，分析爆破前后煤层电阻率变化，进而分析爆破前后煤层煤体的破坏规律。其主要内容如下：a. 通过两个爆破孔同时起爆，观测爆破裂纹的扩展情况，得出多孔联爆的区域性增透与单孔爆破的造缝规律的差别。b. 由于爆破是在密闭空间进行的，且相似模拟试块并不透明，爆破产生的微小裂隙不易肉眼观察，借助电法仪获得的数据，对试块爆破前后电阻率变化进行监测，进而分析爆破前后煤层煤体的破坏规律，从而推断爆破增透效果，而不单单依靠肉眼观察爆破裂隙的数量及尺寸。

### 4.1.1 多孔爆破物理试验系统构建

松软煤层爆破试验系统包括加载装置、YBD11 型矿用网络并行电法仪、数码相机、密度测试工具以及自制环刀等。为使模拟试验能更好反映工程现场爆破情况，共进行 5 次实验室内的模拟爆破试验，前两次试验为考察不同装药方式对爆破的影响，后三次试验为考察不同孔径孔洞对爆破的影响。

4.1.1.1　试验箱体

利用实验室自制的箱体进行模拟试验，箱体由 16 块工字钢用螺丝拼接而成，拼接后的箱体尺寸为 76.5 cm×76.5 cm×40 cm。为了使相似试验尽量接近于井下现场环境，必须要分析研究地下几百米深处地应力对爆破效果的影响，通过在箱体上方加压可以模拟井下环境，加压系统由反力架与 4 个千斤顶构成，通过千斤顶升高，顶部钢板与底部钢板的反作用力对模块进行加压。试验箱体和加载系统如图 4-1 所示。

(a) 铺设纸板的箱体

(b) 试验加载系统

图 4-1　试验箱体和加载系统

在试验现场实施爆破作业时，由于煤层面积较大，应力波可以向无限远处传播，直至能量衰减为零，爆破产生的应力波的反射作用较弱。而由于相似模拟试验的箱体过小，且箱体由钢板组成，如果不在箱体内壁四周加应力波缓冲设施，爆破产生的应力波会在箱体内壁发生反射，对试验造成影响，干扰动态应变仪收集到的应力应变信号。另外，本次相似模拟试验还要用到电法仪进行电法响应，如果试块与钢制箱体直接接触，钢制箱体的电阻相较于煤层电阻来说很低，电极放电时，电流会顺从钢板传导，导致测量数据出现偏差。

为解决这两个问题，在箱体底部与四周加一层厚度为 2 cm 的纸板，这样爆破产生的应力波在传播至箱体内壁时，大部分应力波会被纸板吸收，不会干扰动态应变仪收集到的应力应变数据；另外，为防止纸板被配料中的水分浸湿和箱体钢板的导电性影响电法仪的正常工作，还应在纸板表面贴上防水薄膜。

4.1.1.2　数据采集分析系统

测定试块各处的应力采用的是超动态应变测试系统，使用的仪器及材料为电阻应变传感器、TST3406C 动态测试分析仪、SDY2107A 型超动态应变仪等，如图 4-2 所示。

试验测试采用的是自平衡的 SDY2107A 型超动态应变仪，可以以 2、4、6、8 通道组合使用，桥路可以自动平衡，平衡范围大于 15 000 $\mu\varepsilon$，平衡时间约为 2 s。

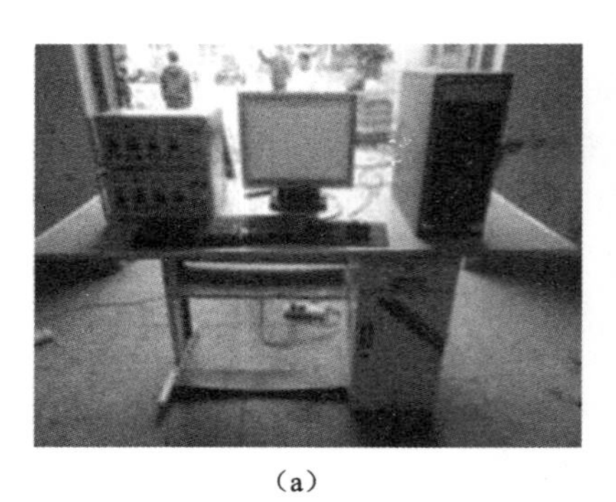
(a)

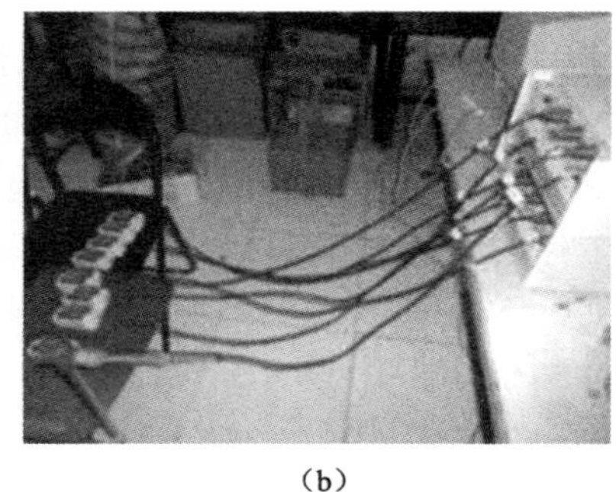
(b)

图 4-2　超动态应变测试系统

其校准方式为拨盘开关,操作使用方便。其补偿采用具有自动修正功能的长导线,仪器频响范围 DC-2 500 kHz(－3 dB),兼具测量精度高、噪声低、稳定性好、抗干扰能力强的特点。

另外,试验采用的 TST3406C 动态测试分析仪是一款精度极高的采集仪,这款仪器的最高采集频率可达 40 万次,非常适合用于采集爆炸应力波。测试仪器由采集通道和内部计算机组成,数据储存在各自通道的缓存器中,最后由系统总线进行处理。其工作程序为采集、处理、再采集、再处理。该系统的所有通道都独立并且配备 A/D 和缓冲器,不会因为通道的增多而影响每个通道独自的效果。

### 4.1.2　多孔爆破物理模拟试验方案

#### 4.1.2.1　爆破相似模拟参数的确定

为研究多孔爆破作用下的煤体变形破裂规律,根据告成煤矿工程地质条件与施工条件,构建爆破相似模型,开展不同孔洞作用下的爆破试验。爆破试验采用自制箱体,利用箱体的四个侧面和底面的位移约束来模拟煤层的围岩应力,利用箱体螺杆加载或液压千斤顶和返力支架模拟地应力;通过相似材料配比出试验的主体;通过在煤体埋设应变砖,利用超动态应变仪检测煤体的应力应变,并对爆破后煤岩层进行解剖,观察分析控制孔和爆破孔的裂纹演变规律以及煤岩体的损伤变形、裂隙分布规律;通过改变装药模式、控制孔孔径,得出裂隙分布规律。

模型设计是以相似理论为理论依据的。只有原型与模型符合相似条件,试验结果才能把模型推广应用到原型。相似第一定理的相似指标为 1;相似第二定理为现象相似,其综合方程必须相同;相似第三定理是在几何相似系统中,拥有相同的关系方程式，单值条件相似，且由单值条件组成的相似准数相等，则此两现象是相似的。模拟穿层爆破增透效果要受到许多因素的限制，在建立相似模型时，忽略其他影响因素，只对那些影响爆破裂隙产生和发展的主要因素进行模拟。问题简化的假设如下，煤体位于平面应变状态，为多孔各向同性介质；只探究爆破前后的裂隙状态，忽略爆破的中间过程；忽略构造应力、试验环境的影响。

针对告成煤矿 25091 工作面煤体松软低透气性这一特性，从几何相似、容重比、运动相似、动力相似和模型载荷计算这五个方面进行计算。相似试验中变量的具体相似准则和载荷计算如下：

（1）几何相似

$$C_{L} = \frac{L_{p}}{L_{m}} \tag{4-1}$$

式中　$C_{L}$——实际模型与相似试验模型尺寸比；

$L_{p}$——实际模型长度；

$L_{m}$——相似试验模拟长度。

一般 $C_{L}$ 取值为 10～100，本试验采用 30 的相似比，即 $C_{L}=30:1$。

（2）容重比

$$C_{\rho} = \frac{\rho_{p}}{\rho_{m}} \tag{4-2}$$

式中　$\rho_{p}$——原岩层容重，取 $2.5\times10^{4}$ N/m$^{3}$；

$\rho_{m}$——模型材料容重，取 $1.5\times10^{4}$ N/m$^{3}$。

$$C_{\rho} = 2.5/1.5 = 5:3$$

（3）运动相似

$$C_{t} = \frac{t_{p}}{t_{m}} \tag{4-3}$$

式中　$C_{t}$——时间比；

$t_{p}$——原型运动时间；

$t_{m}$——模型运动时间。

（4）动力相似

$$C_{\sigma} = \frac{\rho_{p}}{\rho_{m}}C_{L} \tag{4-4}$$

式中　$C_{\sigma}$——应力比；

$\rho_{p}$——原型视密度；

$\rho_{m}$——模型视密度，一般 $\rho_{m}$ 取 1.5～1.8 g/cm$^{3}$ 较合适，过大使模型材料成型击实困难，过小则松散不易成型，本模型中 $C_{\sigma}=30\times5/3=50$。

(5) 模型载荷计算

模型巷道自重应力为:

$$\sigma_z = \gamma h \tag{4-5}$$

式中 $\sigma_z$——原型自重,MPa;

$\gamma$——岩石容重,$N/m^3$;

$h$——巷道埋深,m。

按照 25091 工作面煤层平均埋藏深度 400 m 计算,原型所受的载荷为:

$$\sigma_z = \gamma h = 2.5 \times 10^3 \times 9.8 \times 400 = 9.8 \text{ (MPa)}$$

相似模型上方需要补偿的载荷为:

$$\sigma_m = \frac{\sigma_z}{C_\sigma} = 9.8/50 = 0.196 \text{ (MPa)}$$

换算成箱盖上千斤顶施加的力为:

$$F = \sigma_m S = (0.196 \times 10^6) \times (0.1 \times 0.1) = 1.96 \text{ (kN)}$$

按 4 个液压千斤顶计算,每个液压千斤顶所施加的压力为 490 N。

#### 4.1.2.2 相似材料配比的确定

试验选择告成煤矿典型的松软低透气性高瓦斯煤体,通过井下现场获取煤岩试块并在实验室进行力学特性参数测试和分析,获取煤岩体的物理力学参数;然后根据力学特性和相似比关系,采用相关材料配制煤岩体相似模拟材料,试验以抗压强度为主导指标,进行相似材料配比,为后面的相似试验提供理论支持,做出更加符合原始情况的相似试验模型,得到更加准确的试验结果与分析。

相似材料采用粒径小于 1.5 mm 的黄砂、精品石膏粉、复合硅酸盐水泥、煤粉以及水为主要材料按照不同的配比进行配制,其中模拟煤层的煤粉来自告成煤矿 25091 工作面原煤,通过改变黄砂、精品石膏粉、复合硅酸盐水泥、煤粉以及水的不同占比来达到试验所需模拟的煤层、顶板以及底板的相关物理力学参数,最后根据依据理论分析和相关的物理力学性能参数测试确定最终的配比。25091 工作面煤岩层主要力学参数如表 4-1 所列。

**表 4-1 告成煤矿 25091 工作面煤岩层主要力学参数**

| 煤岩层 | 弹性模量/GPa | 原岩分层厚度/m | 原岩抗压强度/MPa | 原岩容重/($kN/m^3$) |
| --- | --- | --- | --- | --- |
| 顶板 | 33.40 | 15.00 | 32.76 | 28.7 |
| 煤层 | 5.30 | 3.00 | 072 | 13.0 |
| 底板 | 19.50 | 11.50 | 28.00 | 24.6 |

试验具体材料配比方案见表 4-2。根据前人所做的相关理论研究和试验，选取顶板、底板、煤层各三组不同配比，共 9 组，其中每组重复三次试验，也就是总共 27 块试块，制作的试块在恒温箱内养护 15 d 后进行力学试验。本书以抗压强度为主导指标，每组的参数测试结果取三次重复试验的平均值。

**表 4-2 材料配比方案**

| 编号 | 砂子 | 水泥 | 石膏 | 煤粉 | 水 |
|---|---|---|---|---|---|
| $M_1$ | 3.4 | 0.2 | 0.9 | 0.9 | 0.77 |
| $M_2$ | 3.5 | 0.3 | 1.0 | 1.0 | 0.83 |
| $M_3$ | 3.6 | 0.4 | 1.1 | 1.1 | 0.89 |
| $D_1$ | 5.6 | 1.1 | 0.3 | 0 | 1.00 |
| $D_2$ | 5.8 | 1.2 | 0.4 | 0 | 1.06 |
| $D_3$ | 6.0 | 1.3 | 0.5 | 0 | 1.11 |
| $d_1$ | 6.0 | 0.9 | 0.5 | 0 | 1.06 |
| $d_2$ | 6.2 | 1.0 | 0.6 | 0 | 1.11 |
| $d_3$ | 6.4 | 1.1 | 0.7 | 0 | 1.17 |

其中，$M_1 \sim M_3$ 为模拟的煤层材料配比参数，$D_1 \sim D_3$ 为模拟煤层顶板材料配比参数，$d_1 \sim d_3$ 为模拟煤层底板材料配比参数。

模型制作步骤如下：

① 根据配比方案，用电子秤称取相对应的比例质量材料。

② 拌匀已经称取好的各种材料，然后加入水搅拌，将搅拌好的材料边导入磨具边用小木棍搅动，排除材料内气泡，最后放在震动台上震动大概 20 s，得到初步的模型。

③ 装有模型的模具放在恒温箱内保养 14 d 左右拿出。

④ 将配比试块取出。

根据试验的方案，一共制作了 27 块试块，煤层和顶底板各 9 块，进行三组配比试验，最后选取最接近实际情况的配比方案。

此次试验以抗压强度为主要指标，通过利用 RMT 机对单轴抗压强度进行测量，结果表明，用砂子∶水泥∶石膏∶煤粉∶水能够配比出不同强度的煤体，通过调整材料配比可以使得模拟试块和实际煤岩体物理力学性能参数相似，最终确定煤层、顶板和底板的相似模拟材料配比参数分别如表 4-3 所列。

表 4-3 相似模拟材料配比参数

| 煤岩层 | 砂子 | 水泥 | 石膏 | 煤粉 | 水 |
|---|---|---|---|---|---|
| 煤层 | 3.5 | 0.3 | 1.0 | 1.0 | 0.83 |
| 顶板 | 5.8 | 1.2 | 0.4 | 0 | 1.06 |
| 底板 | 6.2 | 1.0 | 0.6 | 0 | 1.11 |

4.1.2.3 多孔爆破试验方案

爆破模拟试验分为两阶段，第一阶段为分析装药位置对爆破增透效果的影响，采用煤层装药和底板装药两种模式；第二阶段全部采用底板装药，通过设置不同孔径控制孔，考察孔洞诱导条件下的爆生裂隙分布规律。

(1) 煤层装药与底板装药模式

煤层装药模式：孔内装药采用长度为 90 mm 的导爆索，爆速为 7 000 m/s，用电雷管起爆。炮孔用石英砂与 502 胶水混合堵塞。将药包装于煤层中进行爆破试验，煤层装药示意图见图 4-3。

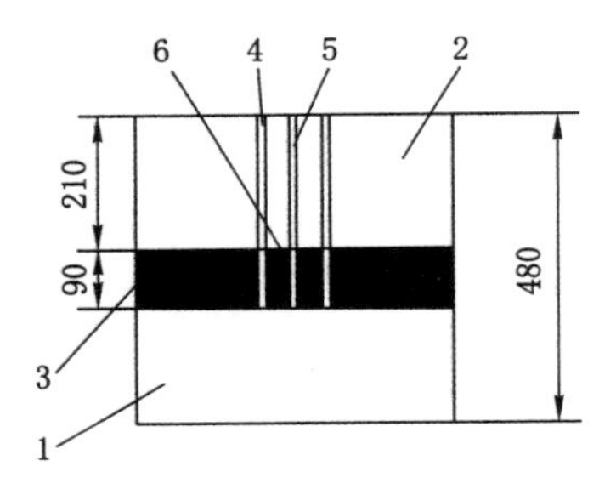


1—底板；2—顶板；3—煤层；4—抽采孔；5—封堵；6—装药。

图 4-3 煤层装药示意图

底板装药模式：药包煤岩层交界面上，进行爆破试验，其装药测试装置见图 4-4。

(2) 孔洞诱导爆破模型

本次试验分三组，考虑后期的装药爆破以及预留爆破孔、控制孔的原因，本试验在实际操作过程中，将层位关系倒过来，即上为煤层底板，中间为煤层，下面为煤层底板，如图 4-5 所示，煤层、顶板和底板均为 50 cm×50 cm×15 cm 的长方体。

爆破孔处于模型中间，长度为 23 cm，控制孔位于以爆破孔为中心 20 cm 为边长的正方形和半径为 10 cm 的圆形的四个切点位置，爆破孔径为 10 mm，三组试验的控制孔直径分别为爆破孔的 2 倍、3 倍和 4 倍，即 20 mm、30 mm 和 40 mm。

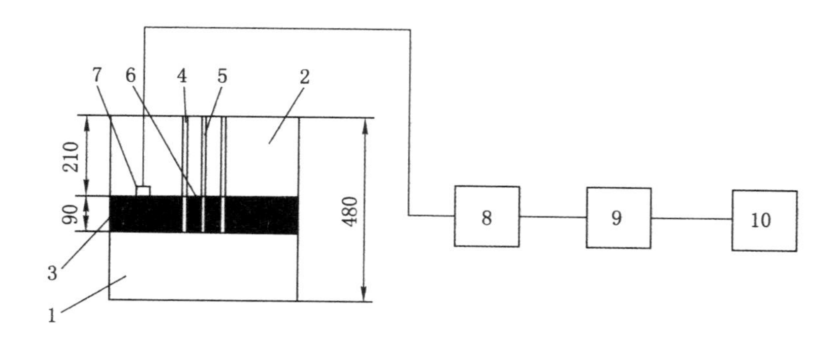


1—底板；2—顶板；3—煤层；4—抽采孔；5—封堵；6—装药；7—应变砖；
8—SDY2107A 型超动态应变仪；9—TST3406C 动态测试分析仪；10—计算机。

图 4-4　煤岩层界面上装药测试装置示意图

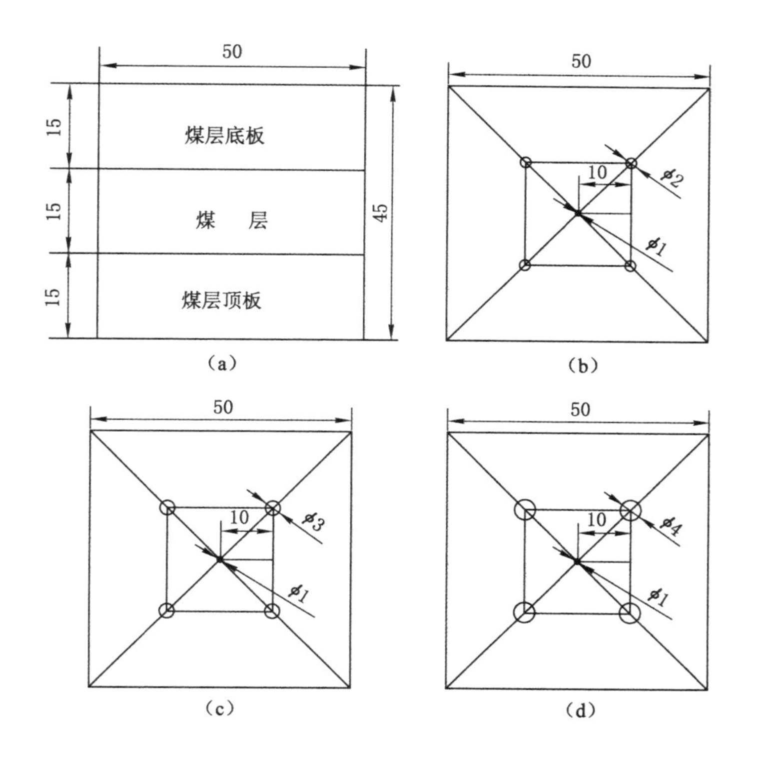


图 4-5　试验方案模型示意图主视图与俯视图(单位:cm)

试验采用导爆索和电雷管爆破，装药长度为 12 cm，其中导爆索长 10.5 cm，电雷管长 1.5 cm，用电雷管起爆，炮孔用直径 0.2 mm 左右的细黄砂与 502 胶水进行混合后堵塞。1#、2#、3# 和 4# 应变砖距离爆破孔的位置分别为 3 cm、5 cm、7 cm 和 13 cm，其中 1#、2#、3# 应变砖位于控制孔围成的正方形内部，4# 应变砖位于控制孔围成的正方形外部，如图 4-6 所示。

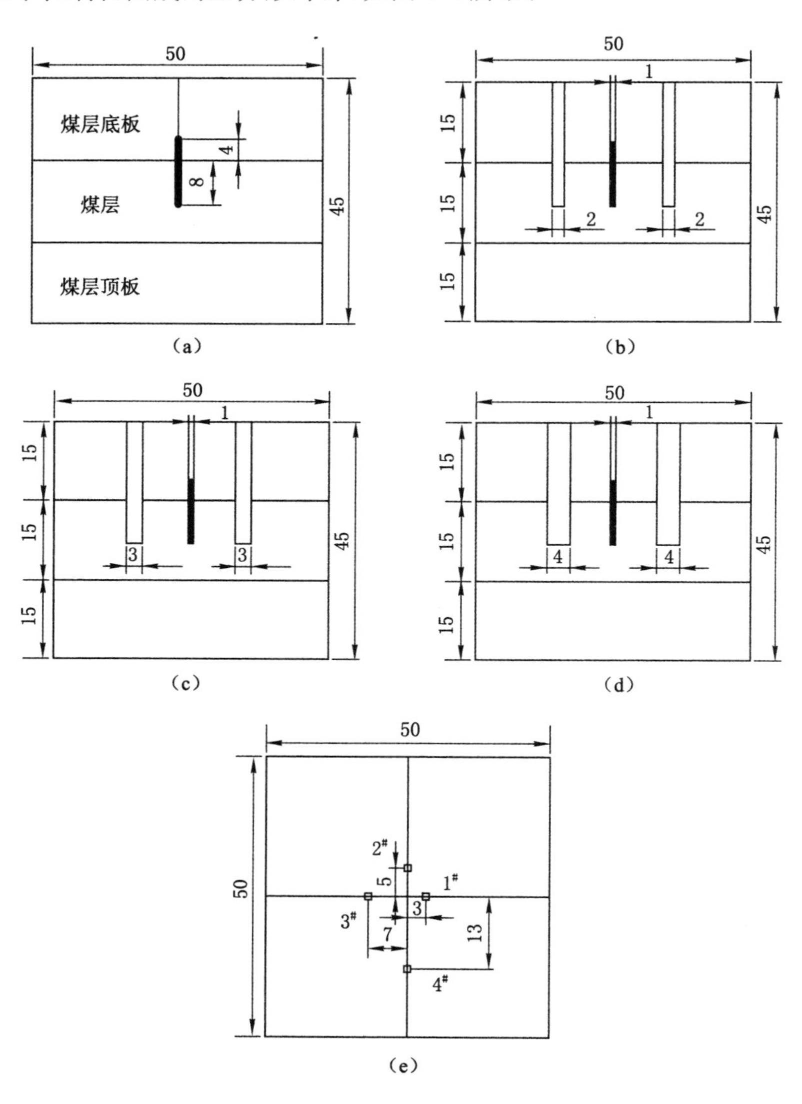


图 4-6 装药与应变砖位置图(单位:cm)

(3) 爆破模型制作

试块分为三层，下面层制作完毕后再进行上层的制作，层与层铺撒云母粉形生分层结构。水泥石块制作的原料配方应与应变砖的配方一致，保证应变砖的波阻抗与水泥砂浆模型试块的波阻抗是一致的。之所以制成砖，一方面易于保护应变计，方便粘贴应变片，另一方面便于在水泥砂浆中埋设。

按设计配比将各组分称量后放入 STWJ 混凝土卧式搅拌机进行搅拌 12 min 左右。将搅拌均匀的试块材料倒出，放入模具中，首先将模具中应变砖以下的部分填实材料，用震动棒震捣密实，切勿一次性将材料放入模具，这样会造成模具内应变砖位置发生变化。

应变砖以下的部分待震捣密实后，逐渐添加材料，继续震捣，直至加满。应变砖应与不同的装药中心处于同一水平面。应变砖中引线较多，必须合理布线，避免形成一束而出现空隙，影响应力波传递，造成应变砖受力不均。引线接头必须采取防潮措施，在端头涂抹凡士林，然后用三层塑料薄膜缠绕密实，用废弃雷管脚线捆扎牢固。爆破孔和抽采孔孔径均为 12 mm。孔内装药采用导爆索，用电雷管起爆。炮孔用石英砂与 502 胶水混合堵塞。试块实物图见图 4-7。药包结构图见图 4-8。

图 4-7　试块实物图

不同孔径孔洞试验试块采用直径分别为 10 mm、20 mm、30 mm 和 40 mm 的定制的实心圆柱木棍(图 4-9)制成。按照试验方案中提到的倒过来的层位关系进行分层铺设，最终模型的俯视图，分别为 2 倍、3 倍、4 倍爆破孔孔径的控制孔模型俯视图如图 4-10 所示，其中 2 倍和 3 倍爆破孔孔径的为完全干燥后的模型，4 倍爆破孔孔径的为刚铺设完毕时的模型。

为更好结合现场实践，本试验采用贯穿煤层的装药方式，运用动态应变仪测试大孔洞条件下爆炸应力波传播变化规律，借助电法仪获得的数据，对试块爆破前后电阻率变化进行监测，进而分析爆破前后煤层裂隙发育规律，从而推断爆破

图 4-8　药包结构图

图 4-9　定制的实心圆柱木棍

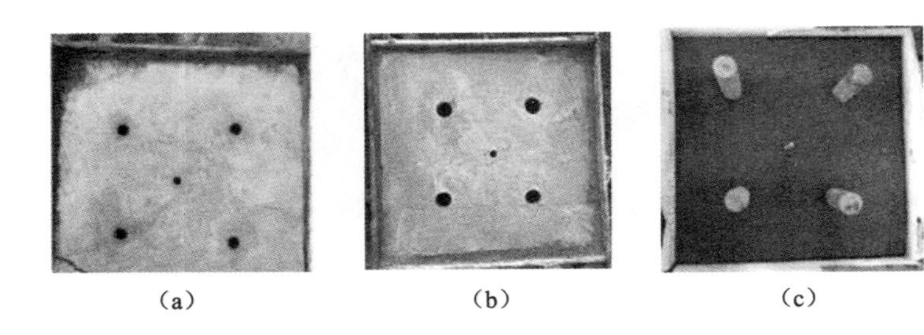

(a)　　(b)　　(c)

图 4-10　铺设模型俯视图

增透效果。采用试验：现场为 1∶30 的相似比，拟设现场煤层厚度为 3 m，爆破孔与控制孔孔距为 4.5 m，控制孔孔径为 1.5 m，进行试验设计。为装药方便，模块最下层为顶板、中间为煤层、上层为底板。

(1) 应变砖的制作与布置

因为应变砖是埋置于模拟试验的煤层中，非均质杂质的存在会影响应力波的正常传播，为了防止这一现象应变砖的材料配比应与模拟的 $M_2$ 煤层材料配比完全相同，即按照 3.5 ∶ 0.3 ∶ 1.0 ∶ 1.0 ∶ 0.83 的黄沙 ∶ 水泥 ∶ 石膏粉 ∶ 煤粉 ∶ 水比例来配制应变砖，假若应变砖的配比与煤层有较大差别，当应力波从煤层传播到应变砖表面时会发生反射，对动态应变仪采集到的应变数据造成误差。制作的应变砖尺寸为 2 cm×2 cm×1 cm，制作前要在模具上均匀涂一层润滑油，防止应变砖后期干燥后不能顺利脱落；制作时要少量多次加入配料，并不断用小棒按压，防止制作过程产生气泡；应变砖制作干燥养护 7 d 后，用柔软的卫生纸将其表面打磨光滑，因为应变砖表面不光滑可能导致应变片粘贴不牢，应变片与应变砖之间存在空隙也会对应变仪采集的数据造成一定影响；之后用 502 胶水将焊接在漆包线上的应变片粘贴于打磨面上，应变片型号为 BX120-3AA，待其固定后，在应变片、裸露的引线和脚线上轻涂一层环氧树脂，环氧树脂可起到防水绝缘的作用，以提高爆破过程中收集到的电压信号的准确性。待应变片干燥后用万用表对其通电性能进行测定，应变片电阻在(120±0.5) Ω 范围内便可正常使用。应变砖制作过程如图 4-11 所示。

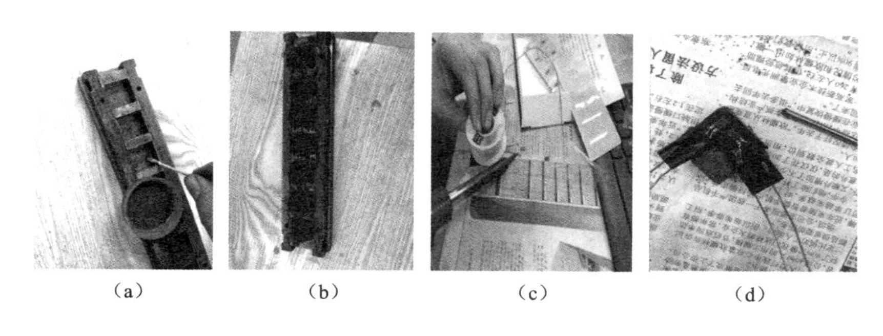

(a)　　(b)　　(c)　　(d)

图 4-11　应变砖制作过程

在制作使用应变片的过程中，分别在焊接应变片完成后、埋藏在煤层中、埋藏后以及爆破前测量应变片电阻，测量得到的电阻值在(120±0.5) Ω 范围内，可正常使用。

埋设应变砖时，要将应变砖边缘的缝隙小心填实。试验一共需要 4 个应变砖，4 个应变砖在同一水平面，距顶板 5 cm，但距爆破孔的位置不同，相对于爆破孔采用非对称的布置方式，其中 1# 应变砖距离爆破孔 5 cm，2# 应变砖距离爆破孔 9 cm，3# 应变砖距爆破孔 13 cm，4# 应变砖位于两爆破孔连线中间；其中 1#、2# 和 3# 应变砖主要研究爆炸应力波的衰减规律，4# 应变砖主要研究两个爆破孔同时爆破时的应力波叠加及反射。应变砖布置示意图如图 4-12所示。

(2) 爆破孔布置方式

因为试验现场在进行水力冲孔试验过程只在煤层中冲出孔洞，而没有在底

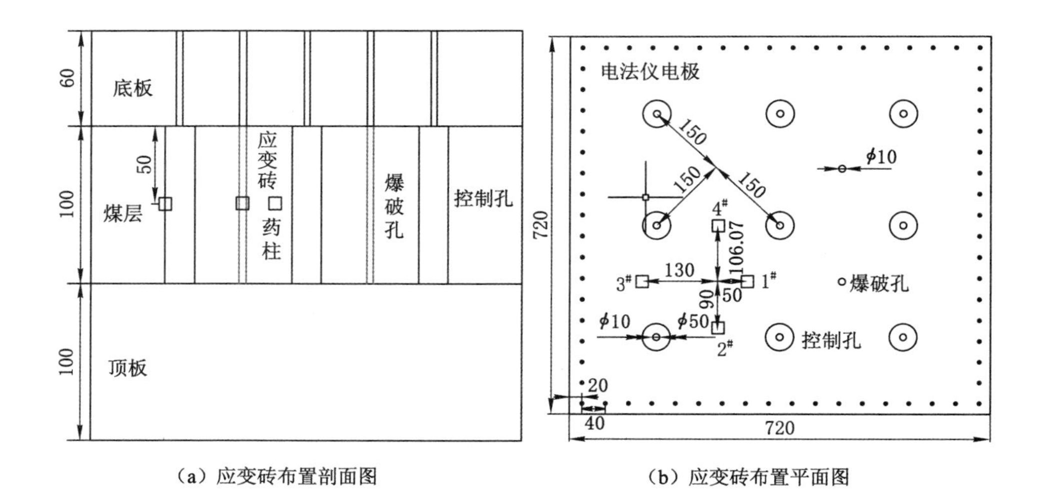


（a）应变砖布置剖面图　　（b）应变砖布置平面图

图 4-12　应变砖布置示意图

板中冲出孔洞，故实际上底板中的孔洞直径远小于煤层中的孔洞，故煤层中的控制孔直径设计为 5 cm，底板中控制孔直径设计为 1 cm，爆破孔在底板与煤层中的直径都为 1 cm，所有的爆破孔与控制孔都贯穿底板与煤层接触顶板；试验中爆破孔与控制孔中心距离为 15 cm，爆破孔位于四个控制孔连线的交叉点。爆破孔示意图如图 4-13 所示。

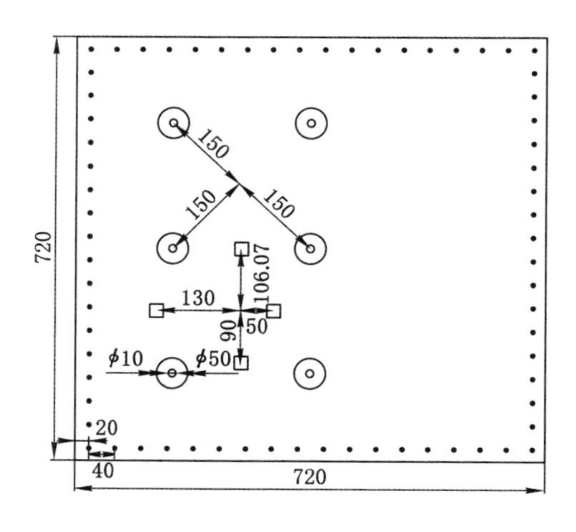


图 4-13　爆破孔示意图

#### 4.1.2.4 多孔爆破模块制作

试验中制作试块的水泥、石膏等原材料必须在保质期内，在配料前利用直径 5 mm 的筛子筛选河砂，因为河砂中的泥土和石子不仅会影响应力波的传播，影响裂隙发展，还会影响电法响应的测试结果；试验选用普通 325 水泥，在使用前确保水泥未受潮、未结块；粉煤制作时选用 20 目的标准筛，粒度为 830 μm。

根据前文的论述，试块制作的过程如下：

① 严格按照配比称量好配料，提前制作好应变砖、应变片，盖好煤层控制孔上方的盖子，准备好电法响应所需要的电极。

② 搭建箱体过程中，应保证箱体足够坚固，防止在爆破能量作用下，箱体发生明显变形，须将箱体螺丝上紧，然后在其内部纸板表面涂上清油，纸板边缘应紧紧卡住，防止裂隙出现，同时在纸板表面涂油可防止模块边缘出现空隙，使材料与模型充分耦合，达到边界相似的条件。

③ 将称好的配料依次倒入搅拌机中，待配料搅拌均匀后再加入相应配比质量的清水，加水过程应多次少量添加，尽量保证配料的均质性；加料前应按照试验方案在箱体内画好顶板高度、应变砖高度、煤层高度以及底板高度等刻度线，将搅拌好的材料按照试验方案铺设到箱体中。

④ 在填埋配料过程中时，一定要缓慢加入，按照多次少量的方式加料，防止模块内部出现空洞对试验结果造成影响。预埋应变砖时防止周边出现空隙，避免对应力波传播造成影响；按照试验设计在预定位置预埋直径 1 cm 的木棍和直径 5 cm 的塑料筒，在预埋时，在木棍与塑料筒表面涂一层清油，防止木棍、塑料筒与模块粘连。

⑤ 煤层铺设好 2 d 后，将电极按照试验方案钉在煤层的相应位置。

⑥ 铺设好煤层、顶板 2 d 后铺设底板，由于盖子较薄，操作时应小心以免将盖子压碎。

⑦ 模型制作好后干燥养护 21 d，待试块干燥后，将电极与电法仪相连，进行电法响应，将动态采集仪与模型中的传感器连接并调试好。

⑧ 将称量好的炸药放入爆破孔指定位置，并用环氧树脂封孔。

⑨ 调试好试验采集装置，采集爆炸应力波衰减数据和爆破后的电法响应数据，观察爆生裂隙。

模型铺设过程如图 4-14 所示。

#### 4.1.2.5 试验装药

采用雷管加 4 cm 的导爆索作为炸药，炸药的主要成分为黑索金。试验中爆破孔直径为 1 cm，药卷直径为 8 mm，采用不耦合装药，装药长度为 10 cm，装药质量为 1.0 g。黑索金炸药性能参数如表 4-4 所列[285]。

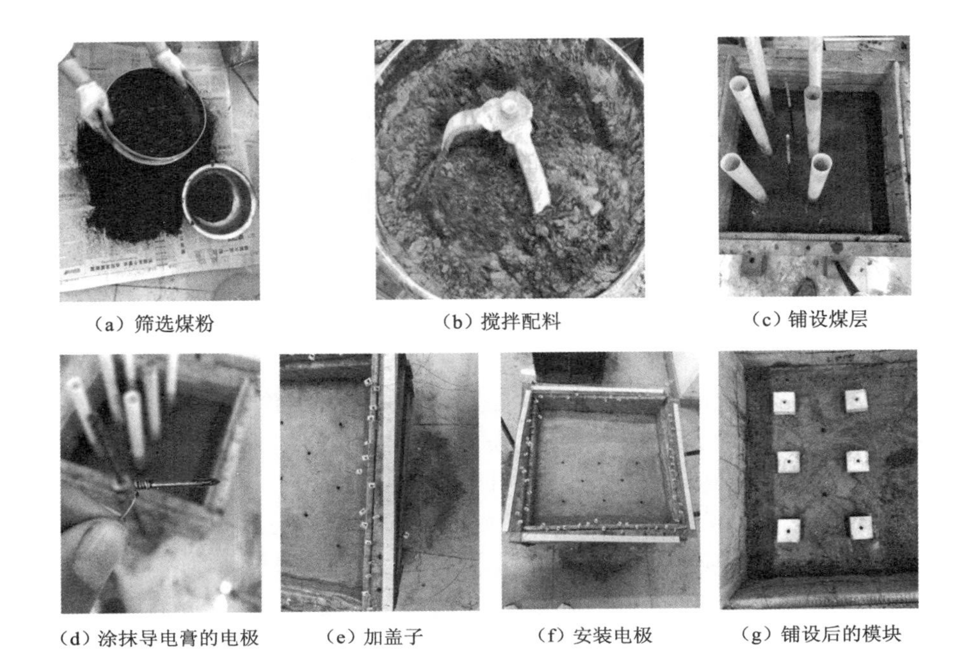

（a）筛选煤粉　（b）搅拌配料　（c）铺设煤层

（d）涂抹导电膏的电极　（e）加盖子　（f）安装电极　（g）铺设后的模块

图 4-14　铺设过程

**表 4-4　黑索金炸药性能参数**

| $P$/(t/m$^3$) | $D$/(km/s) | $A$/kPa | $B$/kPa | $\omega$ |
|---|---|---|---|---|
| 1.25 | 5.1 | 464 | 6.678 | 0.34 |

装好炸药后将混合好的环氧树脂倒入爆破孔，封孔长度为 6 cm，待环氧树脂凝固 2 h 后，将炸药的引线连接到发爆器上，相关试验人员需撤离至爆破箱体 10 m 以外。试验装药过程如图 4-15 所示。

(a)

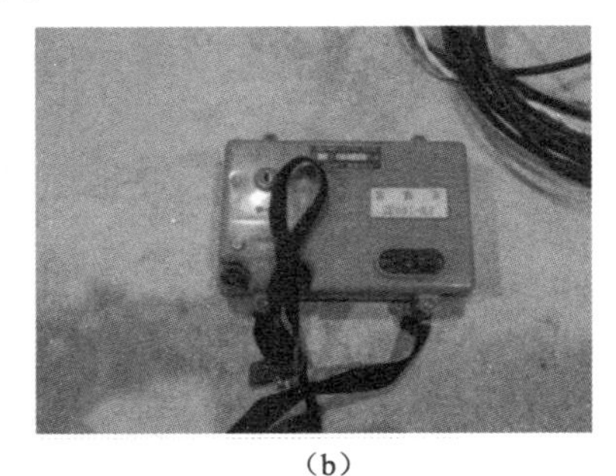

(b)

图 4-15　试验装药过程

# 4.2　底板爆破时煤体的致裂形态

对爆破后底板、煤层破坏情况及裂隙发育情况进行观测，观察分析煤岩体的损伤变形、裂隙分布规律；利用动态应变仪检测煤体的应力应变，分析应力波在煤层中的传播规律；尝试性地利用电法仪对爆破产生的裂隙进行观测。

## 4.2.1　煤层破坏规律分析

从模块侧面底板、煤层裂隙对比控制孔、爆破孔爆破前后形态变化，煤层爆生裂隙情况三个方面对煤层破坏规律进行分析。

4.2.1.1　底板、煤层裂隙对比分析

在观察煤层破坏规律前先从煤层侧面对爆破产生的裂隙进行分析，如图 4-16 所示。

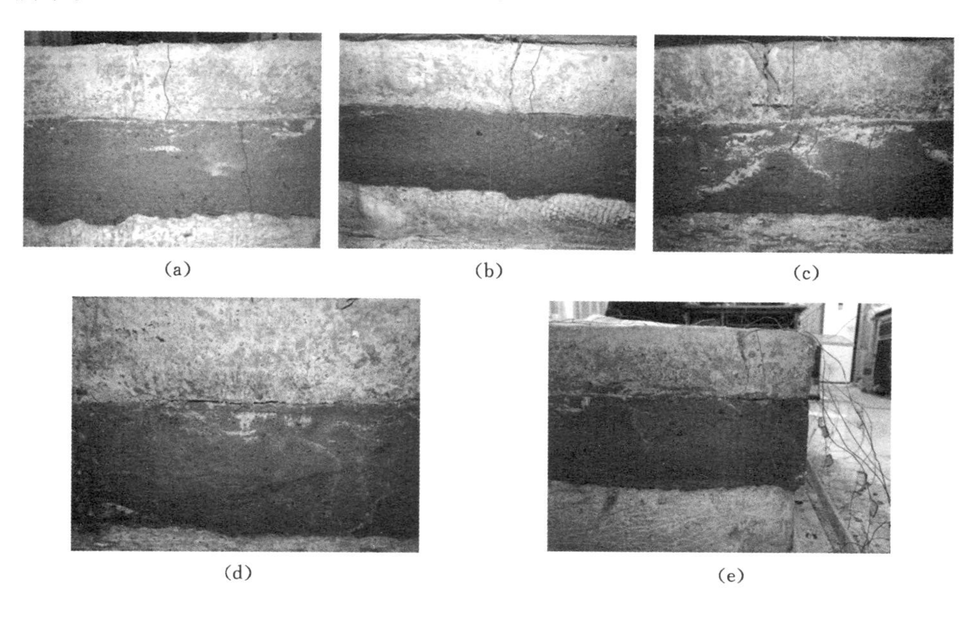

图 4-16　煤层侧面爆破裂隙形态

通过观察可以看出底板裂隙的发育方向与煤层中裂隙的发育方向相似，但并不重合。四组照片中，只有图 4-16(b)底板裂隙的发育方向与煤层裂隙的发育方向重合，图 4-16(d)底板裂隙发育方向与煤层裂隙发育方向接近，图 4-16(a)底板裂隙的发育方向与煤层裂隙的发育方向有较大的偏移，而图 4-16(c)底板裂隙的发育方向不仅与煤层裂隙发育方向有较大偏移，甚至数量上也不相同。因此，可以断定整个底板的裂隙发育与煤层裂隙发育是有联系的，但同时也是有明显区别的，无论是在裂隙数量上还是在发育方向上。造成这种现象的主要原因是因为煤层中的控制孔直径是底板控制孔直径的 5 倍，煤层中控制孔提供的自由面面积远远大于底板中控制孔自由面的面积，煤层中控制孔对裂隙发育起到的引导作用更明显[286]。

从图 4-16(e)可以看出，底板与煤层在爆破后发生了明显的分层，因为煤层与底板接触位置的抗拉强度小于煤层与底板，所以在爆破发生后，会有部分爆生气体与爆破能量作用于底板与煤层的交界面，致使底板与煤层发生分离。

通过观察还可发现，由于底板与煤层岩石物理性质的差异，即使是在煤层中装药进行爆破作业，在模块边缘处底板产生的裂隙宽度还是明显大于煤层产生的裂隙宽度，因为模块煤层是按照松软煤层力学参数进行配制，而松软煤体微空隙较多，爆生能量大量被微孔隙吸收，反向拉伸发生在微孔隙中，在宏观上没有明显的反向拉伸作用；而应力波在底板发生明显的反向拉伸作用，应力波产生的动载径向分力与动载拉向分力大于底板岩石的动载抗拉强度，致使底板岩石产生更宽的裂隙[287]。

#### 4.2.1.2　爆破孔、控制孔形态分析

为了方便分析不同爆破孔与控制孔爆破后裂隙发育情况与孔洞变形情况，将不同的控制孔和爆破孔进行编号处理，6 个爆破孔自下至上为 1# ～6# 控制孔，而上方爆破孔记为 1 号爆破孔，下方爆破孔记为 2 号爆破孔，编号情况如图 4-17所示。

图 4-17　爆破后煤层裂隙发育情况

从图 4-17 可以发现 1 号爆破孔与 2 号爆破孔爆破后的孔洞形态有明显差别，1 号爆破孔空腔扩大了 10 倍以上，呈不规则十字形，孔洞周围裂隙较少；而 2 号爆破孔孔洞体积形状上变化较小，孔洞周围裂隙较多，大体呈一字形。

从图 4-18 可以看出，2 号爆破孔爆破后大体呈一字形，爆破孔中心周围区域破坏严重，一字形长边长度达到 6 cm，是爆破前的 6 倍。因为 2 号爆破孔位于模块的左下半边，2 号爆破孔左侧煤体质量少于右侧煤体，2 号爆破孔下方煤体质量少于上方煤体，在爆炸能量传播均匀的情况下，作用于左下方单位质量煤体的能量要大于右上方单位质量的煤体，所以爆破后左下方煤体发生的位移要大于右上方煤体。综上分析，在 2 号爆破孔的炸药爆炸后，$1^{\#}$ 控制孔变形最严重，$3^{\#}$ 控制孔变形最小。

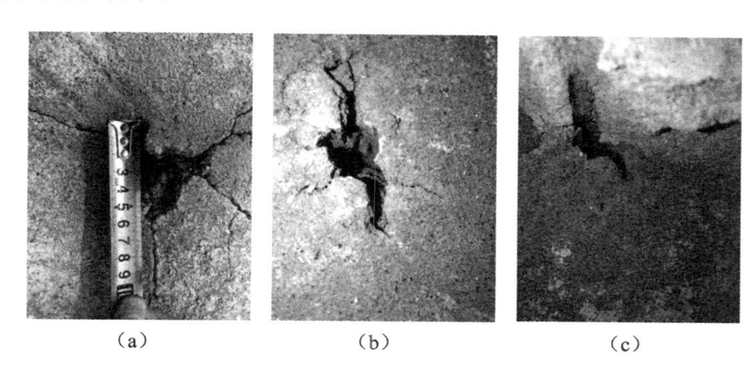

(a)　　(b)　　(c)

图 4-18　2 号爆破孔爆破后形态

从图 4-19 可以看出，爆破后 1 号爆破孔的空腔在爆生气体的作用下发生了巨大的扩张，爆破后的空腔呈不规则十字形，十字形空腔的长边长度达到 12 cm，短边达到 10 cm。结合 1 号爆破孔周围的 $3^{\#}$、$4^{\#}$、$5^{\#}$、$6^{\#}$ 控制孔可以发现，$6^{\#}$ 控制孔的变形最明显，$4^{\#}$、$5^{\#}$ 控制孔的变形次之，$3^{\#}$ 控制孔的变形程度最小。这是因为 1 号爆破孔位于模块的左上半边，1 号爆破孔左侧煤体质量少于右侧煤体，1 号爆破孔上方煤体质量少于下方煤体，在爆炸能量传播均匀的情况下，作用于左上方单位质量煤体的能量要大于右下方单位质量的煤体，综上分析，爆破后左上方煤体发生的位移要大于右下方煤体。综上分析，1 号爆破孔的炸药爆炸后，$6^{\#}$ 控制孔变形最严重，$3^{\#}$ 控制孔变形最小。

控制孔的存在能够提供煤体爆破产生压碎区和裂隙区所需的空间，当爆炸应力波与高温高压的爆生气体作用于爆破孔周围孔壁的煤体上，煤体在高密度能量的作用下被粉碎，并朝控制孔方向发生压缩位移[288]。在爆炸能量传递到爆破孔孔壁煤体瞬间，在控制孔与爆破孔连线上的煤体最先发生压缩位移，紧接

(a)

(b)

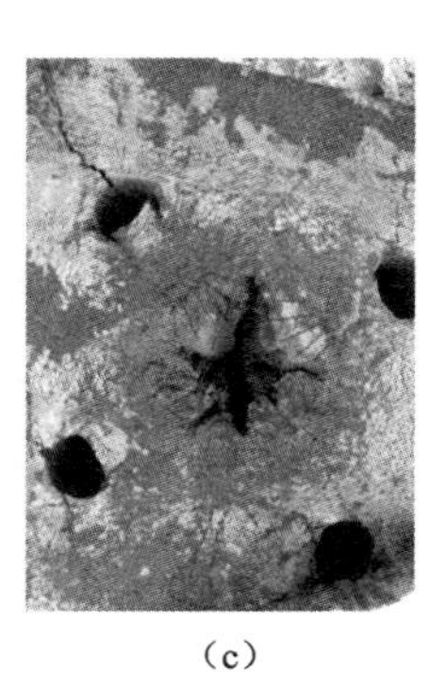

(c)

图 4-19　1 号爆破孔爆破后形态

着不在这一连线上的煤体也会被压缩向邻近的控制孔。随着煤体被压缩向邻近的控制孔，煤体的动载抗拉强度小于应力波产生的动载径向分力，在两控制孔中心处便产生裂隙，紧接着爆生气体贯入这些裂隙中，在裂隙尖端形成应力集中，促进了裂隙的扩展。受控制孔的导向作用及应力波与爆生气体共同作用，1 号爆破孔爆破后空腔呈十字形。

从图 4-19 还可以看出，向 6# 控制孔移动的煤体发生断裂，且越靠近 6# 控制孔，煤体移动距离越大。虽然应力波在 1 号爆破孔与 6# 控制孔，连线上传播时能量逐渐衰减，但距离控制孔较近煤体因距离自由面较近，其抗拉强度较小。所以当应力波传到 1 号爆破孔与 6# 控制孔连线的孔壁上时，虽然应力波携带能量更多，但由于距自由面较远，所以产生的位移较小，煤体受压缩明显。当携带较少能量的应力波传递到 6# 控制孔附近煤体时，由于距离自由面较近，煤体发生断裂所要消耗的能量较少，位移较大。同理可以解释 1# 控制孔孔壁煤体移动大于 2 号爆破孔孔壁煤体。

#### 4.2.1.3　煤层爆生裂隙分析

从图 4-20 煤层爆生裂隙分布图可以看出，在煤层中产生的裂隙贯穿了整个煤层，说明爆破产生的裂隙为有效裂隙，控制孔对裂隙有明显的导向作用，裂隙大多从爆破孔贯穿至控制孔，并从控制孔沿爆破孔与控制孔的连线继续延伸，而其他区域裂隙较少，所以在井下爆破增透现场，应该将控制孔与爆破孔接入到抽采管路，因为控制孔与爆破孔有更丰富的裂隙，这些裂隙可有效提高煤层透气性。

### 4.2.2　底板破坏规律分析

爆炸发生的瞬间，炸药释放的小部分能量以应力波与高温高压爆生气体传

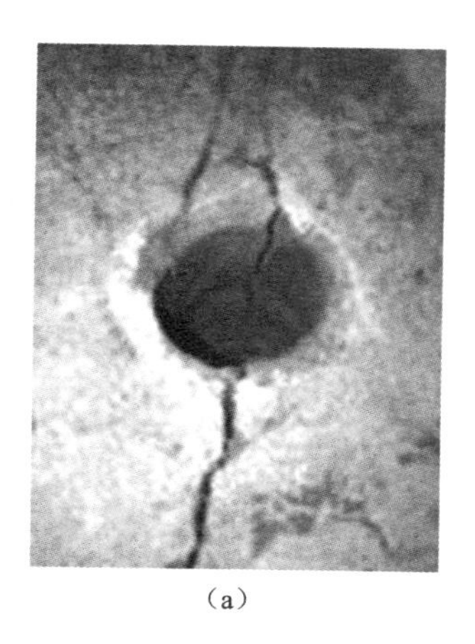
(a)

(b)

图 4-20　煤层爆生裂隙

递到底板岩石中，虽然药卷完全装在煤层中，传递到底板的能量要远远小于传递到煤层中的能量，但因为相较于松软煤层，应力波在底板中的反向拉伸作用更明显，所以爆破后，底板中也出现了丰富的裂隙。

为了方便观察爆破后底板岩石的裂隙分布规律，将底板中裂隙用粉笔标出，如图 4-21 所示。

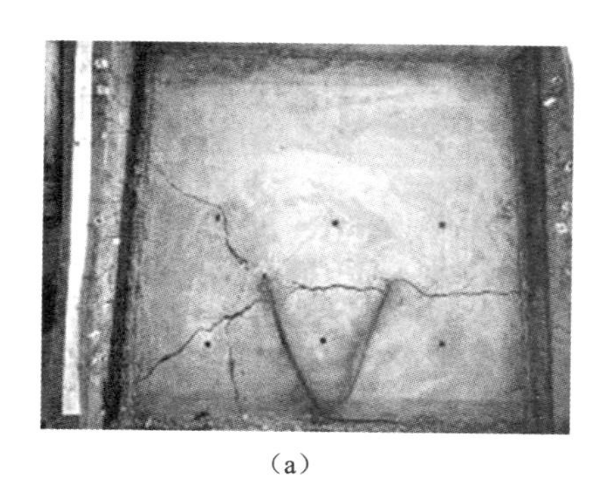
(a)

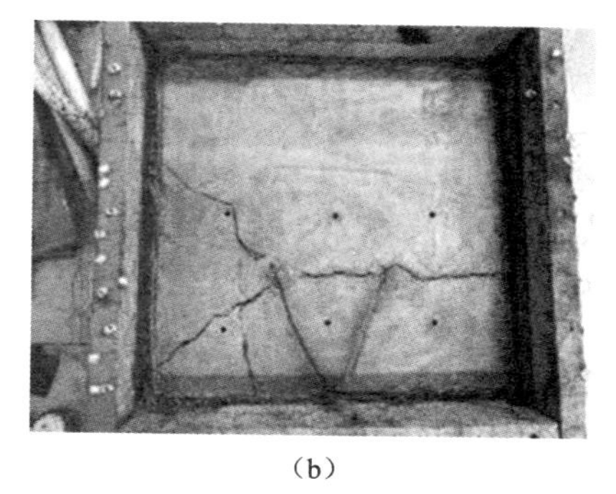
(b)

图 4-21　底板裂隙

从图 4-21 可以看出，在应力波与爆生气体的作用下，底板上出现了丰富的裂隙。从数量上来看，宽度在 2 mm 以下但肉眼可清晰看到的裂隙最多，宽度大于 2 mm 的裂隙次之，肉眼难以观察但因爆破产生的裂隙最少，因为第一种裂隙数量多，分布范围广，第二种裂隙宽度大，延伸长度长，所以对宽度在 2 mm 以下但肉眼可清晰看到的和宽度大于 2 mm 的裂隙分布规律进行研究，对井下瓦斯抽采具有重要意义。

从图 4-21 可以发现,在两个爆破孔周围共产生 9 条明显的径向裂隙,其中有两条宽度大于 2 mm 的裂隙和三条宽度在 2 mm 以下但肉眼可清晰看到的裂隙受控制孔导向作用明显,裂隙延伸方向从爆破孔延伸至控制孔;还有两条裂隙延伸方向与用于引出导线的凹槽重合,这是因为凹槽处岩层更薄,动载抗拉强度更低,在受力相同的情况下,凹槽处会先发生破坏。

从图 4-22 可以看出,在 1 号爆破孔周围产生了大量的环形切向裂隙,同时 1 号爆破孔中心有明显的凸起现象,爆破孔中心位置相较于模块边缘有 1.5 cm 凸起,这是爆炸产生的应力波与爆生气体作用于上层底板的结果。在距爆破孔较远位置的底板岩石受到的竖直向上的应力波作用较小,而爆破孔周围的底板岩石受爆炸产生的竖直向上的应力波与高温高压的爆生气体的作用明显,导致在爆破孔周围产生大量环形切向裂隙。同时,由于松软煤体微孔隙较多,1 号爆破孔周围的煤体发生压缩变形,产生爆破空腔,但没有产生环形切向裂隙。

(a)

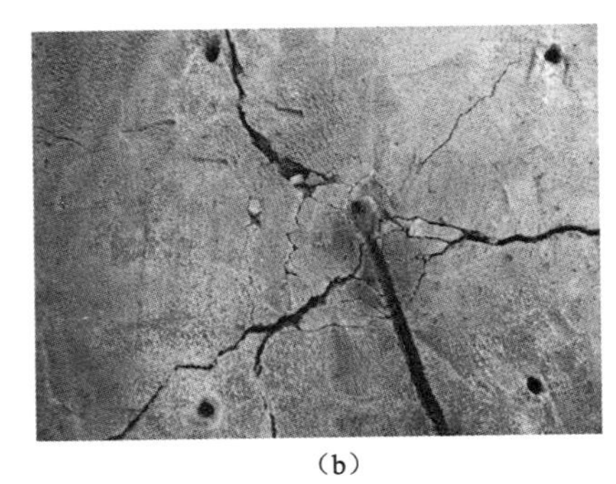

(b)

图 4-22 1 号爆破孔形态

### 4.2.3 应变测试分析

在应力数据采集过程中,由于受到信号干扰、环境因素、测试技术和应变片等因素的影响,可能导致收集到无效波形。试验中共对 4 个应变砖、8 个应变片进行爆破测定,其中收集到应变波形图共 3 个。在爆破试验过程中,动态应变仪采集到应变片的信号为电压信号,可表示为:

$$\Delta U = K\frac{U}{4}(\varepsilon \cdot K') \tag{4-6}$$

式中 $K$——电阻应变片灵敏度系数;

$U$——桥压;

ε——应变；

$K'$——增益倍数。

经过公式推算可得爆破的应变为：

$$\varepsilon = \frac{4\Delta U}{K'KU} \tag{4-7}$$

电阻应变片的灵敏度系数、桥压与增益倍数在应力采集过程中都是固定值，只需将动态应变仪采集到的电压信号代入，即可得到煤体应力变化规律。将计算得到的应变数据制作成应变-时间变化折线图，如图 4-23 所示。

1# 径向电阻应变片位于距 2 号爆破孔 5 cm 处的 1# 应变砖上，3# 径向电阻应变片位于距 2 号爆破孔 13 cm 处的 3# 应变砖上，4# 径向电阻应变片位于 1 号爆破孔与 2 号爆破孔中心连线的 4# 应变砖上。爆炸应力波作用于爆破试块后，可以产生压缩波和卸载波，在并且压缩波过后会立即在其反方向形成卸载波，爆破试块的裂纹扩展受压缩波与卸载波共同作用[289]。从应变-时间曲线可以看到，应变片反复受到拉伸、压缩作用，而这种重复的拉伸、压缩作用可以加剧煤体的破坏效果，有利于裂隙的扩展、延伸，同时可以实现煤层局部卸压。

从图 4-23 可以看出，在受到爆炸应力波的作用后，煤体产生了最大超过 2 cm 的应变，因为 1# 径向电阻应变片距爆破孔最近，应力波最先传播到 1# 径向电阻应变片，也最早在 1# 径向电阻应变片衰减，所以 1# 径向电阻应变片测得的应变峰值最早出现，其应变曲线也最早趋于平静，其次是 4# 径向电阻应变片，最后是 3# 径向电阻应变片。1# 径向电阻应变片在出现应变高峰后，又出现 6 次拉伸应力波，3# 径向电阻应变片在出现应变高峰后检测到 6 次拉伸应力波，4# 径向电阻应变片在出现应变高峰后检测到 7 次拉伸应力波，可以看出，在煤体不同位置，应力波的拉伸次数大体相同。

从应变-时间曲线图还可以发现，距爆破孔最近的 1# 径向电阻应变片受到的应力波反复拉伸作用最为明显，在出现拉伸峰值后紧接着出现压缩峰值，距离爆破孔最远的 3# 径向电阻应变片受到的反复拉伸作用最不明显，在出现拉伸峰值后，便短暂恢复到常态，没有压缩变形。由此可以得出结论，距离爆破孔越近的煤体，受到的应力波的反复拉伸作用越明显，煤体受到的破坏程度越严重，这也符合由爆破孔向外依次产生爆破粉碎区、裂隙区、震动区这一试验现象。

### 4.2.4 电法响应分析

由于试验模块较小，且孔洞较多，电极产生的磁场受箱体及控制孔影响较大，会对采集结果产生一定影响，通过多次采集数据并将采集的数据进行拼接可减小试验误差。在试验中，对模块相邻两边、对边、四条边进行多次测量，将测量

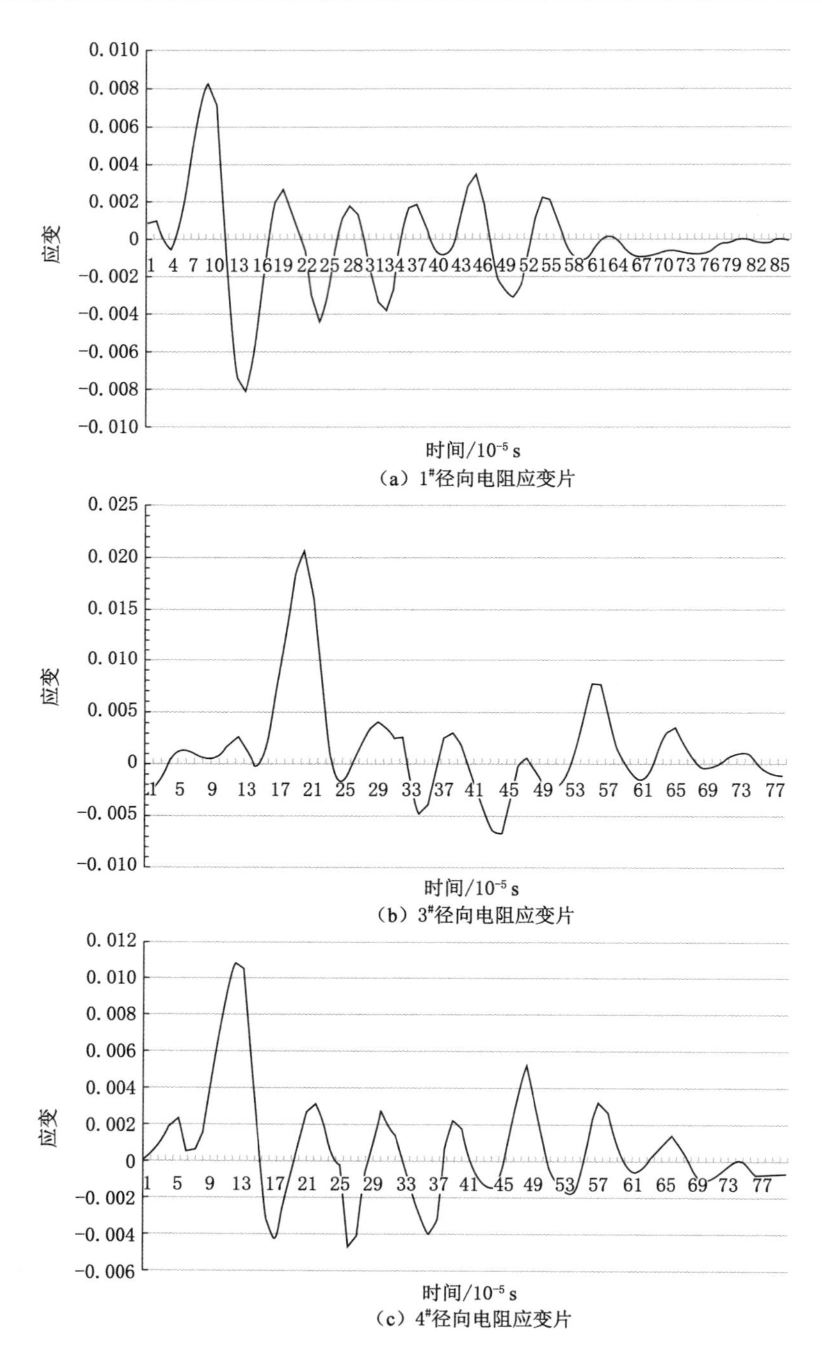


（a）1#径向电阻应变片

（b）3#径向电阻应变片

（c）4#径向电阻应变片

图 4-23　应变-时间变化折线图

数据进行拼接，最终得出模块的电阻率反演图。

对爆破前与爆破后获得的电法响应数据进行处理，将电阻率数据反演成图，分别得到爆破前后 2 cm 煤层深处与 6 cm 煤层深处电阻图，然后将爆破前后 2 cm煤层深处与 6 cm 煤层深处的电阻值相减，得到爆破前后 2 cm 煤层深处与 6 cm 煤层深处电阻值，得到的图像如图 4-24 和图 4-25 所示。

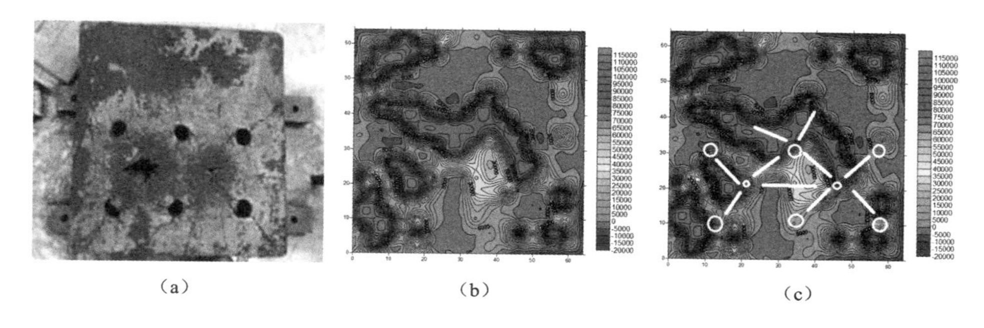

(a) (b) (c)

图 4-24　2 cm 煤层深处爆破前后电阻

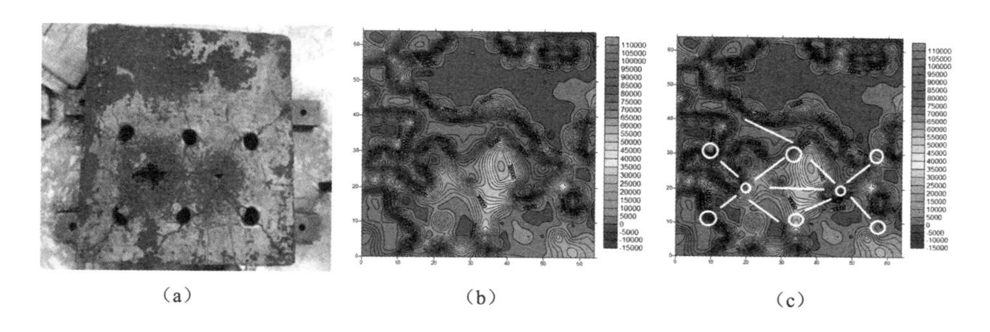

(a) (b) (c)

图 4-25　6 cm 煤层深处爆破前后电阻

将 2 cm 煤层深处爆破后的电阻值减爆破前的电阻值可以看出，爆破后煤体电阻值相较于爆破前有明显的升高，大部分区域电阻值上升了几万欧姆甚至十万欧姆。这是因为爆破后煤体产生了大量的裂隙，裂隙的产生导致煤体不连续，而空气的电阻率要明显高于煤体，当发电电极放电时，位于裂隙另一侧的感应电极感应到的电压明显小于位于发电电极同侧的感应电极[290]。从图 4-24 上可以看出，爆破后电阻值上升较快的位置，与煤体裂隙位置存在明显联系，将爆破孔与抽采孔位置、主要爆生裂隙画到电阻上，可以发现，在控制孔与爆破孔的连线上，电阻值上升明显，而这一位置正是主要裂隙爆生位置；同时还可以看出，虽然控制孔在爆破后发生了变形，但中心大块区域还是空洞，爆破前后变化不大，而电阻差值图也反映出控制孔爆破前后电阻变化较小。

将 6 cm 煤层深处爆破后的电阻值减爆破前的电阻值可以看出，6 cm 煤层深处爆破前后电阻差值与 2 cm 煤层深处爆破前后电阻差值差别不大，这说明在煤层表面爆生的裂隙贯穿到了煤层底部。在爆破孔与控制孔连线位置，裂隙较丰富区域电阻值上升明显。还可以看出，在没有爆破的模块上部，煤体电阻值变化很小，这说明在没有实施爆破的模块上部煤层没有产生明显裂隙。

综上可得，通过电法仪对爆破前后的煤层进行电阻率反演，并对爆破前后的电阻数据相减，可以直观地对整个煤层的电阻变化情况进行观察，通过分析煤层电阻的变化，推测出煤层爆生裂隙情况，这是一种观察爆生裂隙的新方法。但从图 4-24 和图 4-25 可以看出，电阻与爆生裂隙还存在一定偏差，这对试验箱体、模块大小、电极材质、试验操作等都有关系，试验中许多细节还有待提高。

## 4.3 孔径对爆破效果的影响规律

为研究孔洞作用下松软煤层的爆破疏松特征，开展了含孔洞试块的模拟试验。试块分为三层，爆破孔和抽采孔孔径均为 12 mm。孔洞用石英砂与 502 胶水棍合堵塞。孔洞用直径分别为 10 mm、20 mm、30 mm 和 40 mm 定制的实心圆柱木棍制成。按照试验方案中提到的倒过来的层位关系进行分层铺设，得到 2 倍、3 倍、4 倍爆破孔孔径的控制孔模型俯视图如图 4-26 所示，其中 2 倍和 3 倍爆破孔孔径为完全干燥后的模型，4 倍爆破孔孔径为刚铺设完毕时的模型。

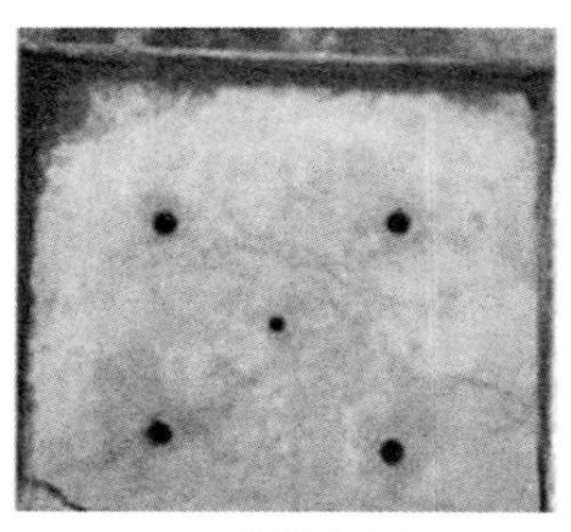
(a) 2倍爆破孔径

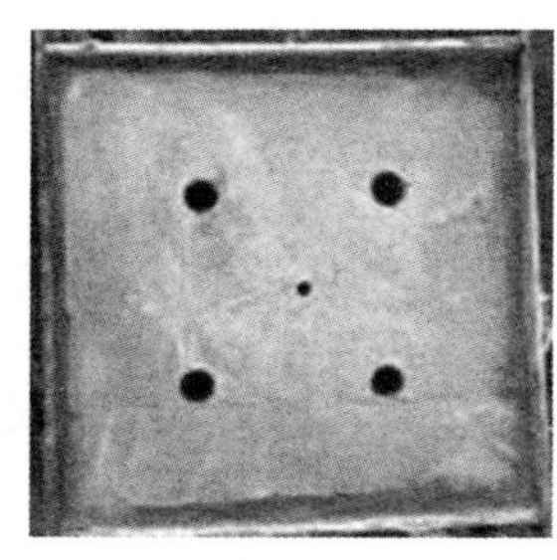
(b) 3倍爆破孔径

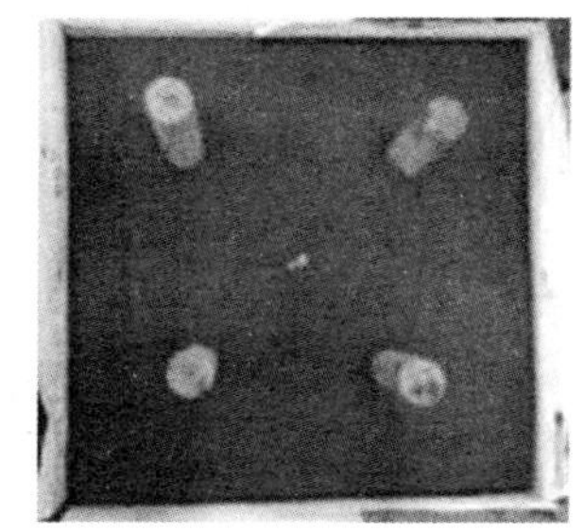
(c) 4倍爆破孔径

图 4-26　铺设模型俯视图

爆破采用导爆索(图 4-27)，用电雷管起爆，装药长度共 12 cm，其中导爆索 10.5 cm，电雷管 1.5 cm，煤层中装药 8 cm，底板中装药 4 cm。

爆破后观察分析模型的裂隙分布，主要从底板、煤层、顶板三个维度分析，进一步从各维度的表面裂隙、孔径变化、剖面分析、煤岩体位移四个细观角度进行

（a）导爆索

（b）模型

图 4-27　含不同孔径的孔洞爆破试验模型

更细致的描述分析，希望通过分析比较得出相关结论。

### 4.3.1　控制孔直径为 2 倍爆破孔径试验结果分析

试验结果可从底板表面裂隙、底板爆破孔孔径变化、底板控制孔孔径变化、底板剖面、煤层爆破孔孔径变化、煤层控制孔孔径变化及煤层位移等方面进行分析。

#### 4.3.1.1　底板表面裂隙

在煤岩交界处装药爆破产生的能量使底板产生了非常丰富的裂隙，从图 4-28(a)底板的裂隙分布可以看出控制孔对裂隙发育起到了很好的导向作用。但是，一个特别明显的特点为裂隙不是沿着爆破孔和控制孔连接线直接贯通，而是发生了偏转，主要沿着控制孔的左右切线方向扩展。裂隙扩展到边界时，偏转裂隙产生了约 8 cm 的偏移，如图 4-28(b)所示。

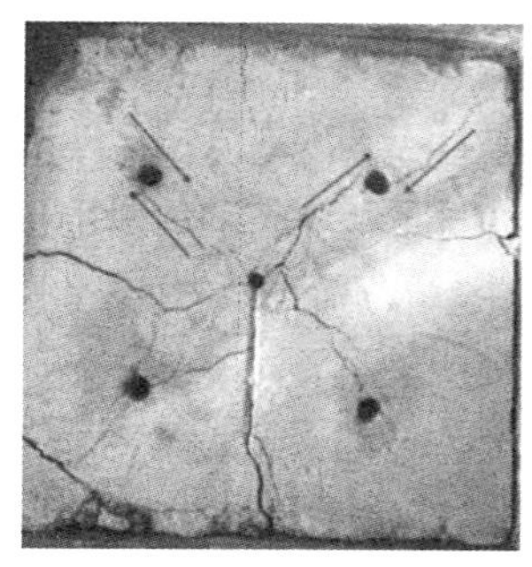
（a）表面宏观裂隙

（b）裂隙偏转距离

图 4-28　爆破后底板表面裂隙

#### 4.3.1.2 底板爆破孔孔径变化

根据底板爆破孔的放大细节图(图 4-29),可以看出底板上的爆破孔发生了明显的扩孔,并且沿着孔的边缘产生了很多宏观裂隙和微裂隙,经过仔细的测量,发现底板的表面孔径为 1.5 cm,为原来的 150%。

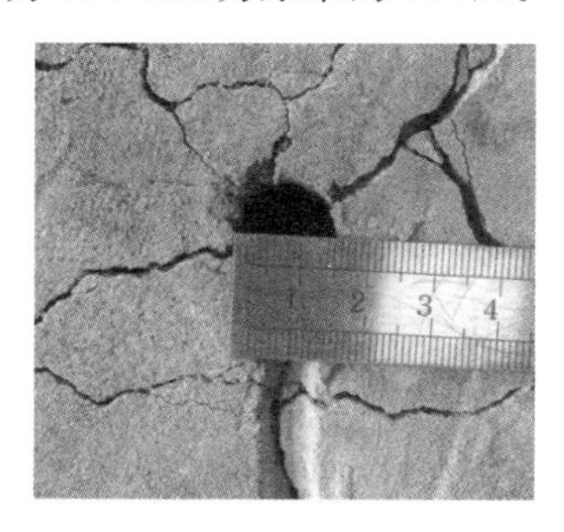

图 4-29 爆破后底板爆破孔

#### 4.3.1.3 底板控制孔孔径变化

通过对底板上的控制孔孔径进行测量之后,发现沿着爆破孔与控制孔连线方向上控制孔孔径约为 2 cm,较之前没有发生明显变化,垂直于连线方向的孔径约为 2.5 cm,为原来的 125%,如图 4-30 所示,图中直线为爆破孔与控制孔连线。

(a) 垂直连线的控制孔孔径

(b) 平行连线的控制孔孔径

图 4-30 爆破后底板控制孔

#### 4.3.1.4 底板剖面

为了对底板的剖面进行更好地描述,将底板剖开进行分析,发现底板裂隙从上到下完全垂直贯通,底板岩石没有粉碎状态,底板中的控制孔孔形保持完好,底板中受爆破扰动的部分爆破孔呈圆柱状,上下孔径较为均匀,直径约为 3 cm,为原来的 300%,损伤较为明显,如图 4-31 所示。

图 4-31　爆破后底板剖面图

底板在爆破能量和控制孔作用下产生的裂隙发育较好，以爆破孔为中心裂隙呈发散状发育，尚未有较好的指标观察底板岩石的位移。剖开底板后，用毛刷清除煤层上表面粉碎的煤岩体后，发现裂隙主要集中在爆破孔和控制孔周围，较底板而言裂隙的发育没有那么丰富，也没有与控制孔贯通连接。

4.3.1.5　煤层爆破孔孔径变化

与顶板相比较，最明显的区别就是煤层在爆破能量的作用下形成了爆破空腔，爆破孔的表面孔径高达 6 cm，为原来的 600%，比底板变化大得多，如图 4-32 所示。

图 4-32　爆破后煤层表面裂隙图

4.3.1.6　煤层控制孔孔径变化

通过对煤层控制孔孔径进行测量，发现沿爆破孔和控制孔连线方向的孔径约为 2 cm，基本没有发生明显变形，垂直于连线方向的孔径约为 2.5 cm，为原来的 125%，和底板中的控制孔孔径的变化规律相似。

对煤层剖面进行分析：从图 4-33(a)中可以看出煤层中爆破空腔最大孔径达

到了 9 cm，为原来的 900%，粉碎区域明显，结合上文的表面孔径 6 cm，可以看出空腔为类似“0”的上下狭窄、中间宽大的形状。从图 4-33(b)中可以看出煤层中的控制孔发生了明显的变形、垮孔现象。从图 4-33(c)中线条圈出来的区域可以看出装药以下的煤层完好，没有产生破坏。从图 4-33(d)中可以看出煤层表面的一些裂隙发育的并不完善，没有贯穿到下部分。综合分析得出，爆破空腔范围内的煤体发生粉碎，控制孔周围煤体发生了变形移动，其他部位的煤体基本没有松动现象。

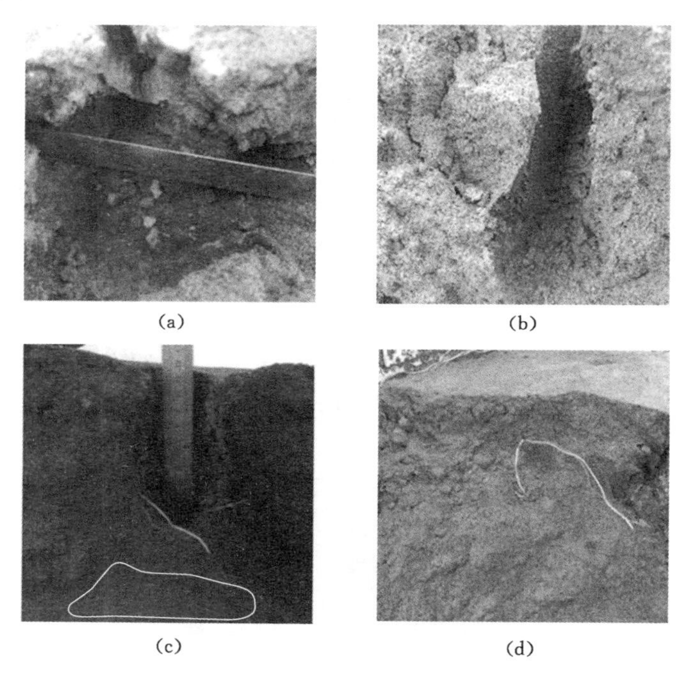


图 4-33　爆破后煤层剖面图

4.3.1.7　煤层位移

受爆破作用后，煤体内部的裂隙并不发达，形成了较大的爆破空腔，清理过程中空腔内只有少量的破碎煤体，然而空腔体积较大，可以理解为煤体产生了一定的挤压变形移动和压实，补偿了爆破后空腔的体积。

综上所述，在煤岩交界处装药爆破产生的能量使底板产生了丰富的裂隙，控制孔对裂隙发育起到了很好的导向作用，底板中形成了更加丰富的裂隙，贯穿整个底板并且控制孔形保持完好，煤层中裂隙较少，煤体中的控制孔周围煤体松散，出现垮孔现象，顶板没有产生裂纹；经过爆破作用后，煤体中形成了约为底板中2倍大小的爆破空腔，底板中空腔形状较为稳定，煤体中爆破孔爆破后形成了类似“0”的上下狭窄、中间宽大形状的爆破空腔，空腔内只有少量的破碎煤体，可以理解为煤体产生了一定的挤压变形移动和压实，补偿了爆破后空腔的较大体积。

### 4.3.2 控制孔直径为3倍爆破孔孔径试验结果分析

试验结果从底板表面裂隙、底板爆破孔孔径变化、底板控制孔孔径变化、底板剖面、底板位移、煤层控制孔孔径变化、煤层剖面、煤层位移及顶板裂隙等方面进行分析。

#### 4.3.2.1 底板表面裂隙

从底板裂隙的分布可以看出，在煤岩交界处装药爆破产生的能量使底板产生了8条均匀分布的主裂隙，不同于2倍孔径试验的是，有4条主裂纹裂隙是沿着爆破孔和控制孔连接线直接贯通控制孔，控制孔对裂隙发育起到导向作用非常明显，随着控制孔孔径的增大，控制孔周围的应力集中更为明显，爆破后，裂隙首先沿着爆破孔与控制孔连线贯通。控制孔之间也由于应力集中作用而产生了仅次于爆破孔、控制孔连线裂隙而大于其他方向宽度的裂纹。如图4-34所示，连线上的裂隙扩展到边界时产生了6 cm左右的偏转。

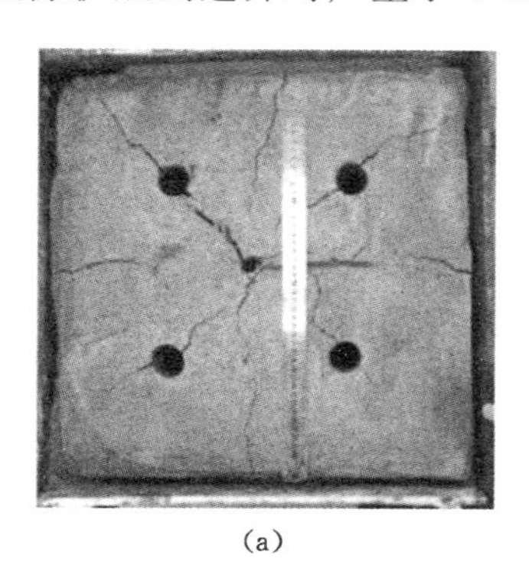
(a)

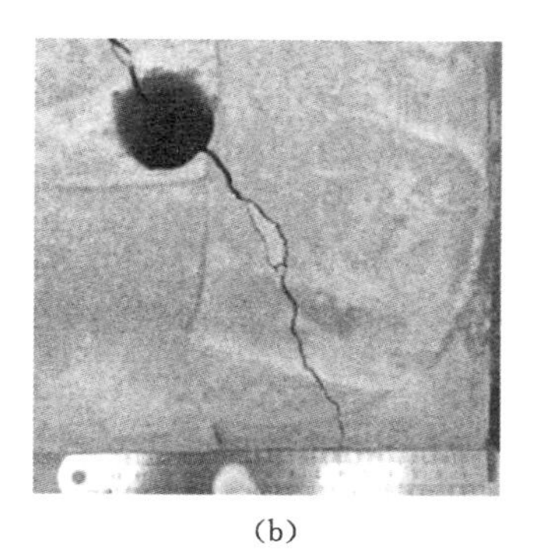
(b)

图4-34 爆破后底板表面裂隙图

#### 4.3.2.2 底板爆破孔孔径变化

底板上的爆破孔发生了非常明显的扩孔现象，并沿爆破孔边缘向外产生了很多裂隙，经过对孔径的测量，发现表面孔径为1.7 cm，为原来的170%，较2倍爆破孔孔径试验变化不大，如图4-35所示。

#### 4.3.2.3 底板控制孔孔径变化

通过对底板控制孔孔径进行测量，发现底板控制孔的孔径沿着爆破孔与控

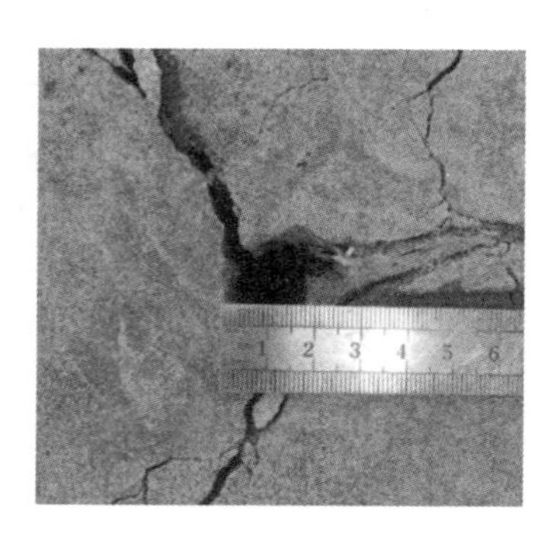

图 4-35　爆破后底板爆破孔

制孔连线方向孔径约为 4 cm，垂直于连线方向的孔径也为 4 cm 左右，均为原来的 133%，如图 4-36 所示。

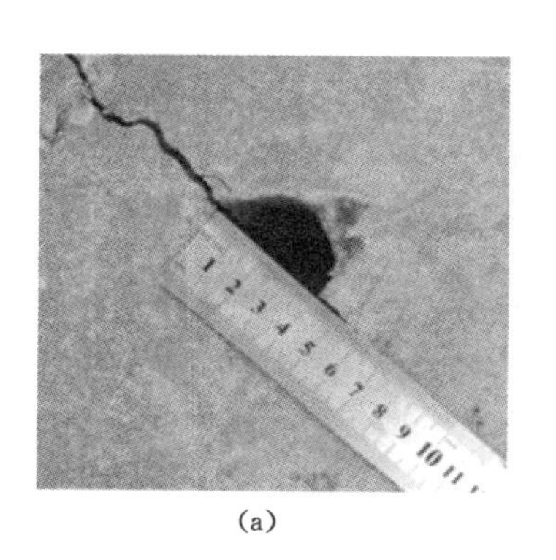

(a)

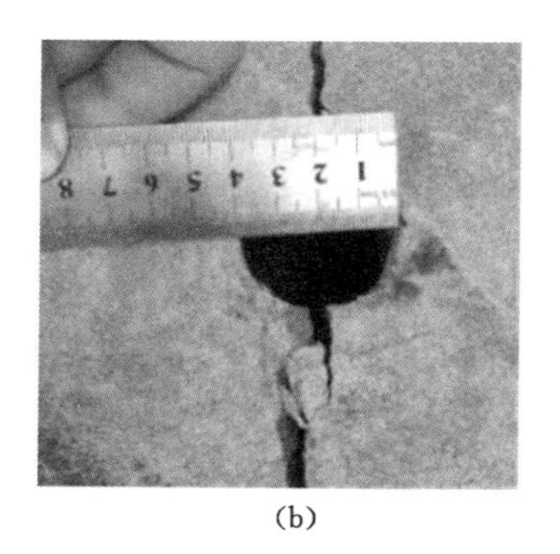

(b)

图 4-36　爆破后底板控制孔

4.3.2.4　底板剖面

剖开底板之后，发现与 2 倍控制孔孔径的试验结果基本一致，底板裂隙从上到下完全垂直贯通，底板岩石没有粉碎状态，底板中的控制孔孔形保持完好，底板中受爆破扰动部分的爆破孔呈圆柱状，上下孔径较为均匀，约为 4 cm，为原来的 400%，损伤较为明显，如图 4-37 所示。

4.3.2.5　底板位移

底板在爆破能量和控制孔的共同作用下裂隙发育较好，呈发散状，没有较好的指标观察出底板岩石的位移。

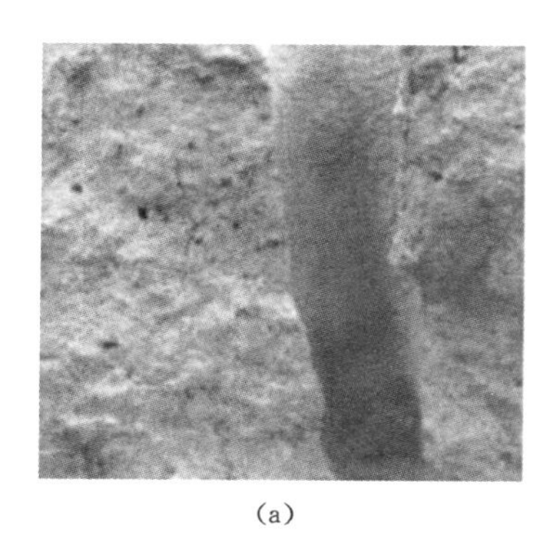

(a)

(b)

图 4-37 爆破后底板孔剖面

4.3.2.6 煤层爆破孔孔径变化

煤层在爆破能量的作用下形成了爆破空腔，爆破孔的表面孔径约为 5.3 cm，为原来的 530%，比底板中的爆破孔孔径大，如图 4-38 所示。

图 4-38 爆破后煤层爆破孔

4.3.2.7 煤层控制孔孔径变化

煤层控制孔沿爆破孔和控制孔连线方向孔径约为 3 cm，没有发生明显变形，垂直于连线方向孔径约为 4 cm，为原来的 133%，与底板中煤层控制孔孔径变化的区别在于方向上有差异，如图 4-39 所示。

4.3.2.8 煤层剖面

煤层中爆破空腔最大孔径达到了 7.5 cm，为原来的 800%，空腔为类似“0”的上下狭窄孔径为 5.3 cm、中间宽大孔径为 7.5 cm 的形状，而且空腔内的爆破煤体并不多，如图 4-40 所示。煤层中的控制孔发生了明显的变形、垮孔现象，煤层表面的一些裂隙发育较好，贯穿到煤体下部分，比 2 倍爆破孔孔径的试验致裂效果要好。综合分析看出爆破空腔范围内的煤体发生粉碎破坏，控制孔周围煤体发生了变形移动，其他部位的煤体没有明显的破坏现象。

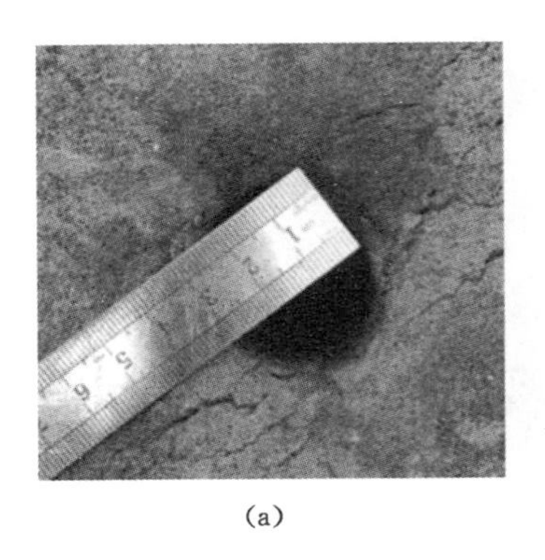

(a)

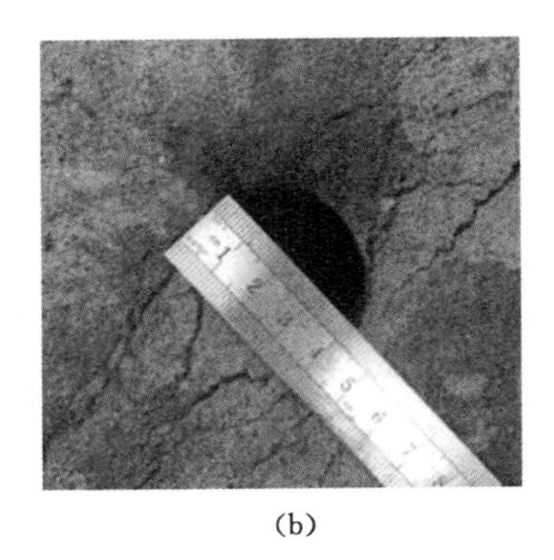

(b)

图 4-39　爆破后煤层控制孔

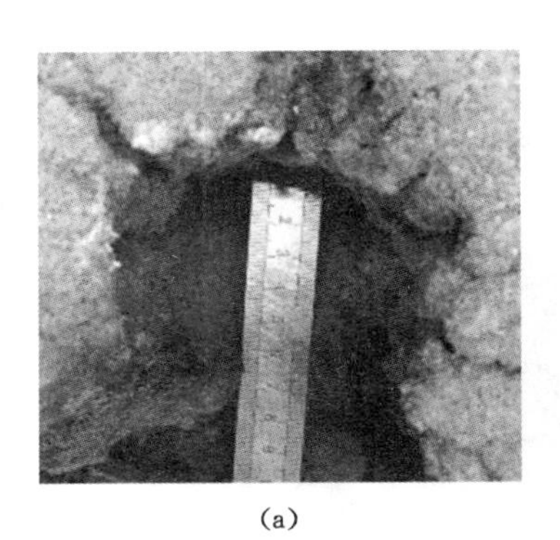

(a)

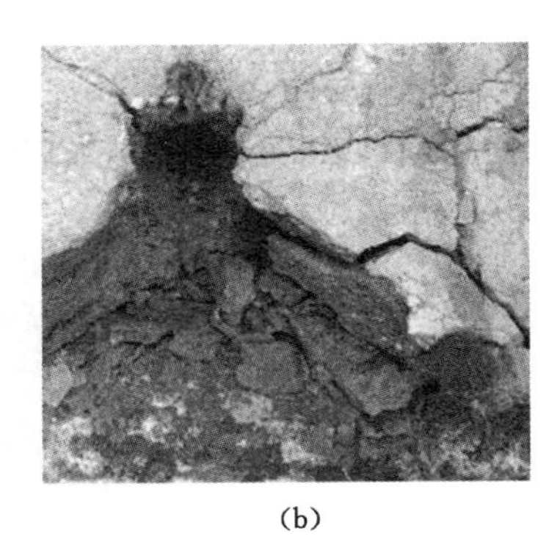

(b)

图 4-40　煤层中爆破空腔

4.3.2.9　煤层位移

受爆破作用后，煤体内部的裂隙较为丰富，形成了较大的爆破空腔，清理过程中空腔内只有少量的破碎煤体，然而空腔体积较大，可以理解为煤体产生了一定的挤压变形移动和压实，补偿了爆破后空腔的体积。

4.3.2.10　顶板裂隙

当控制孔孔径为爆破孔孔径 3 倍时，顶板没有任何裂隙产生，爆破能量没有造成顶板的破坏，稳定性很好。

综上所述，在煤岩交界处装药爆破产生的能量使底板产生了比 2 倍爆破孔孔径试验更加丰富的裂隙，贯穿整个底板并且控制孔保持完好，控制孔的增大对裂隙发育起到了更好的导向作用，而且煤层中也产生了较多发育更好的裂隙，煤体中的控制孔周围煤体松散，出现垮孔现象，顶板没有产生裂纹。经过爆破作用后，煤体中形成了约为底板中 2 倍大小的空腔，而且比 2 倍爆破孔孔径的试验空腔要小，说明随着控制孔孔径的增大，控制孔起到了更好的引导裂隙发育作用，使得爆破能量分配的更加合理，减少了爆破能量在破碎圈的浪费，更多的能量用来产生裂隙，使爆破增透效果得到提高。底板中空腔形状较为稳定，煤体中爆破孔爆破后依然形成了类似“0”的上下狭窄、中间宽大形状的爆破空腔，空腔内只有少量的破碎煤体，可以理解为爆破能量对煤体产生了一定的挤压变形移动和压实，补偿了爆破后空腔的较大体积和更加发育的裂隙占有的空间。

### 4.3.3　控制孔直径为 4 倍爆破孔孔径试验结果分析

试验结果从底板表面裂隙、底板爆破孔孔径变化、底板控制孔孔径变化、底板剖面、底板位移、煤层表面裂隙、煤层爆破孔孔径变化、煤层控制孔孔径变化、煤层剖面、煤层位移及顶板裂隙等方面进行分析。

#### 4.3.3.1　底板表面裂隙

在煤岩交界处装药爆破产生的能量使底板产生了 5 条主裂隙，表面上看并不明显，如图 4-41 所示，但从空洞内沿可以看出裂隙是贯通的。由于底板中装药位置位于 4 cm 深处，裂隙应该是从下面发育到上面的，可得出底板中的裂隙同样得到了很好的发育，不同于 2、3 倍孔径试验的是在控制孔之间产生了贯通的裂纹。爆破孔表面周围没有发生明显裂隙和变形，原因可能是控制孔的增大导致应力集中相对平均，相对集中度反而降低，在爆破孔和控制孔连线上产生主裂隙的情况下优先发育了控制孔之间的裂隙，减少了其他方向的裂隙发育，2、3 倍爆破孔孔径试验主裂隙呈现出发散状，4 倍爆破孔裂隙呈现网状，如图 4-42 所示。连线上的裂隙扩展到边界时产生了 5 cm 左右的偏转，可以得出，随着控制孔孔径的增大，控制孔周围绝对应力集中度不断增加，贯穿到模型边界的裂隙偏转角度也越来越小。

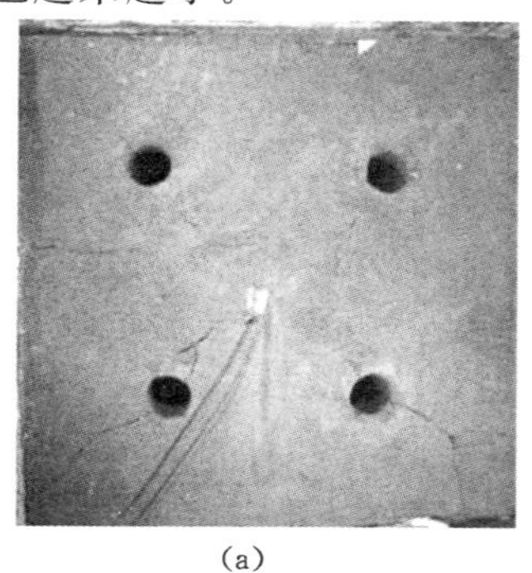

(a)

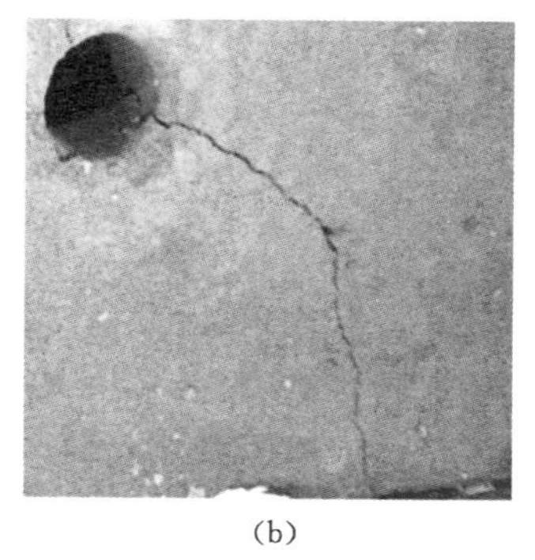

(b)

图 4-41　爆破后底板表面裂隙

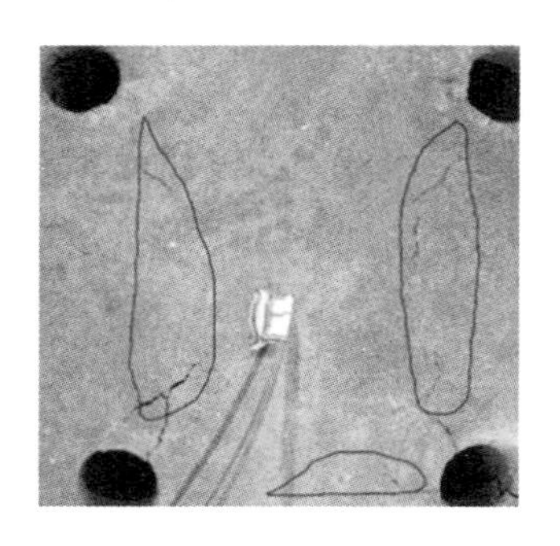

图 4-42　放大的底板表面裂隙

4.3.3.2　底板爆破孔、控制孔孔径变化

底板爆破孔发生了扩孔，但是由于表面贯穿裂隙较少且不明显，测得的表面孔径为 1.5 cm，为原来的 150%，较 2、3 倍爆破孔孔径试验变化不大。底板控制孔孔径变化情况为：由于表面裂隙不是十分明显，所以孔径没有发生较大变化，相对变化可以忽略不计。

4.3.3.3　底板剖面

剖开底板的方式区别去前两个试验，前面的解剖主要是沿着控制孔和爆破孔连线的裂隙顺势可以搬开，本次试验由于裂隙分布与之前发生了变化，采用用切割机切四分之一正方形模型的方式，尝试从剖面分析裂纹。从剖面图中可以看出确实有裂纹，确定为控制孔连线方向上的裂纹，底板中受爆破扰动的部分爆破孔呈圆柱状，上下孔径较为均匀，直径约为 4 cm，为原来的 400%，与之前的两组试验区别不大，如图 4-43 所示。

(a)

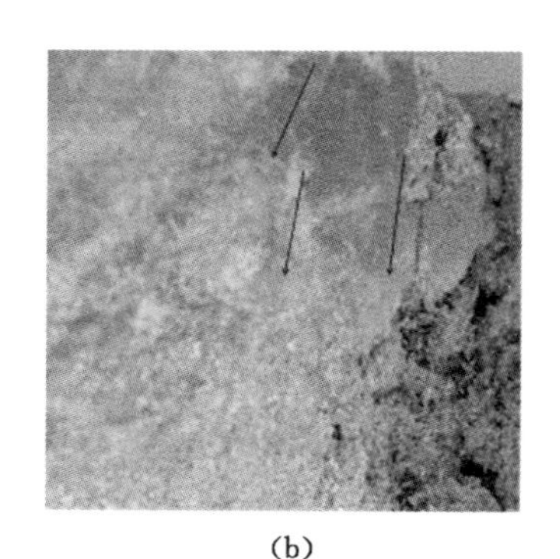

(b)

图 4-43　爆破后底板剖面

4.3.3.4 底板位移

底板在爆破能量和控制孔作用下裂隙呈网状发育，没有较好的指标观察出底板岩石的位移。

4.3.3.5 煤层表面裂隙

煤层表面并未出现较明显的裂隙，可以看出经过毛刷清理后在放大的爆破孔周围观察到一些微裂隙，裂隙发育较差，如图 4-44 所示。

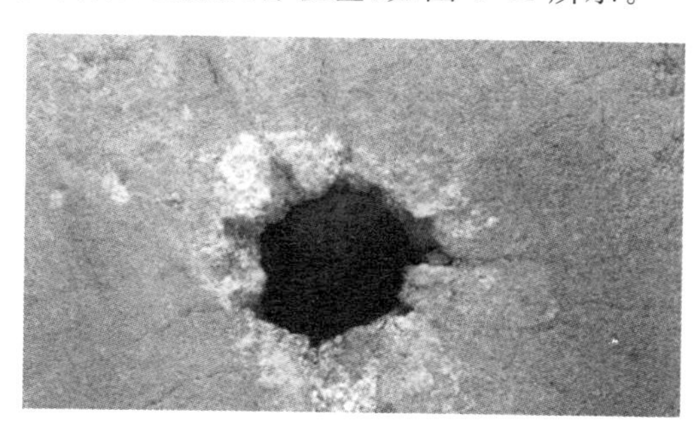

图 4-44 爆破后煤层表面裂隙

4.3.3.6 煤层爆破孔孔径变化

煤层在爆破能量作用下形成了爆破空腔，爆破孔的表面孔径约为 6 cm，为原来的 600%，比底板中的孔径大，如图 4-45 所示。

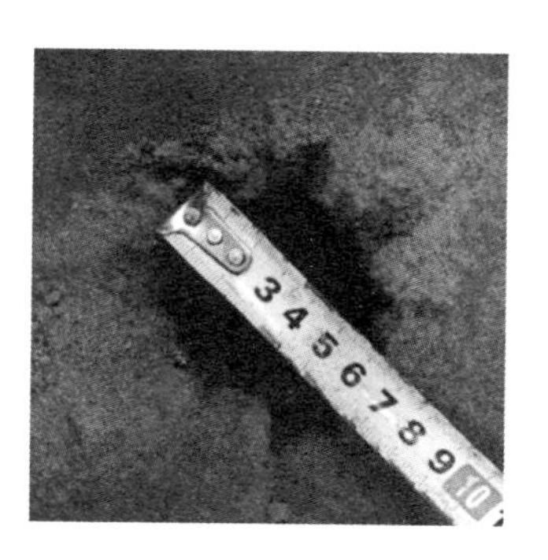


图 4-45 爆破后煤层爆破孔

4.3.3.7 煤层控制孔孔径变化

沿爆破孔和控制孔连线方向的控制孔孔径约为 4 cm，没有发生明显变形，垂直于连线方向的孔径约为 4.5 cm，为原来的 112%，如图 4-46 所示。

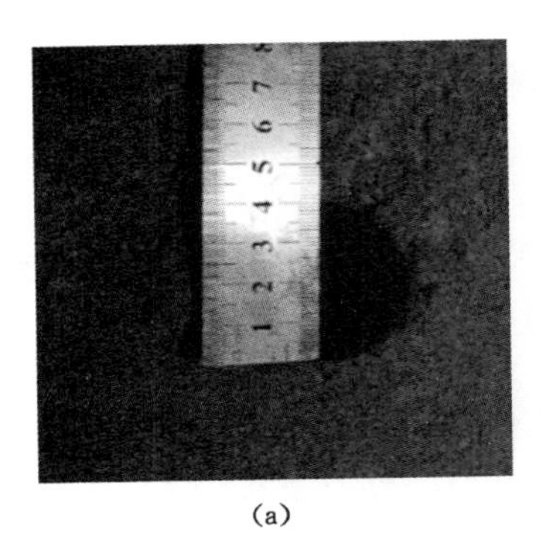

(a)

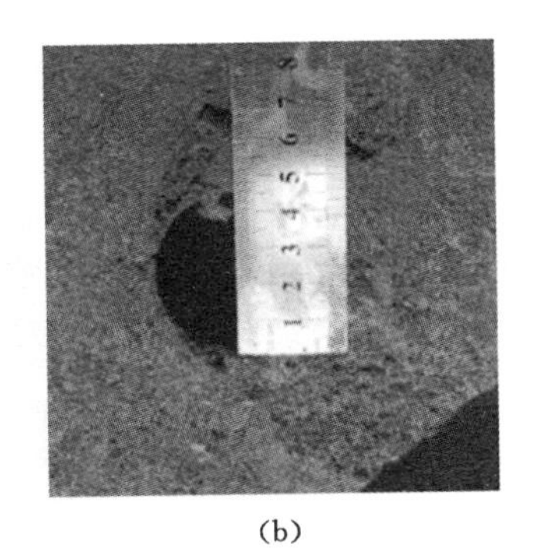

(b)

图 4-46 爆破后煤层控制孔

4.3.3.8 煤层剖面

从图 4-47 可以看出煤层中爆破空腔最大孔径达到了 9 cm，为原来的 900%，空腔为类似“0”的上下狭窄孔径为 6 cm、中间宽大孔径为 9 cm 的形状，而且空腔内的爆破煤体并不多。从图 4-48 中可以看出解剖后煤层中的煤体非常松软，控制孔发生非常明显的变形、垮孔现象。综合分析得出，爆破空腔范围内的煤体发生粉碎破坏，控制孔周围煤体很松散。

图 4-47 煤层爆破空腔

4.3.3.9 煤层位移

受爆破作用后，煤体内部的裂隙很少，形成了较大的爆破空腔，清理过程中空腔内只有少量的破碎煤体，空腔体积较大。区别于前两组试验，如图 4-49 所示，煤层呈现中间低两边翘起的状态，有个凹角，为图中的 8°锐角，可以理解为在控制孔较大的情况，由于提供了足够的自由面，在爆破能量的作用下煤体产生

图 4-48 煤层剖面主视图

以爆破孔为中心向四周挤压煤体为主的变形移动。也从侧面说明了空腔的尺寸较 3 倍孔径变大，虽然和 2 倍孔径的空腔大小一样，但本次试验爆破能量推动了煤体位移从而扩大了空腔尺寸，而 2 倍孔径试验是因为控制孔导向裂隙发育作用不明显，煤体没有产生裂隙，爆破的大部分能量都浪费在破碎煤体上，形成的是完全的粉碎空腔。

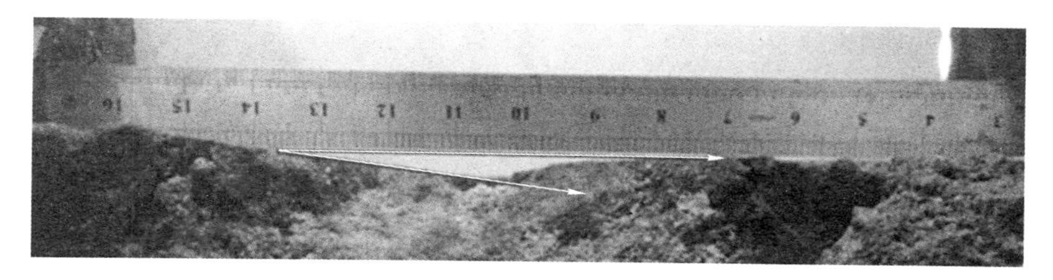

图 4-49 煤层变形移动角

4.3.3.10 顶板裂隙

顶板依旧没有任何裂隙产生，爆破能量没有造成顶板的破坏，稳定性很好。

综上所述，在煤岩交界处装药爆破产生的能量使底板产生丰富的裂隙，贯穿了整个底板并且控制孔形保持完好，进一步提高了控制孔周围的绝对应力集中度，且贯穿到模型边界的裂隙偏转角度越来越小。但是孔径增大后降低了相对应力集中度，使得裂隙呈现网状分布，煤体中的控制孔周围煤体松散，出现垮孔现象，顶板没有产生裂纹。在控制孔较大的情况下，由于有足够的自由面，在爆破能量的作用下煤体产生以爆破孔为中心向四周挤压煤体为主的变形移动，使得煤体有个从模型四周凹向中心的 8°的角度。

通过相似模型的爆破试验，得到了不同条件下的爆破裂隙分布特征，主要结论如下：

① 在煤岩交界处装药爆破产生的能量使底板产生丰富的裂隙，贯穿整个底板并且控制孔形保持完好；煤层产生了较多的微裂隙，控制孔破坏严重；顶板保持完好；一方面增强了煤层瓦斯渗透性的同时保护了用于后期抽采瓦斯的底板岩层中的控制孔，另一方面底板岩层中的裂隙为松软煤层中的裂隙和位移提供了空间，有效减少裂隙的闭合，从而大大提高了瓦斯抽采效果，并且能够保护顶板。

② 随着控制孔孔径的增大，其对裂隙的导向作用越明显，爆破空腔越小，贯穿到模型边界的裂隙偏转角度越来越小，孔径增大到一定程度后降低了相对应力集中度，使得裂隙呈现明显的网状分布。

③ 在控制孔较大的情况，由于有足够的自由面，在爆破能量的作用下，煤体产生以爆破孔为中心向四周挤压煤体变形移动为主、以微裂隙为辅的破坏，使得煤体具有从模型四周凹向中心的 8°的角度。

## 4.4 煤层内多孔爆破致裂形态

### 4.4.1 松软煤体致裂形态

将控制孔圆心连线所围成的区域称为控制区域，药柱爆炸后控制区域内呈现三种典型的致裂形态，即爆破孔膨胀、爆生裂隙形成及控制孔减小；而控制区域外则只呈现爆生裂隙形成的现象。松软煤体的致裂形态（单孔爆破模型）如图 4-50所示。

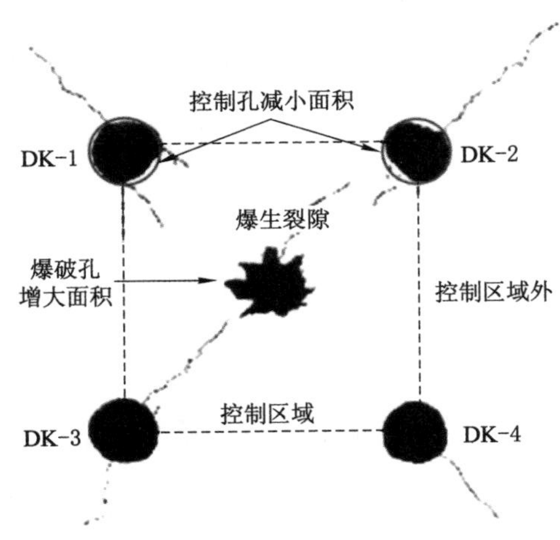


图 4-50　松软煤体的致裂形态（单孔爆破模型）

在爆破动压及爆生气体膨胀作用下，爆破孔膨胀，孔径达到原始状态的3～10倍。但爆破孔膨胀会导致周围煤体受到挤压，使瓦斯流动通道关闭，对增透存在负效应；裂隙会形成瓦斯流动通道，对增透存在正效应，但爆生裂隙的生成需要向周围煤体提供空间，裂隙面两侧煤体会受到挤压。煤体发生位移，填充了控制孔部分区域。控制孔面积减小为控制区域内煤体的疏松提供空间，对增透存在正效应。

各钻孔编号及孔径见表4-5。

**表4-5 各钻孔编号及孔径**

| 模型 | 钻孔类别 | 钻孔编号 | 孔径/mm |
| --- | --- | --- | --- |
| 单孔爆破 | 爆破孔 | DB-1 | 9 |
| | 控制孔 | DK-1，DK-2，DK-3，DK-4 | 50 |
| 双孔爆破 | 爆破孔 | LB-1，LB-2 | 9 |
| | 控制孔 | LK-1，LK-2，LK-3，LK-4，LK-5，LK-6 | 50 |
| 四孔爆破 | 爆破孔 | SB-1，SB-2，SB-3，SB-4 | 9 |
| | 控制孔 | SK-1，SK-2，SK-3，SK-4，SK-5，SK-6，SK-7，SK-8，SK-9 | 50 |

### 4.4.2 煤体位移现象

爆破孔与控制孔之间受动压作用发生位移，呈现断裂式和非断裂式两种位移方式。当局部煤体与周围煤体完全断裂时，被割离的“断裂煤体”发生移动。双爆破孔模型中，控制孔LK-1、LK-5内侧的煤体变形均属于“断裂煤体”类型，如图4-51所示。“移动体”侧边出现的径向裂隙和后端出现的切向裂隙切断了移动体，并向控制孔方向移动，部分填充了控制钻孔。“移动体”位移量较大，对控制孔的填充较好。当移动的煤体未与周围煤体完全断裂时，称为非断裂式位移，模型中煤体移动大多属于此类。在爆破动压作用下，煤体整体性移动，实现控制孔部分填充，但位移量相对较小。控制孔沿圆心线上被填充的长度为移动体的位移量，据此可获得所有控制孔的位移量，见表4-6。

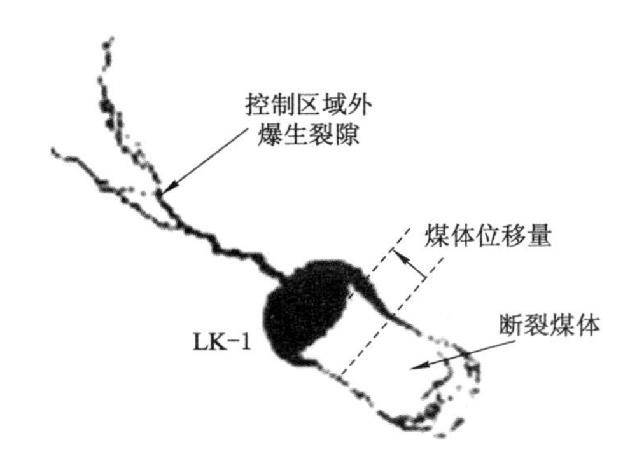


图 4-51　控制孔内侧煤体位移现象(LK-1)

**表 4-6　爆破后钻孔面积变化与控制孔变形**

<table>
<tr><th>模型</th><th>钻孔编号</th><th>位移量/mm</th><th>爆破后面积/mm²</th><th>变化量/mm²</th><th>总变化量/mm²</th><th>模型</th><th>钻孔编号</th><th>位移量/mm</th><th>爆破后面积/mm²</th><th>变化量/mm²</th><th>总变化量/mm²</th></tr>
<tr><td rowspan="5">单孔爆破</td><td>DB-1</td><td></td><td>2 090</td><td>2 030</td><td>2030</td><td rowspan="13">四孔爆破</td><td>SB-1</td><td></td><td>1 230</td><td>1 170</td><td rowspan="4">5 880</td></tr>
<tr><td>DK-1</td><td>5.1</td><td>1 910</td><td>50</td><td rowspan="4">360</td><td>SB-2</td><td></td><td>2 450</td><td>2 390</td></tr>
<tr><td>DK-2</td><td>5.7</td><td>1 780</td><td>180</td><td>SB-3</td><td></td><td>1 680</td><td>1 620</td></tr>
<tr><td>DK-3</td><td>0</td><td>1 960</td><td>0</td><td>SB-4</td><td></td><td>760</td><td>700</td></tr>
<tr><td>DK-4</td><td>0</td><td>1 830</td><td>130</td><td>SK-1</td><td>7.9</td><td>1 860</td><td>100</td><td rowspan="9">980</td></tr>
<tr><td rowspan="8">双孔爆破</td><td>LB-1</td><td></td><td>3 950</td><td>3 890</td><td rowspan="2">4 850</td><td>SK-2</td><td>10.7</td><td>1 550</td><td>410</td></tr>
<tr><td>LB-2</td><td></td><td>1 020</td><td>960</td><td>SK-3</td><td>10.8</td><td>1 920</td><td>40</td></tr>
<tr><td>LK-1</td><td>18.8</td><td>1 620</td><td>340</td><td rowspan="6">750</td><td>SK-4</td><td>8.0</td><td>1 950</td><td>10</td></tr>
<tr><td>LK-2</td><td>9.1</td><td>1 840</td><td>120</td><td>SK-5</td><td>10.4</td><td>1 560</td><td>400</td></tr>
<tr><td>LK-3</td><td>8.1</td><td>1 780</td><td>180</td><td>SK-6</td><td>5.7</td><td>1 920</td><td>40</td></tr>
<tr><td>LK-4</td><td>5.2</td><td>1 950</td><td>10</td><td>SK-7</td><td>6.7</td><td>1 910</td><td>50</td></tr>
<tr><td>LK-5</td><td>10.4</td><td>1 890</td><td>70</td><td>SK-8</td><td>2.8</td><td>2 030</td><td>70</td></tr>
<tr><td>LK-6</td><td>0</td><td>1 930</td><td>30</td><td>SK-9</td><td>2.0</td><td>1 960</td><td>0</td></tr>
</table>

由表 4-6 可知，虽然控制孔均匀布置在爆破孔四周，但每个孔的位移量差异明显。单孔爆破模型中，DK-1、DK-2 控制孔出现较小的填充，煤体的位移量分别为 5.1 mm、5.7 mm；双孔爆破模型中，仅 LK-6 钻孔未出现填充现象，其他控制孔的煤体位移量为 5.2～18.8 mm，最大位移量出现在 LK-1 钻孔内侧；四孔爆破模型中，所有的控制孔均出现了不同程度的填充现象，煤体位移量为 2.0～

10.8 mm。爆破孔数量的增长，使控制区域内煤体变形趋于均匀，控制孔空间减小，为煤体区域性疏松提供条件。

### 4.4.3 爆生裂隙特征

爆破孔数量增大，爆生裂隙的宽度也增大，如图 4-52～图 4-54 所示。在控制区域内，单孔爆破模型裂隙宽度为 0.1～1.2 mm，最大裂隙宽度出现在控制孔 DK-1 内侧煤体位移处，为 1.0～1.2 mm；双孔爆破模型中裂隙宽度为 0.3～4.0 mm，最大裂隙宽度出现在控制孔内侧，为 3.5 mm；四孔爆破模型中裂隙宽度为0.5～3.4 mm，最大裂隙宽度出现在控制孔内侧，为 3.4 mm。控制区域内，裂隙宽度最大值均出现在控制孔内侧的煤体位移处，煤体位移量越大，裂隙宽度也越大。单孔爆破模型中，DK-1 孔位移量达到 5.1 mm，裂隙宽度最大，为 1.2 mm；双孔爆破模型中，LK-1 孔位移量达到 18.8 mm，控制孔内侧裂隙宽度达 1.6～1.8 mm，但外侧裂隙更宽，为 0.9～3.5 mm；四孔爆破模型中，SK-4 孔位移量为 8 mm，但由于相邻药柱爆破的叠加作用，控制孔内侧裂隙宽度为 0.9～3.4 mm，外侧裂隙宽度为 0.5～1.5 mm。

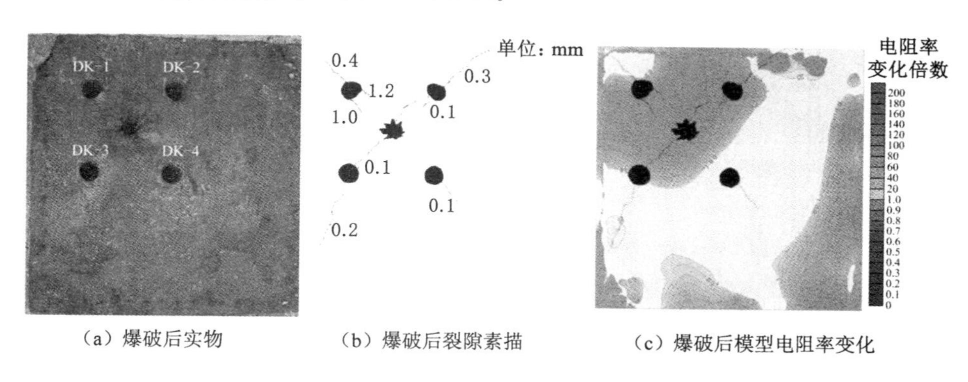


(a) 爆破后实物　(b) 爆破后裂隙素描　(c) 爆破后模型电阻率变化

图 4-52 单孔爆破模型爆破后裂隙形态及电阻率分布

### 4.4.4 煤体爆破变形的综合评价

松软煤体爆破后存在的三种典型致裂形态对增透产生的作用不同，为综合评价三者作用，提出采用控制区域内裂隙面积($A_1$)、控制孔面积变化总量($A_2$)和爆破孔面积变化总量($A_3$)以及总变化量($S$)分析爆破效果，即 $S=A_1+A_2-A_3$，采用平面面积来分析裂隙变化。将控制区域内裂隙面积 $A_1$ 与控制孔面积变化总量 $A_2$，作为增透正效应评价值，将爆破孔面积变化总量 $A_3$ 作为增透负效应评价值，增透效果评价分析如表 4-7 所列。

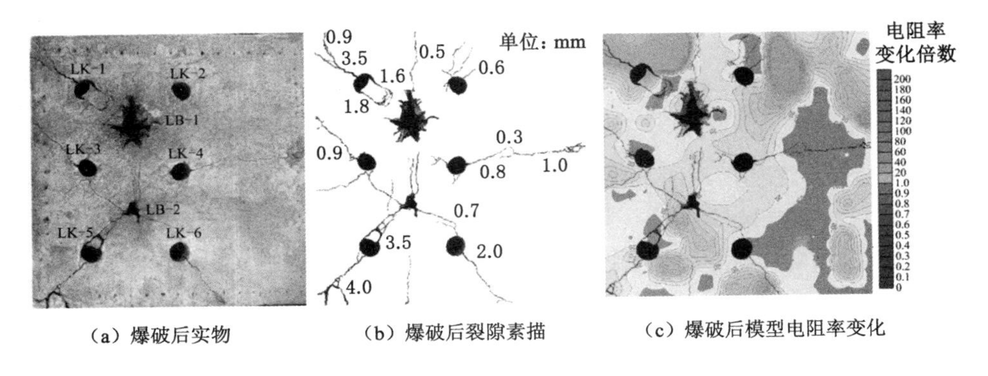

(a) 爆破后实物　(b) 爆破后裂隙素描　(c) 爆破后模型电阻率变化

图 4-53　双孔爆破模型爆破后裂隙形态及电阻率分布

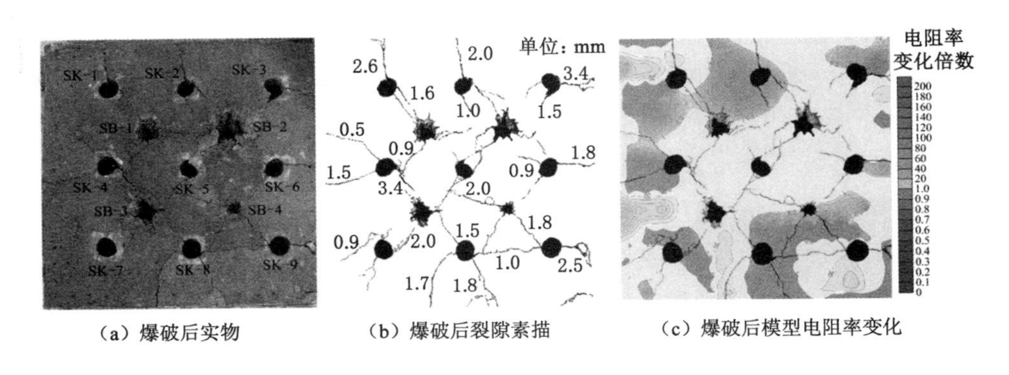

(a) 爆破后实物　(b) 爆破后裂隙素描　(c) 爆破后模型电阻率变化

图 4-54　四孔爆破模型爆破后裂隙形态及电阻率分布

**表 4-7　增透效果评价分析**

| 模型 | 裂隙面积/mm² | | 控制孔面积变化总量 $A_2$ /mm² | 爆破孔面积变化总量 $A_3$ /mm² | 总变化量 $S$ /mm² |
|---|---|---|---|---|---|
| | 控制区域内 $A_1$ | 控制区域外 | | | |
| 单孔爆破 | 1 330 | 330 | 360 | 2 030 | −340 |
| 双孔爆破 | 6 860 | 2 560 | 750 | 4 850 | 2 760 |
| 四孔爆破 | 9 880 | 5 700 | 980 | 5 880 | 4 980 |

① 单孔爆破模型。煤层表面裂隙较为明显，但控制孔总变形量小。爆破孔膨胀面积远大于控制孔减小值，爆破作用压实了控制区域。控制孔变形空间难以抵消压实作用，因而总变化量 $S$ 为负值。在控制区域外，爆生裂隙的出现呈现出正效应。

② 双孔爆破模型。在控制区域内，两个爆破孔总膨胀面积是单孔爆破时的2.4倍，对煤体有较大的压实作用。新生裂隙面积与控制孔减小面积分别为单孔爆破时的5.2倍和2.1倍，有效抵消了爆破压实作用。控制区域外，爆生裂隙的面积达到单孔爆破时的7.8倍，有效实现了控制区域外的增透。

③ 四孔爆破模型。与双孔爆破模型类似，控制区域内新生裂隙面积与控制孔减小面积有效抵消了爆破孔的膨胀压实作用，使爆破增透效果呈现出正效应。控制区域外，爆生裂隙的面积达到单孔爆破时的17.3倍，有效实现了控制区域外的增透。

### 4.4.5 煤体的区域电阻率响应

电阻率信息能反映出煤岩裂隙变化情况，可用于分析煤层损伤特征。采用二维电阻率成像方法，获得爆破前后电阻率变化倍数分布，如图4-52(c)～图4-54(c)所示的爆破后模型电阻率变化情况。由图可知，变化倍数越大，爆破后电阻率变化程度越大，煤体的损伤越严重。而变化倍数小于1表明电阻率降低，煤体可能出现局部压实的现象。

#### 4.4.5.1 单孔爆破模型

单孔爆破模型中，$S<0$，裂隙的出现不仅未对控制区域产生大面积损伤，反而压实了周围煤体，使电阻率减小20%，控制区域内呈现总体的电阻率降低的现象。控制区域外，由于应力波压缩及卸载作用使远区受到损伤，控制孔外侧爆生裂隙的出现使煤体受到损伤，导致控制区域外电阻率增大的现象（增大1～20倍）。由于模型四周有刚性约束，因此靠近模型边缘位置会出现局部挤压现象，并呈现电阻率降低的规律。

#### 4.4.5.2 双孔爆破模型

双孔爆破模型的裂隙明显好于单孔爆破模型，在控制区域内，电阻率增大1～50倍。由于裂隙空间的形成，导致裂隙面向两侧挤压，使局部区域仍然出现压实现象，导致如图4-53(c)所示的局部电阻率减小，降幅为10%～20%。虽然在LK-4孔外侧产生了一条长裂隙，但这条裂隙产生的同时却挤压了裂隙面两侧煤体，使电阻率降低。控制孔外侧的电阻率增幅明显高于其内侧区域，如钻孔LK-1、LK-4孔外侧，电阻率达到200倍，而内侧的电阻率仅为原始状态的1～40倍。

#### 4.4.5.3 四孔爆破模型

四孔爆破模型的爆生裂隙最丰富，电阻率普遍增大1～20倍。但在相邻两条大裂隙之间，仍发生压实现象，导致局部电阻率降低。裂隙越宽，越易形成压实作用，例如SK-1孔附近裂隙宽度达到1.6 mm，SK-4孔外侧裂隙宽度在0.5～1.5

mm，而位于 SK-1 孔和 SK-4 孔之间的区域，电阻率降低约 5%～10%。由于煤层的强度较低，当受到爆破动压作用时，煤体很可能出现局部压实的现象。压实区域可能出现的位置有：$S$ 值小于 0 的控制区域内、两条大裂隙之间的区域内。控制区域外，由于爆生裂隙的存在，电阻率普遍呈现增大的规律。

## 4.5 煤层性质及水力冲孔对爆破的影响

### 4.5.1 煤层性质对爆破的影响

炸药爆炸后释放出大量能量通过爆炸产物气体膨胀对煤体做功，能量以波的形式在煤层中传播，导致煤体变形、破坏、抛掷。爆破作用下煤体的变形、破坏、抛掷取决于煤体的性质、爆炸载荷及几何条件。在煤体爆破过程中，煤体的物理力学性质无疑是决定煤体爆破效果好坏的主要因素。炸药在爆炸时，释放出的能量是以冲击波和爆轰气体膨胀压力的方式作用在煤体上，煤体的最终破坏是由爆炸产生的作用应力超过煤体强度极限所致，它说明破碎状态与爆炸能和煤体的力学特性密切相关。

一般认为药包爆炸后其高温高压产物对周围介质产生的强烈扩散作用形成了冲击波，因其初始压力远大于煤体介质的极限动态抗压强度，使紧贴药包的煤体呈粉碎性压缩破坏。介质内部不存在剪切和拉伸断裂破坏，冲击波压力急剧衰减并很快转变成应力波在介质内传播。在冲击波作用阶段，其压力衰减可用式(4-8)近似计算。

$$p = \frac{p_0}{r^n} \tag{4-8}$$

式中 $p$——介质内部的冲击波压力；

$p_0$——冲击波的初始压力；

$r$——与装药中心的绝对距离；

$n$——压力衰减指数。

$$p_0 = \frac{2\rho v_p}{\rho v_p + \rho_e D} \times p_e \tag{4-9}$$

式中 $\rho v_p$——煤体波阻抗；

$\rho_e D$——炸药波阻抗；

$p_e$——炸药爆轰压力；

$D$——爆轰速度；

$v_p$——纵波的传播速度。

可见，若其相对距离一定，则冲击波压力与煤体波阻抗为正比关系。因煤体波阻抗与其抗压强度也为正比关系，所以后者与冲击波压力在传播过程中也成正比关系，即煤体的抗压强度越高，冲击波传播到煤体的压力就越大。它说明抗压强度越高的煤体越有利于冲击波能量的传播，爆炸能量的损失越小，传递进入破碎区的能量越高。

煤体的密度 $\rho$ 和孔隙度 $n$ 是煤体的物理属性，当应力波在煤体内传播时，是与这些物理参数有关的。如图 4-55 所示，波速与密度成正比，与孔隙度成反比。

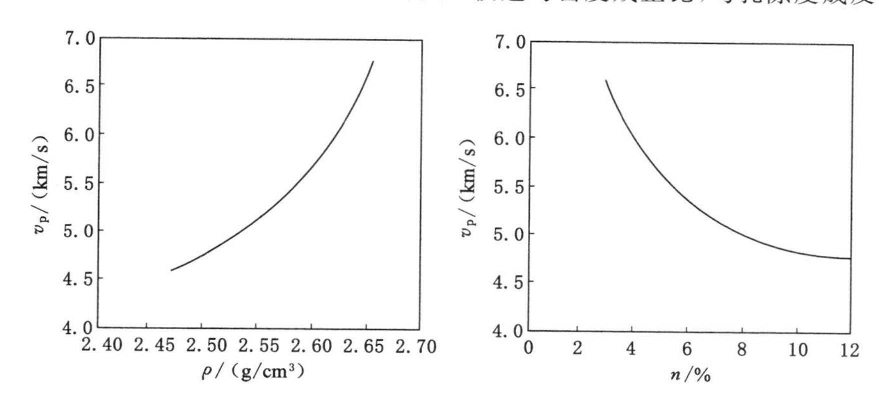


图 4-55　波速与密度和孔隙度的关系

从图中可看出，当煤体密度 $\rho$ 增加时，波速 $v_p$ 迅速增大，在密度小的范围内，如 $\rho \leqslant 2.5\ g/cm^3$ 时，是按指数函数关系增长，而在 $\rho > 2.5 g/\ cm^3$ 时，按对数函数的关系增长。波速 $v_p$ 随着孔隙度 $n$ 的增大呈下降趋势，其中当 $n=3\%$时，$v_p=6\ 600\ m/s$，而当 $n$ 增至 8%时，$v_p$ 下降到 5 000 m/s，其关系近似为倒指数关系。煤体的密度越大，孔隙度越小，则应力波的传播速度越快，能量损失越小，则越有利于爆破。

松软煤层爆破时的波速较低，因此不能直接采用爆破方式产生大量裂隙。必须利用爆炸产生的应力波和爆生气体作用于煤体，同时辅以水力冲孔造成的孔洞作为自由面，从而大大提高煤层透气性，提高瓦斯抽采效果。

### 4.5.2　水力冲孔对爆破的影响

分析水力冲孔对煤层爆破的具体影响，需要从水射流破煤机理以及水力冲孔的增透机理入手。

#### 4.5.2.1　水射流破煤机理

水射流破煤理论多种多样，至今未形成统一结论，其中包括：密实核假说、水滴破煤和冲击作用假说、水楔作用假说及综合作用假说等。以上这些假说分别从不同的方面对高压水射流破煤机理进行了阐述，其中综合作用假说被绝大多数人认可。

综合作用假说是在前人的各种假说理论基础上总结的一种综合性理论，把影响破煤效果的所有因素周全考虑，具有全面性，得到了很多国内外专家学者的认可，他们一致认为：① 水楔作用、动力破煤作用同时存在；② 涡流式掏槽是固体破碎的主要原因；③ 当达到一定条件时，射流冲击力将是固体发生破碎的主导因素。因此，该假说至今一直被公认为是比较合理的假说，它阐述了水力冲孔破煤的三个过程：裂缝产生、水楔作用和表面冲刷。

（1）裂缝产生

高压水柱是水力冲孔冲刷煤体表面并使煤体发生破坏的主要方式，以这种能量瞬间汇聚的方式不断冲击煤体的下部区域，使其产生应力集中，冲击区域周围伴随着拉应力的产生，所产生的拉应力和剪应力都分别超出了所撞击煤体的极限抗压强度和抗剪强度，故在煤体内形成裂缝。由于煤体的天然属性，与生俱来就含有丰富的原生裂缝、层理和节理等，故煤体会在这些裂隙中形成弱强度面，弱强度面是裂隙首先发展的地方，在水射流持续作用下，将产生更大更深的随机性裂缝。

（2）水楔作用

煤体中存在的节理和原生裂缝发育不完整，在高压水射流不断冲击产生裂缝的作用下，大量的压力水不断进入原生裂缝中，在这些裂缝中形成水楔作用使得裂缝不断迅速的延伸，进而使煤体裂缝扩展发生破坏。高压水射流的不断冲击一方面使煤体本身的物理力学性能和应力分布发生改变，加速了煤体的破坏进程，另一方面随着水流不断冲刷，在裂缝中产生瞬间应力集中，造成煤体细小颗粒从大块煤体表面脱落，进而使煤体破碎。

（3）表面冲刷

表面冲刷是水力冲孔后续的连续不断的过程，也是一个非常重要的过程。高压水射流冲击煤体时，首先冲击煤体原生裂缝，同时水射流会不断地冲刷煤体凹凸不平的表面，形成对煤体凸起部位的冲击载荷，冲击载荷达到一定强度时，煤体凸起部位发生破裂，随着水射流被冲刷掉。

#### 4.5.2.2　水力冲孔增透机理

水力冲孔是利用水射流的高压冲击力，不断冲击煤体裂隙，使煤体发生破碎，并在水流作用下将煤渣携带出钻孔的技术。煤层内会留下较大孔洞，由于孔洞附近的煤体会发生位移，从而导致局部性卸压增透，提高了煤层抽采效果。

水力冲孔之所以能起到对煤层卸压增透的作用，主要原因有以下几个方面：

首先,水力冲孔是利用高压水射流冲击煤层裂隙,使其发生破坏,同时释放大量瓦斯和煤体的突出潜能。水力冲孔作业时,在高压水射流的冲击作用下,再配合钻头的不断钻进,使煤体发生破坏,同时煤体内部原有的应力平衡被打破,伴随着瓦斯平衡状态失稳,造成煤与瓦斯的大量排出。其次,水力冲孔不断进行时,高压水射流不断地浸湿煤体,促使煤体的流动性增加,煤体内部应力集中被打破,消除了开采过程中的突出事故。最后,煤体伴随有原生裂缝,高压水不断进入和冲击着原生裂缝,使煤层的裂隙不断扩张,从而增加了煤层的透气性,使得水力冲孔钻孔半径比一般抽采瓦斯钻孔半径要大得多。水力冲孔增加了煤层透气性,提高了瓦斯抽采量。

在水力冲孔卸压增透技术应用中,瓦斯的抽采数据是衡量水力冲孔卸压增透效果的一个重要指标。由于在水力冲孔过程中伴随着大量的煤与瓦斯被冲出,煤体应力发生改变从而发生变形和移动,造成钻孔附近应力集中被破坏,应力重新分布。在钻孔周围形成许多的瓦斯集中区,包括瓦斯充分排放区、瓦斯排放区、瓦斯压力过渡区和原始瓦斯压力区。冲孔过后,在孔洞附近瓦斯压力变化最大,下降最快,相应的地应力下降幅度也最大,这促使煤层突出潜能得到充分释放。

由广义胡克定律可知,物体发生物理形变,必然有应力的改变作为前提,随着钻孔钻进,周围煤体应力逐渐稳定,在此期间,煤体内的应力不断发生转移,进一步得到释放,煤层的原生裂缝、空隙也得到不断的扩张,同时伴随着新的裂隙产生。总结以上分析,可以得出水力冲孔的实质是:一是高压水射流不断冲击煤体原生裂缝,促使其不断扩展、发育;二是在水力冲孔过程中,使煤体原生裂缝和发育裂隙不断与外界交流。水力冲孔对煤层瓦斯抽采影响可以总结为两方面,一方面水力冲孔改变煤层裂隙发育程度,增大煤层透气性,便于瓦斯抽采;另一方面水力冲孔增大钻孔瓦斯流量。

因此,在爆破过程中,水力冲孔孔洞在深孔预裂爆破中起着十分重要的作用,主要表现在:首先水力冲孔孔洞对爆破产生的能量作用方向起到控制作用,提高爆炸能量的利用,使爆破的能量能够充分实现对煤体的致裂作用,从而提高爆破效果,增大裂隙范围;其次水力冲孔孔洞能够提供煤体爆破产生压碎区和裂隙区所需的空间,同时能够消除应力集中。

水力冲孔孔洞增加了爆破辅助自由面,应力波传递到自由面产生反射,从而形成拉伸应力波。由于煤体的抗拉强度比抗压强度小,而拉伸应力波强度大于煤的动态抗拉强度,促使形成霍金逊效应。同时,煤体中的反射波、裂隙尖端处的集中应力彼此叠加,从而扩大了裂隙区的范围。

但是,如果进行过多的水力冲孔作业,不仅增加生产成本,而且对后期巷道支护带来巨大问题。且水力冲孔孔洞的自由面对爆破效果的辅助作用有距离限制，若水力冲孔孔洞与爆破孔距离过远，则爆破产生的应力波无法传播到自由面。

综合考虑以上因素，决定对在距离爆破孔最近的抽采孔进行水力冲孔作业，这样可以使水力冲孔孔洞产生自由面的辅助面作用最大化，且降低施工成本，有利于后期巷道支护。水力冲孔作业还要考虑施工现场具体情况，卸煤量也要考虑现场具体情况，卸煤量并不是越大越好。

## 4.6 本章小结

本章通过相似模拟试验对底板、煤层破坏规律进行了分析，结合电法仪、动态应变仪所得数据，对爆破增透过程中裂隙的扩展情况进行了清晰直观的观察，试验结果表明控制孔对裂隙发育具有明显的导向作用，同时控制孔的存在为爆破产生的粉碎区与裂隙区提供了空间；动态应变仪采集的数据表明，应力波在煤体中产生明显的反复拉伸作用，且此作用在离爆破孔越近的地方越明显；通过电法仪采集数据可知，通过对爆破煤体进行电法响应，可直观、清晰地观察煤层裂隙的发育情况。

在煤岩交界处装药爆破产生的能量使底板产生丰富的裂隙，贯穿整个底板并且控制孔孔形保持完好。随着控制孔孔径的增大，对裂隙的导向作用越明显，爆破空腔越小，贯穿到模型边界的裂隙偏转角度越小，孔径增大到一定程度后降低了相对应力集中度，使得裂隙呈现明显的网状分布。

松软煤层爆破后会呈现出爆破孔膨胀、爆生裂隙形成及控制孔减小等三种致裂形态，而控制区域外则只出现爆生裂隙。在提出定量综合评价增透效果的方法基础上，利用爆生裂隙面积、控制孔及爆破孔面积变化综合分析增透效应。随着爆破孔数量的增多，控制区域内呈现出增透正效应，且爆生裂隙的宽度及分形维数均明显增大，能够有效提高煤层的瓦斯抽采效率。测试了爆破前后煤体电阻率的区域性变化规律，发现爆破后并非所有区域均会产生明显损伤，而且在爆生裂隙产生的同时，裂隙面两侧煤体会形成挤压作用，导致局部压实现象出现。

# 5 松软煤层多孔协同爆破疏松增渗技术与应用

## 5.1 松软煤层多孔协同爆破疏松增渗技术

### 5.1.1 控制孔与爆破孔的插花式布孔方法

通过理论分析和爆破相似模拟试验研究，得到了控制孔与爆破孔协同作用的机理。在爆破过程中，孔洞对爆破起到控制作用，提供煤体爆破产生压碎区和裂隙区所需的空间。而爆破则推动了煤体位移，有效填充了孔洞，这一点在工程实践中也得到验证。可见，爆破钻孔应布置在相邻水力冲孔钻孔的中间位置，充分利用爆炸能量，破裂并推动煤体位移，使区域内的煤体疏松，从而提高煤层的透气性。

由于现场情况多变，施工条件复杂，特别是前期抽采孔和水力冲孔钻孔会提前布置，而且爆破钻孔不能布置在被掩护巷道的中心位置，因此爆破钻孔和水力冲孔钻孔的位置难以符合上述分析。鉴于此，通过现场工业性试验研究，提出了以下爆破钻孔和水力冲孔钻孔的布置模式。

5.1.1.1 标准化钻孔布置模式

在没有受到前期钻孔布置影响的情况下，可采用标准化钻孔布置模式，即将爆破钻孔布置在相邻水力冲孔钻孔的中间位置，如图 5-1 所示。

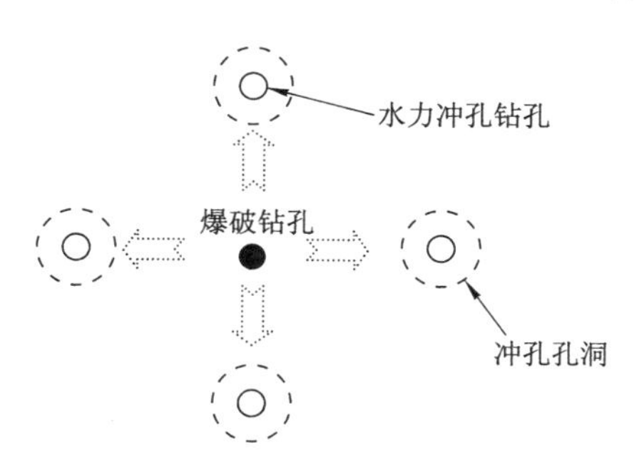


图 5-1 标准化钻孔布置示意图与实际钻孔布置图

5.1.1.2 偏移式钻孔布置模式

受到前期钻孔布置影响时,难以采用标准化钻孔布置模式,如图 5-2 所示。

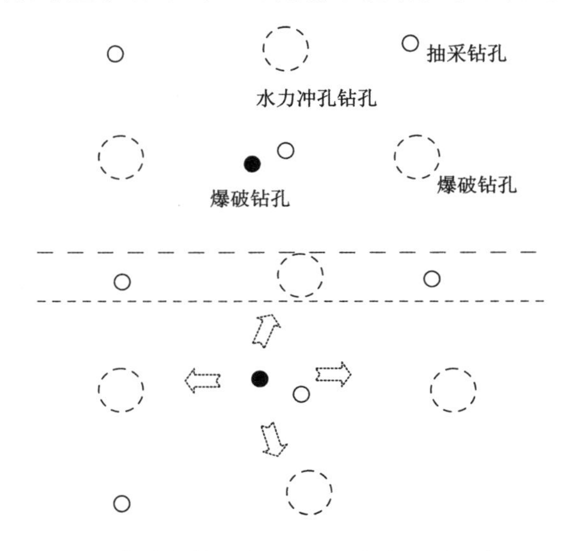


图 5-2 偏移式钻孔布置示意图与实际钻孔布置图

当相邻的水力冲孔钻孔中心存在抽采钻孔时,如果能够利用抽采钻孔进行爆破是最理想的方式。但是抽采钻孔一般是无法透孔后作为爆破钻孔的,此时只能将爆破钻孔的位置进行偏移。如图 5-2 所示,可将爆破钻孔的位置稍做偏移。爆破钻孔距离最近的冲孔孔洞必须大于 3 m,此时爆破钻孔距离抽采钻孔的距离可以稍小一些(可以在 1.5 m 左右)。

由于上向穿层爆破钻孔均须在底板巷道内施工,因此爆破钻孔在煤层中肯定是倾斜钻孔,此时爆破钻孔在煤层中的位置和巷道的位置必须确定其距离参数,特别是远端和近端距离底板的位置。

为提高爆破后应力波引起共振产生的耦合增透效果,要求爆破钻孔成组布置。近端的爆破钻孔的终孔位置与顶板的距离为 2 m,见煤点与巷帮的距离为 3 m,远端的爆破孔终孔位置与顶板的距离为 2 m,与巷帮的距离为 3.5 m,如图 5-3所示。每列爆破钻孔连线垂直巷道轮廓线,爆破钻孔孔径为 94 mm,煤层底板岩孔段装药长度不小于 3 m。爆破前,为使爆破效果明显,应保证周围 30 m 范围内所有钻孔注浆合格,钻孔不漏气。

### 5.1.2 爆破工艺参数及流程

合理的炮眼角度、深度和间排距等参数的确定,不仅方便工人装药,最重要

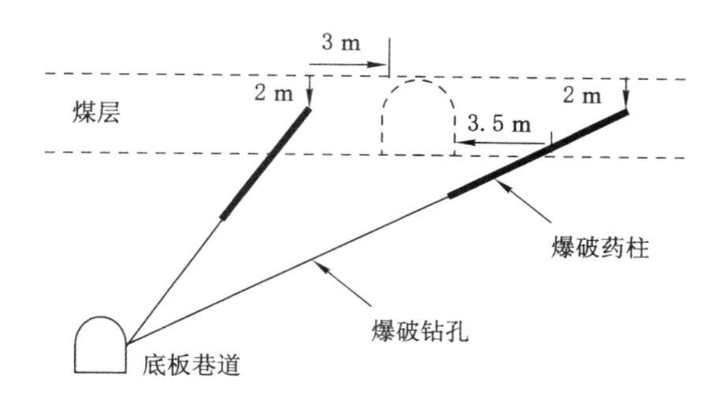


图 5-3　偏移式钻孔参数设计

的是这些参数直接影响了爆破效果，合理的爆破工艺参数使炸药发挥出最好的效果，产生更多的有效裂隙。

5.1.2.1　爆破参数

(1) 炮眼角度

炮眼角度是保证坚硬顶板爆破放顶高度和长度的一个重要参数，倾角过大，导致爆破沿煤层倾向方向爆破范围缩小，炮眼数目增多，工作量增大；倾角过小，虽然可以增大煤层倾向的爆破范围，但装药位置与顶板的距离减少，爆破后可能导致顶板过于破碎，采煤时顶板难于管理。因此，必须确定合理的炮眼角度。炮眼角度与炮眼深度、煤层倾角、顶板处理高度、炮眼开孔位置和顶板的距离有关。炮眼角度一般有两个方向角，即侧向工作面水平角和仰角。如果设计水平角，将使炮眼长度和仰角加大，钻眼定位相对复杂，装药难度加大；另外，侧向工作面的角度一般为 10°～15°，对放顶效果影响甚微。因此，目前较多地采用炮眼方向与工作面平行，不考虑水平角。

(2) 炮眼深度

超前深孔爆破炮眼长度与切眼长度及煤层倾角有关。一般切眼长度小于 120 m 时，采用单向钻眼，即在工作面的回风平巷向工作面顶板钻孔，为了使爆破对机巷不产生影响，孔底距机巷的水平距离一般不小于 20 m。当切眼长度大于 120 m 时，采用机巷与风巷双向钻孔，两巷炮孔孔底的水平距离应大于 10 m。在计算炮眼深度时，首先要确定顶板爆破长度，即炮眼在水平方向的投影长度，再根据炮眼投影水平长度($l$)及炮眼倾角($\alpha$)计算炮眼深度($L$)，即

$$L = l/\cos\alpha \tag{5-1}$$

(3) 炮眼间排距

深孔爆破增透形成的裂隙带必须有一定的宽度，宽度大则扰动明显，但宽度过大，可能造成底板过于破碎，而且钻眼与爆破工作量成倍增加。为了保证能够

充分地扰动煤层，必须确定合理的爆破宽度，即炮眼排数。爆破宽度与切眼长度有关，爆破后的裂隙相互交圈，形成裂隙网。

目前爆破裂隙区半径计算最常用的公式为：

$$R_p = \left(\frac{\nu P S_t}{1-\nu}\right)^{1/\alpha} r_b \tag{5-2}$$

式中 $R_p$——松动圈半径；

$P$——应力波初始径向应力峰值，$P=\frac{1}{8}\rho_0 D^2\left(\frac{r_c}{r_b}\right)^6 n$；

$A$——应力波衰减值，$\alpha=2-\nu(1-\nu)$；

$D$——炸药爆速；

$\rho_0$——炸药密度；

$r_c$——药包半径；

$r_b$——炮眼半径；

$S_t$——岩体抗拉强度；

$\nu$——泊松比；

$n$——压力增大系数。

为了保证爆破效果，炮眼排距应小于2倍的裂隙长度。

5.1.2.2 爆破网路连接

合理的网路连接方式可以提高爆破作业的安全性，减少工人工作量，缩短工作时间。

(1) 网路连接方式

为了确保爆破网路安全起爆，每个炮眼装同段两发雷管，炮孔内两发雷管采用并联方式，炮孔与炮孔之间的炮线采用串联方式，这样连接的好处是：爆破所使用的雷管有可能失效，在药卷内放置两发雷管，并采用并联方式进行连接，相当于一个冗余设计，当一发雷管失效拒爆后，只要另一发雷管正常，就能保证这一药卷正常引爆；两发雷管采用并联方式连接后，失效的可能性较一发雷管大大下降，这样可以极大避免因雷管失效导致药卷拒爆，省掉因处理药卷拒爆的工作；炮孔与炮孔之间采用串联后，线路内一个药卷正常引爆，则整个线路内的其他药卷正常引爆，线路内一个药卷发生拒爆，则整个线路内的其他药卷不能引爆，为保证所有装药孔洞能正常爆破，不存在漏爆情况，采用炮孔与炮孔间串联。

(2) 起爆操作

起爆前利用发爆器对爆破网路进行电阻测试，如果爆破孔内有一发雷管短路、断路或电阻与原测值不符时，则这发雷管母线不得接入主网路。所有爆破孔的电雷管母线采用串联连接。

连线工作由通风队安排专职爆破工作业，主管爆破的副队长现场监督，脚线与脚线、脚线与母线连接每个接头必须用绝缘胶布包扎，脚线与爆破母线的接头及爆破母线必须悬空吊挂，避开淋水和其他导电体。

现场引爆器材选择：选用 FD-200Z 型发爆器，引爆能力 200 发，脉冲电压峰值 2 800 V，允许最大负载电阻 1 220 Ω。起爆器测量爆破网路电阻值，发爆器准爆能力应远远大于爆破网路电阻。

引爆方法：单孔预裂管由双电雷管并联引爆，爆破孔预裂管之间电雷管的连接方式为串联，整个爆破网络为串并联网络。引爆方式为正向引爆。

按远距离爆破要求进行警戒，井下所有设备防护到位后通知矿调度，按煤矿安全规程要求起爆。

爆破后检查：由爆破工使用发爆器检查爆破网络情况，根据测试结果判断是否爆破或出现残爆。

5.1.2.3　装药形式和炸药结构

深孔爆破包括在煤层中爆破和在煤岩层中爆破两种方式，为减小爆破对煤层顶板的破坏，选择在煤岩层中爆破。为了增大煤层的透气性，装药量越大，煤层的空腔越大，煤层底板裂隙半径也越大。但另一方面，装药量增大对煤层顶板的破坏程度也增大，因此设计煤孔装药长度不超过 2 m，底板的装药长度为 3～4 m，选用直径为 75 mm 的煤矿瓦斯抽采水胶药柱，相应的炮孔直径为 94 mm。根据上述原则，爆破孔穿煤层 2 m 后即停钻，不能穿透煤层。

采用专用药柱连续装药，使用气动连续封孔器封堵爆破孔，封孔材料为过筛的黄泥。装药之前一定要将炮孔内的碎矸石吹扫干净，否则装药不到底，或者装药时部分炸药卡在炮孔内，造成安全隐患。

（1）装药原则

煤层段钻孔必须全程装药，单孔装药长度为 6～10 m，外段进行注浆封堵。如果爆破钻孔成孔性不好，易塌孔，采用施工一列爆破孔后装药，比如 25091 下底抽（北段）1#、2# 钻孔施工完毕后装药。每列钻孔施工完毕后，首先对倾角最小的钻孔进行装药，然后对倾角最大的钻孔进行装药。

（2）装药工艺

① 探孔

为保证装药顺畅，装药前用 $\phi$32 mm 探孔管接上 $\phi$75 mm 探孔头（图 5-4）对爆破孔进行探孔，若钻孔探孔深度小于钻孔施工深度，则调整装药长度。

② 炮头制作

采用双雷管起爆头，为了防止接线头和雷管电引火元件进水导致不爆，需对每发雷管接线处和雷管端部进行防水处理。

③ 装药

a. 装药前瓦检工负责检查孔口瓦斯情况，若钻孔瓦斯涌出量较大、瓦斯涌出异常影响正常装药时，抽采队负责使用快速封孔器对钻孔瓦斯进行预抽，抽采时间不小于 8 h。

b. 装药方法。装药前将探孔管在巷道内连接好(探孔管的长度大于最深爆破孔深度的 4 m)；爆破装药采用 $\phi$75 mm 煤矿瓦斯抽采用爆破药柱(图 5-5)，装药时用探孔管将煤矿瓦斯抽采水胶药柱送入爆破孔设计的装药位置。每次装药仅为一根，用探孔管把药柱装到位后切忌再冲撞，否则会导致药柱的防滑装置的弹力失效，使药柱下滑。为防止装药过程中出现药柱之间连接不到位，需每次记录钻孔内探孔管和装药管总长与爆破钻孔深度是否相符。特别注意的是，用探孔管送药柱时，探孔管的顶端要求在送药柱的过程中始终与药柱的下端接触，不可脱节，否则，若炮孔不规则，炮孔直径大，探孔管会陷入药柱与炮孔壁之间，无法送药柱。

图 5-4　探孔头

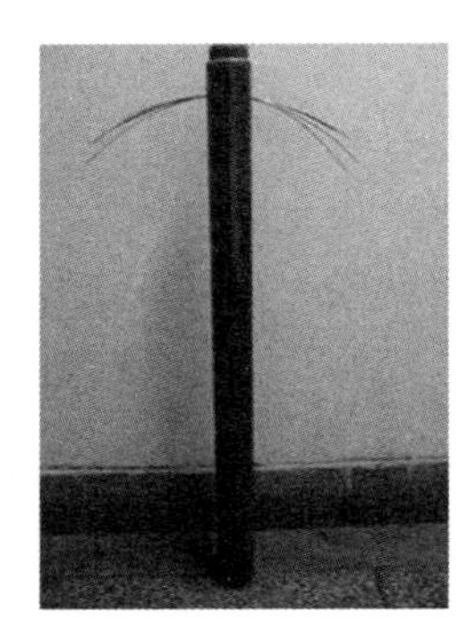

图 5-5　带防滑装置爆破药柱

c. 若爆破孔角度大于 20°时，必须在药柱前端插入防滑装置，防止药柱滑落，防滑药柱内插入的钢丝根数根据不同的炮孔倾角来确定，以药柱插入孔中不下滑为宜。

d. 炮头(图 5-6)的制作方法。

第一步，取一根药柱，打开上盖，钻直径为 6 mm 的空眼 4 个，其中 2 个空眼分别插入母线后打结。

第二步，将雷管脚线长度剪掉，保留 40 mm 长，剥 30 mm 的绝缘皮后与母线连接，先用绝缘胶带把接线头裹紧，再用自粘胶带把接线头裹紧，最后用黄泥把接线头包裹后放入药柱内，因为封孔 48 h 后才爆破，所以接线头必须通过三层保护，以防脚线短路和断路。为防止盖子脱落，在药柱管的侧壁两边用剪刀各钻一个小眼，用四根雷管脚线将盖子与药柱管侧壁固定。

第三步，炮头的防滑钢丝要多1或2根。

e. 装药后，将电雷管的胶质线固定于爆破孔外系牢，防止往孔内送返浆管头时钢丝缠绕母线。母线外留长度不小于1 m，并进行爆破网络检查。测试网络导通且网络电阻在合理阻值以内方可进行注浆封孔。

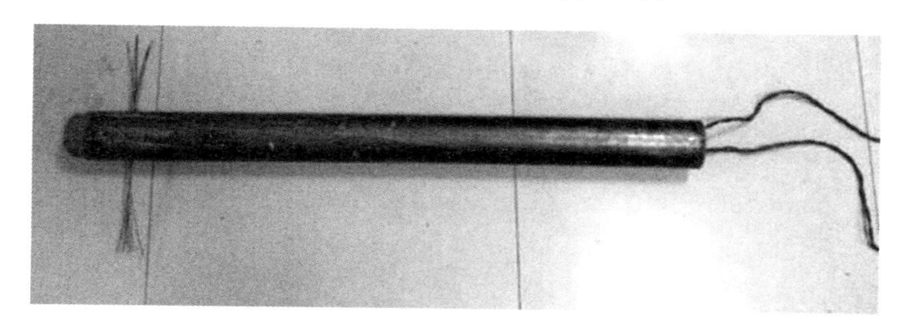

图 5-6 炮头实物图

### 5.1.3 钻进与爆破器材选型

因深孔预裂爆破所用药卷直径为75 mm，且药卷装有防滑的铁丝，如果爆破孔孔径过小，则在装药过程中可能出现药卷卡住情况，药卷卡住后的处理工作十分麻烦，影响现场正常施工；如果爆破孔过大，铁丝与岩壁摩擦力过小，则在装药过程中可能出现药卷滑落情况，滑落的药卷与上方药卷距离过大，则滑落的药卷可能不能正常爆破，给煤层开采掘进带来极大隐患。

5.1.3.1 钻进设备

综合考虑药卷直径与告成煤矿现有设备，钻机采用CMS1-4200/80型全液压履带深孔钻车，钻杆型号为$\phi$73 mm×800 mm圆柱钻杆，钻头为$\phi$94 mmPDC无芯钻头。用直径为94 mm的钻头进行打钻，爆破孔的孔径为94 mm，正好满足装药方便，并达到药卷防滑要求。

CMS1-4200/80型全液压履带深孔钻车主要技术参数如表5-1所列。

**表 5-1 CMS1-4200/80型全液压履带深孔钻车主要技术参数**

| 项目 | 单位 | 参数 |
| --- | --- | --- |
| 行走状态尺寸(长×宽×高) | mm | 4 255×1 040×1 800 |
| 最小离地间隙 | mm | 180 |
| 工作状态稳车方式 | | 液压缸支撑式 |
| 机重 | kg | 6 100(主机)，4 500(泵站) |

表 5-1(续)

| 项目 | | 单位 | 参数 |
| --- | --- | --- | --- |
| 最大转矩 | | N·m | 4 200 |
| 回转转速 | | r/min | 30～340 |
| 钻孔直径 | | mm | 113～450 |
| 钻杆直径 | | mm | 73(光钻杆),89(光钻杆),98(螺旋钻杆) |
| 最大钻进深度 | | m | 450 |
| 终孔直径 | | mm | 120～180(常规钻进) |
| 推进行程 | | mm | 1 800(可按用户要求定制) |
| 油缸推进力 | | kN | 130 |
| 油缸退拔力 | | kN | 140 |
| 空载推进速度 | | mm/min | 6 000 |
| 空载返回速度 | | mm/min | 4 000 |
| 推进器仰角 | | (°) | 45(可按用户要求定制) |
| 推进器俯角 | | (°) | 45(可按用户要求定制) |
| 推进器水平摆角(左右) | | (°) | ±90 |
| 行走速度 | | km/h | 1.4 |
| 行走制动方式 | | | 液压制动 |
| 电动机 | 额定功率 | kW | 55 (主泵电机),22(主机电机),3(冷却器电机) |
| | 额定电压 | V | 380/660 或 660/1140<br>(电动机的额定电压按用户要求确定) |
| 油箱 | 液压油容量 | L | 150(主机),450(泵站)(N100 抗磨液压油) |

5.1.3.2　爆破及封孔器材

爆破采用工业水胶抽采瓦斯药柱,与爆破配套的器材包括起爆器、雷管、导线等。

(1) 爆破器材与炸药

爆破孔装药选用药径为 75 mm 的煤矿瓦斯抽采水胶药柱,如图 5-7 所示。其规格和性能见表 5-2。

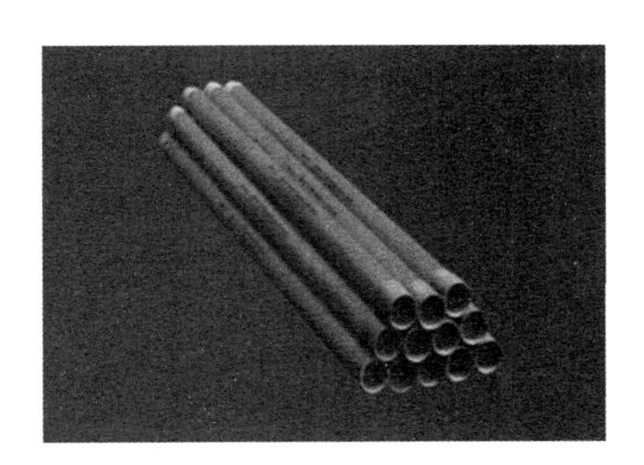

图 5-7 瓦斯抽采水胶药柱

**表 5-2 煤矿瓦斯抽采水胶药柱规格**

| 序号 | 项目 | 性能指标 |
|---|---|---|
| 1 | 装药直径/mm | 75 |
| 2 | 药柱的长度/mm | 1 000 |
| 3 | 药密度 /(g/cm$^3$) | 0.90～1.25 |
| 4 | 爆速 /(m/s) | 6 000～7 500 |
| 5 | 可燃气安全度(以半数引火量计)/g | ≥400 |
| 6 | 煤尘-可燃气安全度(以半数引火量计)/g | ≥250 |
| 7 | 抗爆燃性 | 合格 |
| 8 | 炸药爆炸后有毒气体含量/(L/kg) | ≤100 |
| 9 | 使用保质期/d | 120 |

除了准备爆破药柱外，在爆破前还须准备制作炮头及封堵钻孔的相关材料，如表 5-3 所列。

**表 5-3 爆破前需要准备的相关材料**

| 序号 | 名称 | 单位 | 数量 | 备注 |
|---|---|---|---|---|
| 1 | 炸药($\phi$63 mm×1 000 mm) | kg | 3.3 | |
| 2 | 普通毫秒电雷管 | 发 | | 2 段雷管，每个爆破孔 2 发 |
| 3 | 胶质导线 | m | 400 | 铜芯导线 |
| 4 | 防水绝缘胶布 | 卷 | 10 | 做炮头时用时接头防水 |
| 5 | 剪刀 | 把 | 2 | |
| 6 | 炮泥(晒干，过筛，最大颗粒直径小于 6 mm) | 袋 | 30 | 若后续还需要爆破，炮泥还需要准备 |

表 5-3(续)

| 序号 | 名称 | 单位 | 数量 | 备注 |
|---|---|---|---|---|
| 7 | 发爆器 | 台 | 1 | |
| 8 | 装药工作台或架子 | 个 | 1 | 高位装药时用 |
| 9 | 保险带 | 个 | 3 | 高位装药时用 |
| 10 | 喷雾头 | 个 | 1 | 混黄泥用 |
| 11 | 进水管 | 根 | 2 | 混黄泥用的加水管 |
| 12 | 进风管 | 根 | 2 | 封孔用的进风管 |
| 13 | 连接头 | 个 | 1 | 封孔管与封孔器间的连接头 |
| 14 | 老虎钳 | 把 | 1 | 用于封孔器修理 |
| 15 | 尖嘴钳 | 把 | 1 | 做炮头时用 |

(2) 封孔器材与封孔工艺

封孔器材主要包括 $\phi$10 mm 型铝塑管、聚氨酯及水泥砂浆。封孔工艺采用一堵一注封孔工艺。步骤如下：

首先，在爆破孔内下入 $\phi$10 mm 型铝塑管作为返浆管(图 5-8)，若钻孔倾角小于 25°时，返浆管与炮头固定一起送进孔内；若钻孔倾角大于等于 25°时，返浆管独立送入孔内至炮头处，但送返浆管期间要注意对母线的保护，防止炮孔内的母线缠绕。

其次，在钻孔孔口下入 5 m 长 $\phi$10 mm 型铝塑管作为注浆管。

(a) (b)

图 5-8 返浆管实物图

然后，将两袋搓揉后的袋式聚氨酯封孔胶送入距孔口 1 m 处的位置。

最后，用黄泥将钻孔孔口附近空间堵实。

爆破孔封孔示意图见图 5-9。

为防止孔口段的岩石裂隙导致漏浆，先用速凝水泥注 3 m 左右，等速凝后，

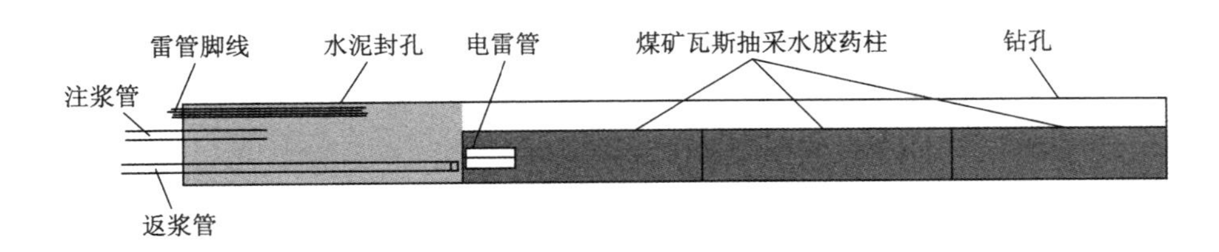


图 5-9 爆破孔封孔示意图

再注水泥浆。采用 425 号水泥，水泥与水按照质量比 4∶3 的比例配制浆液，利用 2BQ15/2.0 型气动式注浆泵通过注浆管压入孔内。注浆凝固 24 h 后即可起爆，水泥消耗量约为每米 8 kg。

水泥浆液制作方法：在混水泥桶中（$\phi$600 mm）先加入 13.2 cm 高度的水后再加入一袋水泥，配置出的水泥浆液中水泥与水的质量比就是 4∶3。

## 5.2 多孔协同爆破增渗技术应用实例

### 5.2.1 水力冲孔孔洞与爆破孔协同作用原理

水力冲孔对爆破致裂过程起到了诱导、促进的作用，特别是冲孔的孔洞为爆破提供了自由面和移动的空间。而炸药爆破则在孔洞的诱导作用下既形成了爆生裂隙，又推动了煤体位移，从而实现了区域性卸压增透。

### 5.2.2 现场试验区域概况

#### 5.2.2.1 矿井概况

告成煤矿隶属于郑州煤炭工业（集团）有限公司，又是郑州煤电股份有限公司的子公司之一，属国有企业。矿井位于河南省登封市东南部，向东北 71 km 抵省会郑州市，井田范围属告成、芦店和大冶三个乡镇辖区，距登封市 12 km。新郑—登封地方铁路从井田通过，并和京广线接轨；井田北部有郑州到汝州的公路通过，各乡镇之间简易公路纵横成网，交通较为便利。告成煤矿交通位置图见图 5-10。井田北与芦店勘探区毗邻，南以部 $F_2$ 断层（石淙河断层）为界。井田走向长 10 km，倾斜宽 3.5 km，面积为 35 $km^2$，主采山西组二$_1$ 煤。

矿井始建于 1992 年，1999 年建成投产，矿井设计生产能力 90 万 t/a，2001 年达产，2011 年核定生产能力为 120 万 t/a。矿井采用双立井水平大巷方式开拓，21 采区和 25 采区采用走向长壁放顶煤采煤方法进行回采。矿井通风方法为抽出法，通风方式为混合式，即矿井由主、副井进风，中央风井和北翼风井回风。

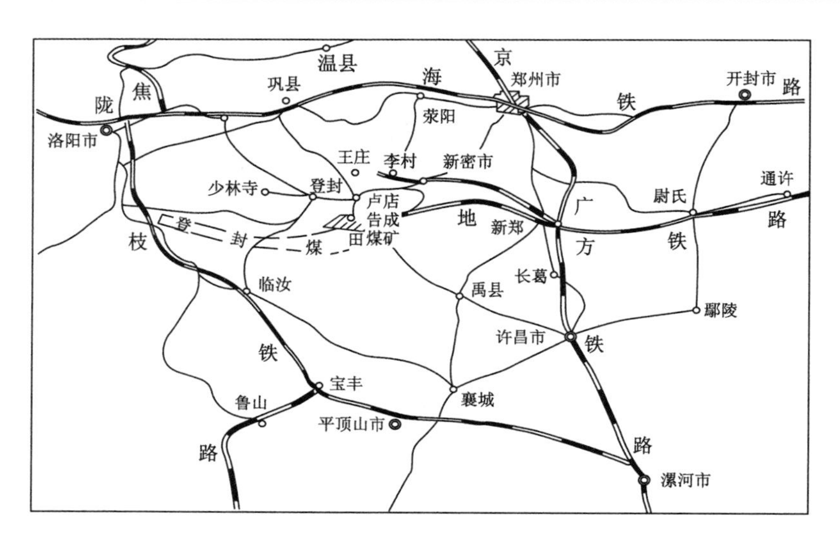


图 5-10　告成煤矿交通位置图

告成矿含煤地层自老而新有石炭系本溪组、太原组(一煤组)和二叠系山西组(二煤组)、下石盒子组(三煤组)、上石盒子组(四、五、六、七、八、九),共 9 个煤组。煤系地层总厚 705.55 m,含煤 20 层,煤厚 11.82 m,含煤系数为 1.68%。

一煤组含一$_0$～一$_9$ 煤层 10 层,二煤组含二$_1$、二$_2$、二$_2^2$ 煤 3 层,五煤组含五$_3$、五$_5$ 煤 2 层,六煤组含六$_4$ 煤 1 层,七煤组含七$_1$～七$_3$ 煤 3 层,详见表 5-4。井田内主要可采煤层为山西组二$_1$ 煤和太原组一$_1$ 煤两层。

**表 5-4　含煤地层含煤特征一览表**

| 含煤地层 | 煤组 | 煤层编号 | 常见煤层 | 可采性 | 煤厚/m |
|---|---|---|---|---|---|
| 上石盒子组 | 四、五、六、七、八、九 | 七$_1$～七$_3$、五$_3$、五$_5$、六$_4$ | 七$_3$、五$_3$ | 七$_3$、五$_3$ 偶尔可采 | |
| 下石盒子组 | 三 | | | 不含煤 | 0.06 |
| 山西组 | 二 | 二$_1$、二$_2$、二$_2^2$ | 二$_1$ | 二$_2$ 偶尔可采、二$_1$ 煤层全区可采 | 8.95 |
| 太原组 | 一 | 一$_1$～一$_9$ | 一$_1$～一$_6$ | 一$_1$ 煤层大部可采、一$_{3、5、6}$偶尔可采 | 2.76 |
| 本溪组 | | 一$_0$ | | 偶尔可采 | |

二$_1$ 煤位于山西组底部,下距太原组顶界 3～5 m,上距砂锅窑砂岩 69 m,煤厚0～14.5 m,平均 4.86 m。直接顶板分为正常顶板区和构造岩顶板区。正常

顶板为深灰色细砂岩(大占砂岩),局部相变为粉砂岩或砂质泥岩,厚 2.70～25.44 m,一般厚 6.6 m,分布面积 8.5 $km^2$,约占$二_1$煤层的 28.3%;构造岩顶板区分布面积 21.5 $km^2$,约占$二_1$煤层的 71.7%;直接底为灰黑色泥岩、砂质泥岩,厚 3～10.9 m,一般 5 m 左右。

$一_1$煤位于太原组底部,上距$二_1$煤 73 m,煤厚 0～5.88 m,平均 1.17 m。直接顶板为 $L_1$ 灰岩,厚 4.97～17.54 m,一般厚 10 m 左右,层位稳定,普遍发育;直接底为铝土岩(占 53%)或泥岩、砂质泥岩(占 47%),厚 1.76～31.38 m,一般 9.5 m 左右。

$二_1$煤为黑色,以粉粒状煤为主,少量呈片状、鳞片状,属典型的Ⅳ-Ⅴ构造煤,煤层中夹 3～5 层不稳定薄层“煤结子”。宏观煤岩成分以亮煤为主,可见镜煤条带。$二_1$煤原煤灰分产率为 8.88%～26.80%,平均 13.89%,为低灰煤;挥发分为 11.51%,煤质牌号为贫煤。

5.2.2.2　矿井地质构造演化及分布特征

新密矿区位于秦岭造山带北缘后陆逆冲推覆构造带渑池-舞阳区段的北东侧,燕山早期(早中三叠世至中侏罗世)受到由南西向北东方向的强烈挤压作用;燕山中期和晚期(晚侏罗世至早白垩世、晚白垩世至第三纪)表现为伸展运动背景下的差异升降活动,形成一系列正断层所夹的地堑、地垒和掀斜构造;老第三纪始新世至渐新世喜山构造运动作用形成了重力滑动构造。

新密矿区主体构造是北西向构造(图 5-11),先期(早中三叠世)受到秦岭造山带隆起由南西向北东向的强烈推挤作用,并形成构造煤,有利于构造对瓦斯的封闭作用;后两期(晚侏罗世至早白垩世、晚白垩世至第三纪)的伸展运动背景下的差异升降活动,主要表现为南西、北东两个方向的拉张,使得新密矿区成为以北西方向展布为主的一系列正断层所夹的地堑、地垒、掀斜构造。

告成井田位于颍阳-芦店向斜的东段南翼。受区域构造控制影响,本区具有两个特点:一是因为处于北西向的嵩山与五指岭平移断层之间,地层呈北东走向;二是因为位于芦店滑动构造西部,井田大部分受滑动构造的影响。

(1) 滑动构造

滑动构造不是一个简单的低缓倾角正断层,而是在区域构造控制下受重力作用而形成的大型复杂构造。本区存在两次滑动,第一次由嵩山的南翼自北向南滑,第二次由箕山的北翼从南向北滑。前者自始至终属于燕山期;后者始于燕山期,持续到喜山期。井田主要受第二次滑动的影响。滑动构造带的下部紧靠$二_1$煤层上部的滑面,称芦 $F_1$。因其较发育且位于下部,所以又称为主滑面或下滑面。上部比较发育的次级滑面,称为芦 $F_{1\text{-}2}$,又称上滑面。上、下滑面及受滑动构造的影响形成的构造破碎带比较复杂。

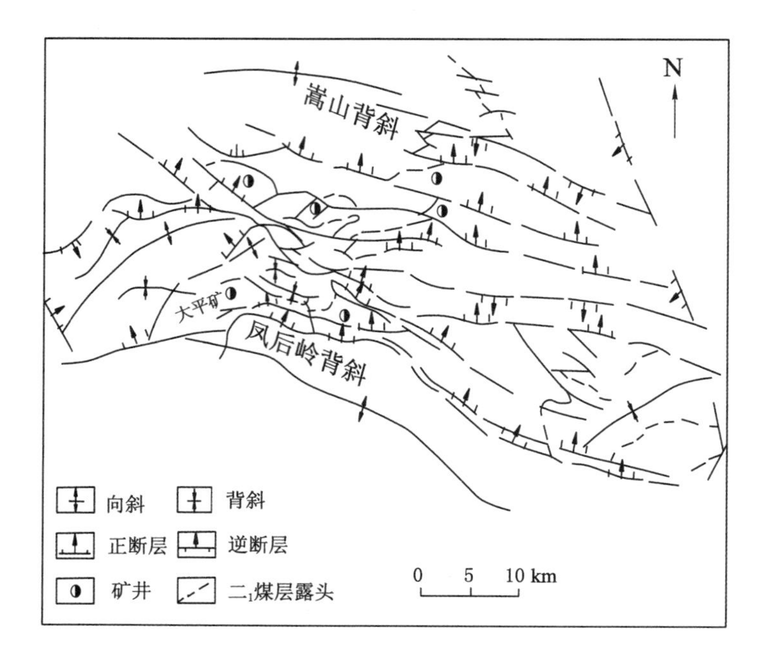


图 5-11　新密矿区构造纲要图

井田内可采煤层二$_1$、一$_1$ 煤均赋存于滑动构造下盘。上盘相对于下盘发生了位移-滑动。由于各部分滑面的倾角、上覆地层厚度及其重量等差异，故其滑动速度各不相同。换言之，滑体在滑动过程当中不是整体滑动，滑体的这一部分与那一部分间还存在相对滑动。所以除了主滑面以外，还发育许多次级滑面。于是相邻钻孔之间同时代地层往往不连续，多呈现断块状。另外，不同位置滑面上、下所表现的缺层(即落差)大小不一，沿走向没有一定规律，沿倾向由浅而深落差渐小。

上盘断层都是在滑动过程中形成的，因此不穿过主滑面，所以下盘不受影响。

(2) 断裂

告成井田主要发育断层有：部 $F_2$(石淙河)正断层、部 $F_5$(瞿门)正断层、部 $F_7$ 正断层、部 $F_3$ 逆断层。

(3) 褶皱

井田内发育的褶曲主要有：庄头背斜、西刘碑向斜。

庄头背斜：位于庄头村南至 13004 孔一线。轴向 40°左右。主体在双庙北山以东，核部为寒武系。从东北部外围倾伏到井田内，在 130 勘探线的浅部较明显。

西刘碑向斜：位于西刘碑西南。受部 $F_2$ 断层破坏不太完整。轴向呈北西～

南东向，向北西倾伏。因靠近井田边部，对二$_1$ 煤层影响较小。

(4) 滑动构造带

滑动构造是在特定的条件下受重力作用的结果。在拖拉下滑过程中，上盘地层破碎分离呈断块状；而下盘地层则被切蚀，越向下被切蚀的层位也越老，当切蚀到塑性层二$_1$ 煤层时，即大体沿其上部向下滑动。

根据受影响的程度分别定为破碎带或裂隙带。断裂带和破碎带合称为滑动构造破碎带（简称破碎带），加上裂隙带称为滑动构造带。

5.2.2.3 构造煤发育及分布特征

构造煤是在构造应力作用下，煤层发生脆韧性变形，从而形成与原生结构煤结构、构造迥异的煤层。其主要特点是强度低、瓦斯放散速度快、应力敏感性强、渗透率低。构造煤的特点使得构造煤发育区成为瓦斯异常带或突出危险区（带）。告成井田构造煤全层发育，根据现场实际观测，构造煤具有以下特征：煤体以粉粒状为主，少量鳞片状，光泽暗淡，无层理、强度低，手试松软，可捻成星片状或粉末状、摩擦镜面发育，镜面上可见大量的擦痕，具有揉皱现象。煤的原生结构和构造已遭到严重破坏，煤体中偶夹因粉煤压固而成的块煤，强度很低，指压易碎。根据《防治煤与瓦斯突出细则》关于构造煤分类方案，煤体破坏类型应属Ⅲ～Ⅴ类煤。

二$_1$ 煤构造煤全层发育，因此，告成井田二$_1$ 煤厚特征也就代表了研究区构造煤厚度特征。二$_1$ 煤层是告成矿主采煤层，煤层具有层位稳定、易于对比、结构简单，分布较广的特点，含不稳定夹矸 1～4 层，属于全区普遍可采的厚～中厚煤层。但是煤厚变化大，分布也很不稳定，其变化特征如下：

① 煤厚变化大。矿井煤厚变化在勘探期间钻孔所见煤厚和生产期间采掘揭露中所见煤厚表现都十分明显，据井田内 136 个勘探钻孔揭露的煤厚资料统计，可采见煤点 113 个，占 83%，零点及不可采点 23 个，占 17%。煤厚变化在 0～14.5 m，平均 4.86 m。

井田内二$_1$ 煤层绝大部分处于滑动构造之下，受滑动构造的影响，煤厚总体变化大。滑动构造覆盖区内，由于受铲蚀和推挤的影响，出现了 12 块无煤带和不可采带，合计面积达 2 $km^2$ 以上，占二$_1$ 煤层分布面积的 6.7%，与正常区相比较平均厚度虽减少不多，但出现了零点、不可采点和特厚点。同时，煤层厚度突变点明显增多。未受滑动构造影响的 13005 孔二$_1$ 煤较厚，该孔西南部的 12210 孔较薄，两极值为 2.35～16.56 m，平均厚 5.35 m。虽未发现零点和不可采点，但是煤厚变化的幅度比较大。

② 煤层底板凸起区煤厚变薄，凹陷区煤厚增大。一般认为煤层底板凸起区为小型背斜，凹陷区为小型向斜，因此，也可以认为背斜使煤层厚度减薄，向斜使

煤层厚度增大。煤层底板在走向上和倾向上一般都呈波状起伏，这种波状起伏可能反映的是古地理形态或者后期褶皱构造，也可能是二者的叠加，不管是哪一种情况，遇到底板起伏变化均可与煤厚变化联系起来综合分析判断。

③ 煤层沿走向和倾向都具有较大的变化，主要特征表现为厚薄煤带相间分布，煤厚局部呈突变关系，煤层整体上呈似层状、藕节状或透镜状。

#### 5.2.2.4 煤与瓦斯突出特征

告成矿自建井以来，发生煤与瓦斯突出 2 次，发生瓦斯异常涌出 15 次，全部发生在 13 采区和 21 采区，如表 5-5 所列。告成矿最早一次瓦斯异常涌出发生于 1998 年 5 月 22 号，在 13031 辅助巷(平巷掘进)下口往上 79 m 处，冒落煤量 28 t，涌出瓦斯 760 $m^3$；最早一次突出发生于 2004 年 1 月 15 日，在 21021 工作面下顺槽辅助巷，突出煤量 26.8 t，涌出瓦斯量 3 667 $m^3$；最大一次突出发生于 2004 年 7 月 26 日，21021 下副巷回风联巷在掘进时，喷出煤岩量 948 t，涌出瓦斯量 28 117 $m^3$，喷出的煤较碎，有分选性，属典型突出。最浅突出深度为 390.5 m，标高为 −82.5 m。

**表 5-5　告成矿煤与瓦斯突出情况统计表**

| 序号 | 时间(年.月.日) | 地点 | 标高/m | 垂深/m | 突出煤量/t | 涌出瓦斯量/$m^3$ | 类型 |
|---|---|---|---|---|---|---|---|
| 1 | 1998-05-22 | 13031 辅巷下口以上 79 m 处 | −75 | 368 | 28 | 760 | 冒顶 |
| 2 | 1998-05-29 | 13031 辅巷下口以上 110 m 处 | −70 | 365 | 18 | 551 | 冒顶 |
| 3 | 1998-07-09 | 13031 辅巷上口以上 10 m 处 | −65 | 349 | 29 | 648 | 冒顶 |
| 4 | 1998-07-16 | 13031 辅巷上口以上 42 m 处 | −60 | 344 | 37 | 900 | 冒顶 |
| 5 | 1998-07-19 | 13031 辅巷上口以上 95 m 处 | −50 | 335 | 47 | 796 | 冒顶 |
| 6 | 1998-08-03 | 13031 辅巷上口以上 108 m 处 | −47 | 331 | 46 | 926 | 冒顶 |
| 7 | 1998-08-22 | 13031 辅巷上口以上 108 m 处 | −47 | 331 | 40 | 796 | 冒顶 |
| 8 | 1998-11-19 | 13051 运输巷车场 | −78 | 370 | 70 | 763 | 冒顶 |
| 9 | 1998-12-25 | 13051 轨道巷平台往上 60 m 处 | −77 | 369 | 26 | 641 | 冒顶 |
| 10 | 1998-12-28 | 13051 轨道巷平台往上 65 m 处 | −76 | 368 | 34 | 675 | 冒顶 |
| 11 | 1998-12-30 | 13051 轨道巷平台往上 75 m 处 | −74 | 366 | 25 | 690 | 冒顶 |
| 12 | 1999-01-19 | 13051 运输巷 12 m 处 | −80 | 380 | 26 | 703 | 冒顶 |
| 13 | 1999-02-19 | 13051 运输巷 95 m 处 | −68 | 368 | 20 | 648 | 冒顶 |
| 14 | 1999-02-23 | 13051 运输巷 107 m 处 | −66 | 366 | 15 | 549 | 冒顶 |
| 15 | 1999-02-25 | 13051 运输巷 112 m 处 | −65 | 365 | 24 | 508 | 冒顶 |
| 16 | 2004-01-15 | 21021 下顺槽辅助巷 17 m 处 | −82.5 | 390.5 | 26.8 | 3 667 | 压出 |
| 17 | 2004-07-26 | 21021 下副巷回风联巷 | −165 | 431 | 948 | 28 117 | 突出 |

2004 年 1 月 15 日，在 21021 工作面下顺槽辅助巷发生的动力现象中，煤壁发出闷雷声，此后出现了煤壁整体外移和底鼓现象，外移 800 mm，底鼓 1 m，符合压出现象中有煤的整体外移且外移距离较小的特征；在煤壁外移和底鼓的过程中，涌出瓦斯量为 3 677 $m^3$，压出和底鼓煤量为 26.8 t，动力现象过程中平均吨煤瓦斯涌出量为 136.8 $m^3/t$，然而，在动力现象后煤体没有明显松散，无分选性，没有孔洞，显然不属于典型突出，本次突出类型属于压出。

两次突出发生在构造附近，21021 下顺槽辅助巷的突出点（16 号突出点）发生在西刘碑向斜的转折端附近，瓦斯含量在 7 $m^3/t$ 左右；21021 下副巷回风联巷（17 号突出点）发生在西刘碑向斜和 $F_{134}$ 断层（落差 3 m 左右）的叠加破坏带内，瓦斯压力达 1.1 MPa，附近瓦斯含量达 12.85 $m^3/t$。15 次冒顶均位于 13 采区在 5～8 m 的厚煤带内，且在断层附近及煤厚和煤层倾角有较大变化的地点，厚煤带内的瓦斯涌出量均较大，采煤工作面绝对瓦斯涌出量在 9～15.4 $m^3/min$ 之间。

综上所述，17 次瓦斯动力现象的发生均与地质构造和瓦斯富集有密切关系，宏观上受芦店重力滑动构造影响，使煤厚发生较大变化，并形成矿井尺度的褶皱，特别是西刘碑向斜对动力现象有明显的控制作用，重力滑动构造不仅使煤层赋存状态发生了急剧变化，而且在厚煤带形成高瓦斯带。告成矿 17 次突出点附近大多没有实测瓦斯含量，瓦斯与突出的关系可从采用综合预测法对告成矿瓦斯含量的预测结果和等值线图来推断。

17 次突出中，有 2 次突出发生在瓦斯含量大于 7 $m^3/t$ 的高瓦斯区，所有突出点的瓦斯含量均在 7.0～14 $m^3/t$。这反映了瓦斯含量达到 7.0 $m^3/t$ 以上是告成矿发生煤与瓦斯突出的必要条件之一。

17 次瓦斯动力现象中，2 次突出发生在瓦斯含量大于 7 $m^3/t$ 的高瓦斯区，15 次冒顶均位于 13 采区的高瓦斯带内，最小瓦斯含量 6.5 $m^3/t$。这说明瓦斯富集区或高瓦斯富集区是发生瓦斯动力现象的必要条件。

地质构造附近往往会造成煤厚急剧变化、构造软煤破坏级别升高、地应力集中和较高的瓦斯压力梯度形成，特别是封闭性的向斜，更有利于瓦斯的赋存，进而更容易导致突出的发生。17 次瓦斯动力现象的发生均与地质构造和瓦斯富集有密切关系，宏观上受芦店重力滑动构造影响，煤厚发生较大变化，并形成矿井尺度的褶皱，特别是西刘碑向斜、庄头背斜对动力现象有明显的控制作用，重力滑动构造不仅使煤层赋存状态发生了急剧变化，而且在厚煤带形成高瓦斯带，13 采区的高瓦斯带就是典型的例子。

依据告成矿的实际突出情况、突出危险性与各参数的关系、瓦斯地质规律及《防治煤与瓦斯突出细则》的相关规定，将煤层瓦斯含量和构造煤厚度作为突出区域预测的指标，并确定了如表 5-6 所列的临界值，生产验证该指标体系具有较好的敏感性和准确性。

**表 5-6　突出区域预测瓦斯地质指标**

| 指标 | 无突出危险 | 突出危险 |
| --- | --- | --- |
| 煤层瓦斯含量 $W/(m^3/t)$ | ＜6 | ≥6 |

根据告成矿的 17 次突出点分布特征及瓦斯含量等值线图可知，所有突出点的瓦斯含量在 7.0 $m^3/t$ 以上，73%以上突出点的瓦斯含量达 8.0 $m^3/t$ 以上，瓦斯含量小于 8.0 $m^3/t$ 的突出点位于吴庄逆断层的构造破坏带。

5.2.2.5　试验区域概况

25 采区位于告成井田北部，东至 13 采区，南至 23 采区，西至－440 m 煤层底板等高线，北至 $F_7$ 正断层。采区范围扩展后走向长 2 056 m，倾向长 960 m，上限标高－20 m，下限标高－440 m，对应地表标高为＋276.3－＋395.7 m，面积 1 973 760 $m^2$。该采区东部为 13 采区，南部为 21 采区，13 采区和 21 采区已回采完毕，其他相邻采区还未开发。

本区主要可采煤层为太原组底部的$一_1$ 煤和山西组的$二_1$ 煤，间距平均 80.22 m，$一_1$ 煤厚 0～3.29 m，平均 1.19 m，暂未开采。$二_1$ 煤厚为 1.45～10.81 m，平均 5.21 m，为本区主要开采对象，以下仅介绍$二_1$ 煤。根据本采区内及附近钻孔资料分析，煤层可采性指数 $K_m$＝0.88，煤厚变异系数 $r$＝62.6%，属不稳定煤层。

由于该采区设计区域进一步扩大，开采水平延伸至－440 m，采区增加地质储量 372.6 万 t，设计区域地质总储量达到 1 291.4 万 t，采区设计可采储量为 827.7 万 t，见表 5-7。

**表 5-7　采区设计可采储量汇总表**

| 煤层名称 | 地质储量/万 t | 采区设计可采储量/万 t | | |
| --- | --- | --- | --- | --- |
| | | 断层 | 下山保护煤柱 | 可采储量 |
| $二_1$ 煤 | 1 291.4 | 108.3 | 79.5 | 827.7 |

根据勘探钻孔相关资料、25 采区开拓延深期间（垂深每增加 30～50 m 测定一组瓦斯压力和瓦斯含量）、25001 工作面、20591 工作面实测瓦斯参数和超前探测钻孔测定原始瓦斯含量综合分析，25 采区瓦斯含量 1.20～22.01 $m^3/t$，实测煤层瓦斯压力为 0.24～0.65 MPa。该区域为始突标高以下，划分为突出危险

区域。

### 5.2.3 多孔协同爆破增渗技术应用

水力冲孔与深孔预裂爆破耦合增透试验在25091工作面开展，根据瓦斯含量大小划分试验单元，其中包含两个揭煤区域。

根据前文所述，水力冲孔一方面通过泄煤起到卸压作用，使周围煤体发生位移造成局部区域的疏松；另一方面通过高速水流的冲击使煤层内出现大量孔洞，孔洞的大小根据冲煤量而定，而孔洞则为爆破提供了自由面。在爆破作用下，一方面底板出现裂隙，形成持久的瓦斯运移通道；另一方面则强行使煤体发生位移，既疏松了煤体，也填实了水力冲孔造成的孔洞，从而为后续的瓦斯抽采、巷道支护提供了条件。

水力冲孔必须在时间上先于爆破孔施工，在空间上则要位于爆破孔的四周，充分利用爆破扰动作用使区域性煤体疏松。因此，所有耦合爆破增透的区域内，均先施工水力冲孔，使煤体内出现大量的孔洞，然后在相邻水力冲孔的中间施工爆破孔进行爆破。爆破孔不能出现在掩护巷道的中心位置，当出现这种情况时，可根据需要将爆破孔的位置进行偏移，但必须保证爆破能量不能从个别的孔洞中完全释放。在如上的指导思想下，水力冲孔与深孔预裂爆破耦合增透试验成功地在各个单元完成。

25091工作面煤体几乎都是松散状态，在煤层中装药爆破，爆破后在煤体中很难形成有效裂隙，很多的爆生裂隙裂纹都会发生闭合，从而严重影响了瓦斯的抽采效率。

从理论角度分析，告成煤矿必须采用在底板与煤层装药的底板穿层爆破技术，爆破后在底板岩石里的裂隙不会复原，且提供了大量的瓦斯渗流通道。同时，在孔洞作用下煤体会发生位移，从而使得区域内煤体松动，从而提高抽采效率。可见，告成煤矿应采取底板穿层装药爆破，并充分利用水力冲孔的孔洞自由面。

#### 5.2.3.1 下底抽巷北段揭煤区技术应用

25091下底抽巷北段揭煤区(第九单元)瓦斯含量在6.36～9.37 $m^3/t$，穿层预抽钻孔按照孔间距9 m×9 m网格状设计。钻孔直径为94 mm，且钻孔穿透煤层进入煤层顶板不小于0.5 m。卸煤钻孔和抽采钻孔间隔布置。揭煤区域范围为：走向长度62 m，倾向宽度35 m；该区域共施工40个穿层钻孔，其中20个为预抽钻孔，20个为水力冲孔增透卸压钻孔，水力冲孔钻孔总计完成泄煤量460 t。深孔预裂爆破钻孔的施工地点位于25091下底抽巷北段车1测点向北10～80 m，巷道标高为－410～－414 m，该巷道布置在L7-8灰岩中，采用4.2 m

(净宽)×3.4 m(净高)直墙半圆拱断面锚网喷支护，净断面积 12.4 $m^2$，距煤层间距 15 m 左右。利用爆破钻孔测试爆破区域瓦斯含量为 6.54～7.10 $m^3/t$。

(1) 爆破孔设计与施工

钻孔施工从 11 月 25 日至 11 月 26 日，共施工 6 个爆破钻孔，装药 6 个钻孔，见图 5-12。钻孔倾角为 21°～64°，钻孔施工过程未出现夹钻、顶钻、喷孔、钻孔塌孔等异常情况，每列钻孔先装低角度钻孔，再装大角度钻孔，采用每次装 1 节药卷的方式，6 个钻孔均可顺利将药卷送入孔底，共装药 180 kg，见表 5-8。

钻孔装药结束后立即采用铝塑管、聚氨酯封孔，封孔 30 min 后注浆，单孔注浆量为 75～125 kg。装药注浆 48 h 后，于 12 月 3 日 14 时 50 分进行爆破作业。

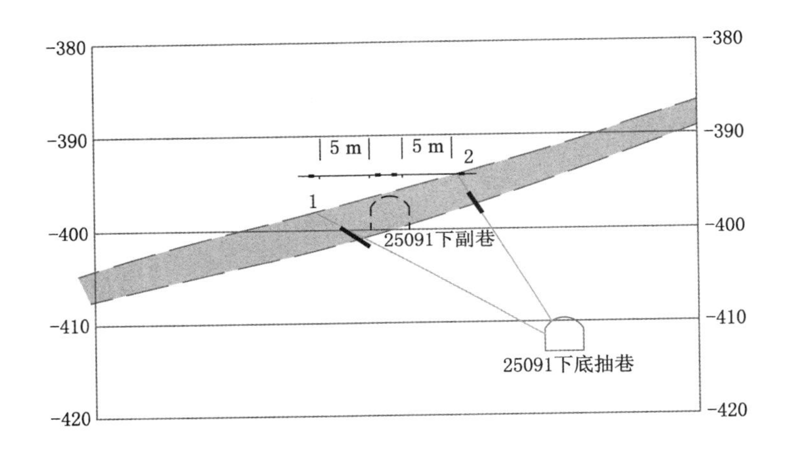


图 5-12　北段揭煤区域瓦斯治理钻孔示意图

**表 5-8　下底抽巷北段揭煤区爆破钻孔施工与装药情况表**

| 孔号 | 方位 | 倾角/(°) | 岩孔深度/m | 煤孔深度/m | 孔深/m | 探孔深度/m | 装药量/kg |
|---|---|---|---|---|---|---|---|
| 1 | 垂直巷帮 | 22 | 22.50 | 4.50 | 27.00 | 27.00 | 30 |
| 2 | 垂直巷帮 | 64 | 12.00 | 4.50 | 16.50 | 16.50 | 30 |
| 3 | 垂直巷帮 | 21 | 20.25 | 4.50 | 24.75 | 24.50 | 30 |
| 4 | 垂直巷帮 | 64 | 13.50 | 4.50 | 18.00 | 18.00 | 30 |
| 5 | 垂直巷帮 | 22 | 21.00 | 4.50 | 25.50 | 25.50 | 30 |
| 6 | 垂直巷帮 | 64 | 14.25 | 4.50 | 18.75 | 18.50 | 30 |

(2) 爆破效果分析

第九单元共12个爆破钻孔,分两次爆破。第一次爆破6个钻孔,位于第九单元南部。爆破前对该区域每一列抽采钻孔、水力冲孔钻孔进行合闸抽采,人工测试每组钻孔的抽采浓度和流量。由于爆破后1 h不能进入爆破区域,因此爆破后的抽采浓度从2 h及以后进行测试。

图5-13为第九单元第一次爆破前后的瓦斯抽采浓度云图,由于抽采浓度与抽采纯流量呈正比关系,因此仅分析抽采浓度。

这里所指的原始状态是指未爆破前且水力冲孔措施实施之后的抽采状态。根据图5-13可以看出,在第九单元区域内,部分区域的瓦斯抽采浓度高于6%,部分区域则低于5%。这种现象表明,第九单元内由于水力冲孔措施的实施,导致煤层内应力分布不均匀,煤层透气性存在明显差异性。

第一次爆破的区域是第九单元的北部,爆破后瓦斯抽采浓度及纯流量曲线图见图5-14。在爆破孔区域向南外延40 m范围内,瓦斯抽采浓度明显上升,浓度为原始状态的2~10倍,纯流量为原始状态的2~30倍;向北区域内瓦斯抽采浓度不明显。这种现象与煤层的倾斜走向有关,由于煤层是南高北低,爆破作用极有可能使煤体向下压实。而南部的煤层则被卸压疏松,因此抽采浓度云图明显呈现出南部效果好于北部效果的现象。

由于煤层应力的重新分布是缓慢的,煤体移动、疏松均需要时间。在这个过程中,抽采浓度伴随着升高、下降、升高的变化规律。但耦合增透的影响范围无疑已经影响到外部40 m范围内。可见,第一次爆破,对第九单元内瓦斯抽采效果的提高是非常显著的。

第二次爆破是在第九单元的南部,共6个爆破钻孔。在第二次爆破前,进行的区域内瓦斯抽采浓度测试表明,第一次爆破后抽采浓度的变化在3 d内已经平复。第二次爆破后瓦斯抽采浓度及纯流量曲线图见图5-15,瓦斯抽采浓度云图见图5-16~图5-18。

与第一次爆破相比,第二次爆破的影响区域更大。除了第一次爆破区域内的瓦斯抽采浓度大幅提高外,第八单元的北段抽采浓度也大幅提升,为原始抽采浓度的5~10倍。爆破后的6 h内,爆破区域的瓦斯抽采浓度始终在30%左右,为原始抽采浓度的10倍左右,抽采纯流量为原始状态的4~40倍。而这种高效抽采效果有所减缓,但也在原始状态的3~6倍之间,并持续至15 d左右。

#### 5.2.3.2 下底抽巷第七单元技术应用

该区域瓦斯含量在6.36~9.37 $m^3/t$,穿层预抽钻孔按照孔间距9 m×9 m网格状设计。钻孔直径为94 mm,且钻孔穿透煤层进入煤层顶板不小于0.5 m。卸煤钻孔和抽采钻孔间隔布置。该区域共施工40个穿层钻孔,其中20个为预抽钻

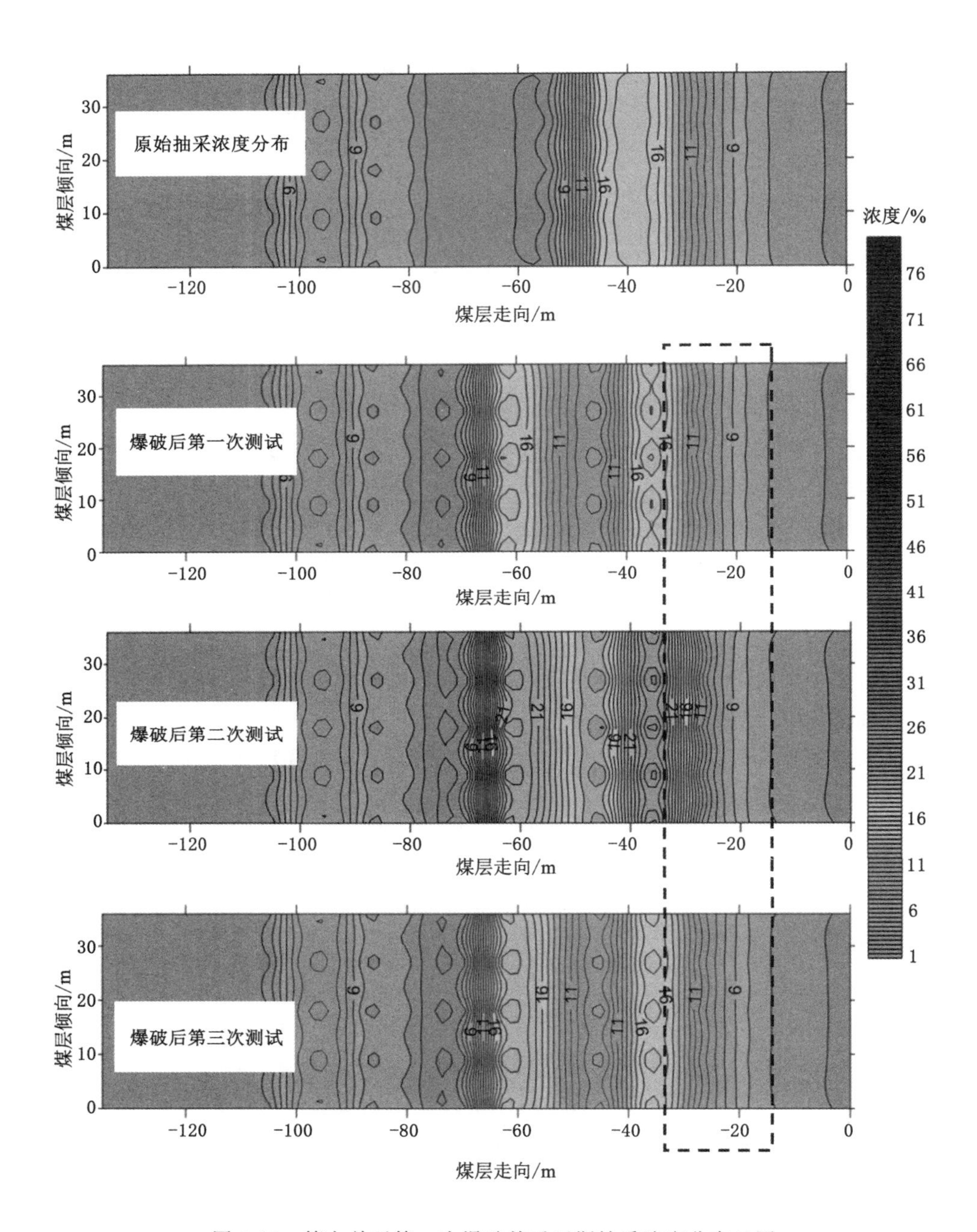


图 5-13　第九单元第一次爆破前后瓦斯抽采浓度分布云图

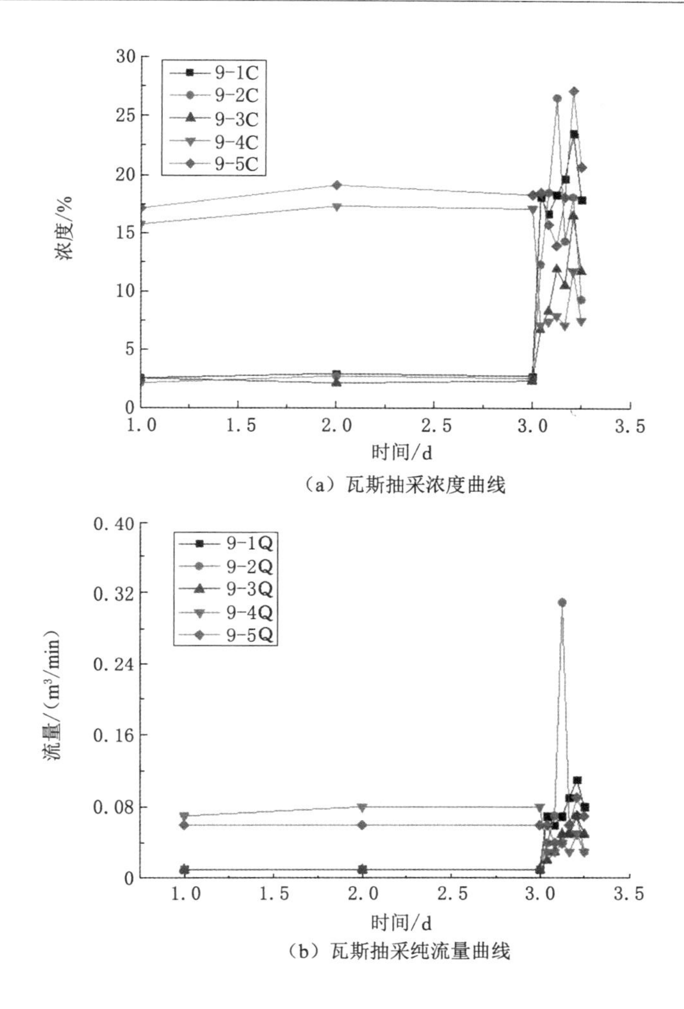


(a) 瓦斯抽采浓度曲线

(b) 瓦斯抽采纯流量曲线

图 5-14 第九单元第一次爆破后瓦斯抽采浓度及纯流量曲线示意图

孔,20 个为水力冲孔增透卸压钻孔,水力冲孔钻孔总计完成泄煤量 460 t。

(1) 爆破孔设计与施工

25091 下底抽巷第七单元走向长 48 m,倾向宽 66 m,平均煤厚 3.2 m,煤层倾角 16°。煤层厚度平均 4.2 m,煤层倾角 13°~17°,该区域设计钻孔 96 个,泄煤量 285 t,实际施工 60 个穿层预抽钻孔,33 个泄煤钻孔,泄煤 442 t。25091 下副巷(北段)装药后注浆 48 h,于 12 月 21 日 15 时 35 分进行爆破。

钻孔施工时间从 12 月 11 日至 12 月 13 日,施工 25091 下底抽巷第七单元 6 个爆破孔,见图 5-19。钻孔倾角为 15°~64°,孔深 21~53 m,钻孔施工过程中未

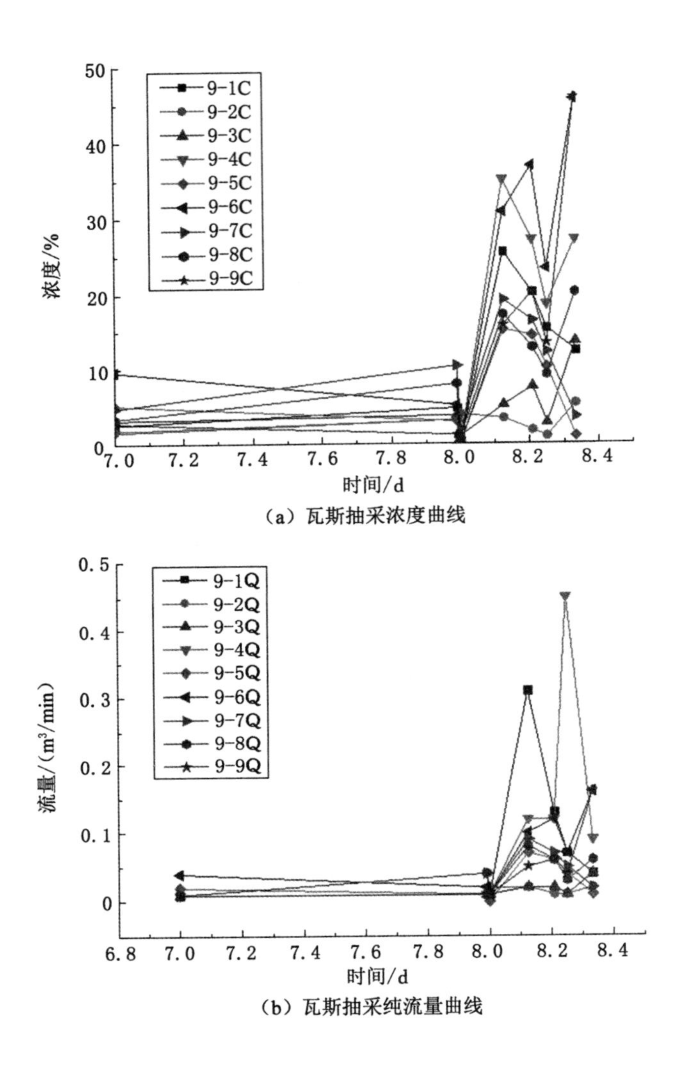

(a) 瓦斯抽采浓度曲线

(b) 瓦斯抽采纯流量曲线

图 5-15　第九单元第二次爆破后瓦斯抽采浓度及纯流量曲线示意图

出现夹钻、顶钻、喷孔、钻孔塌孔等异常情况，每列钻孔先装低角度钻孔，再装大角度钻孔，采用每次装 1～2 节药卷的方式，钻孔均将药卷送入孔底，共装药 290 kg。爆破钻孔施工与装药情况见表 5-9。

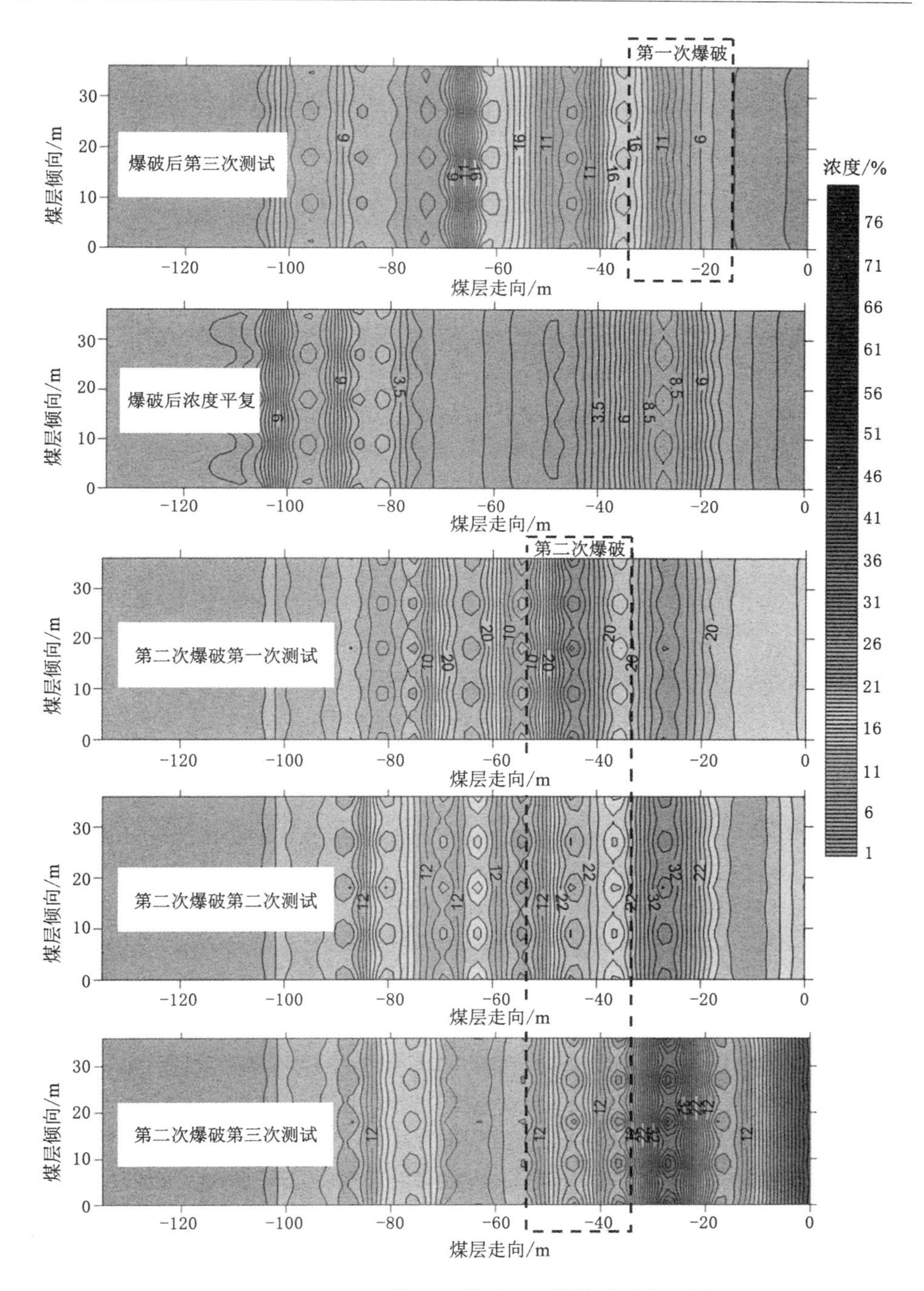


图 5-16　第九单元第二次爆破后瓦斯抽采浓度云图

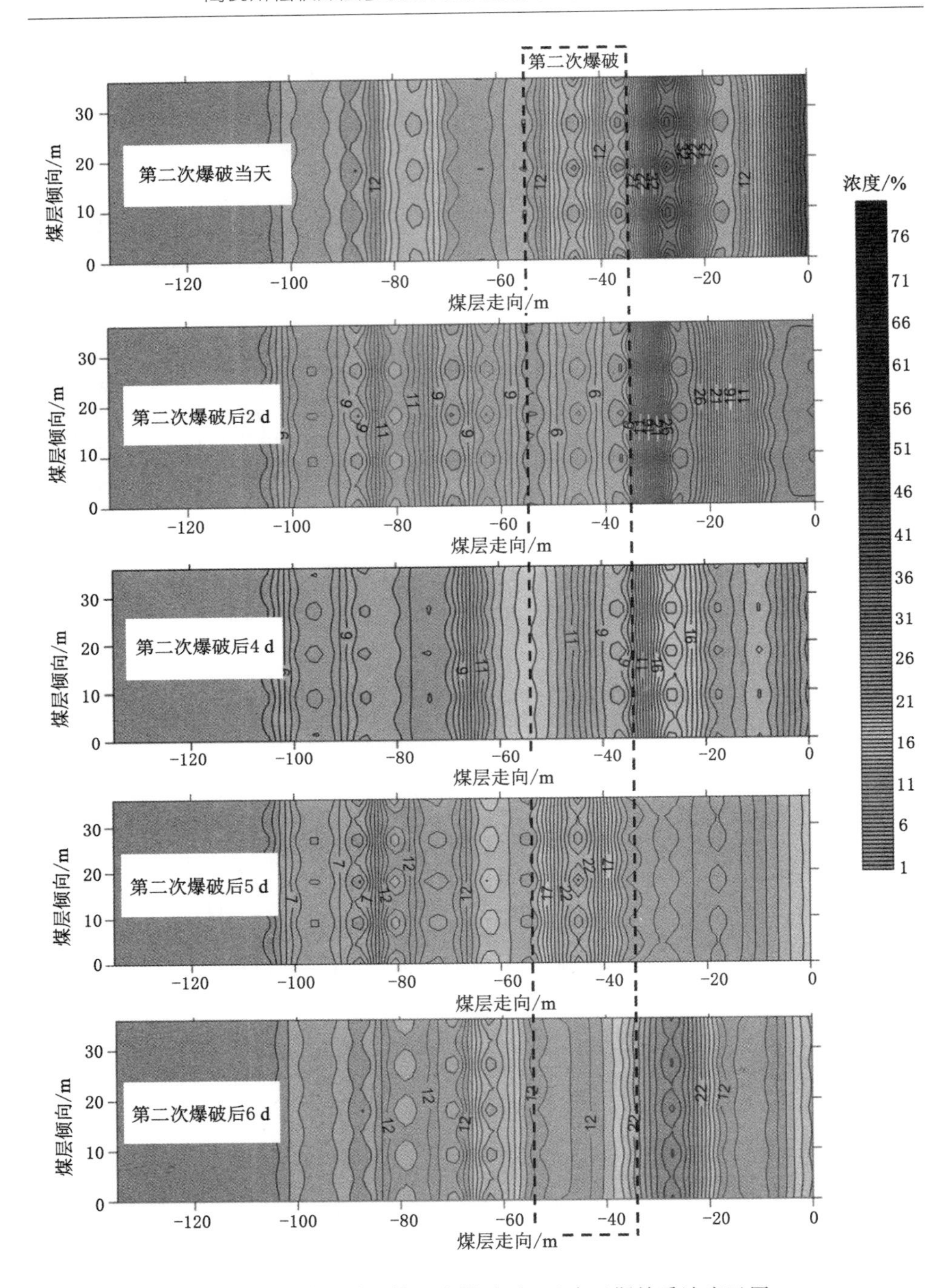


图 5-17　第九单元第二次爆破后 6 d 内瓦斯抽采浓度云图

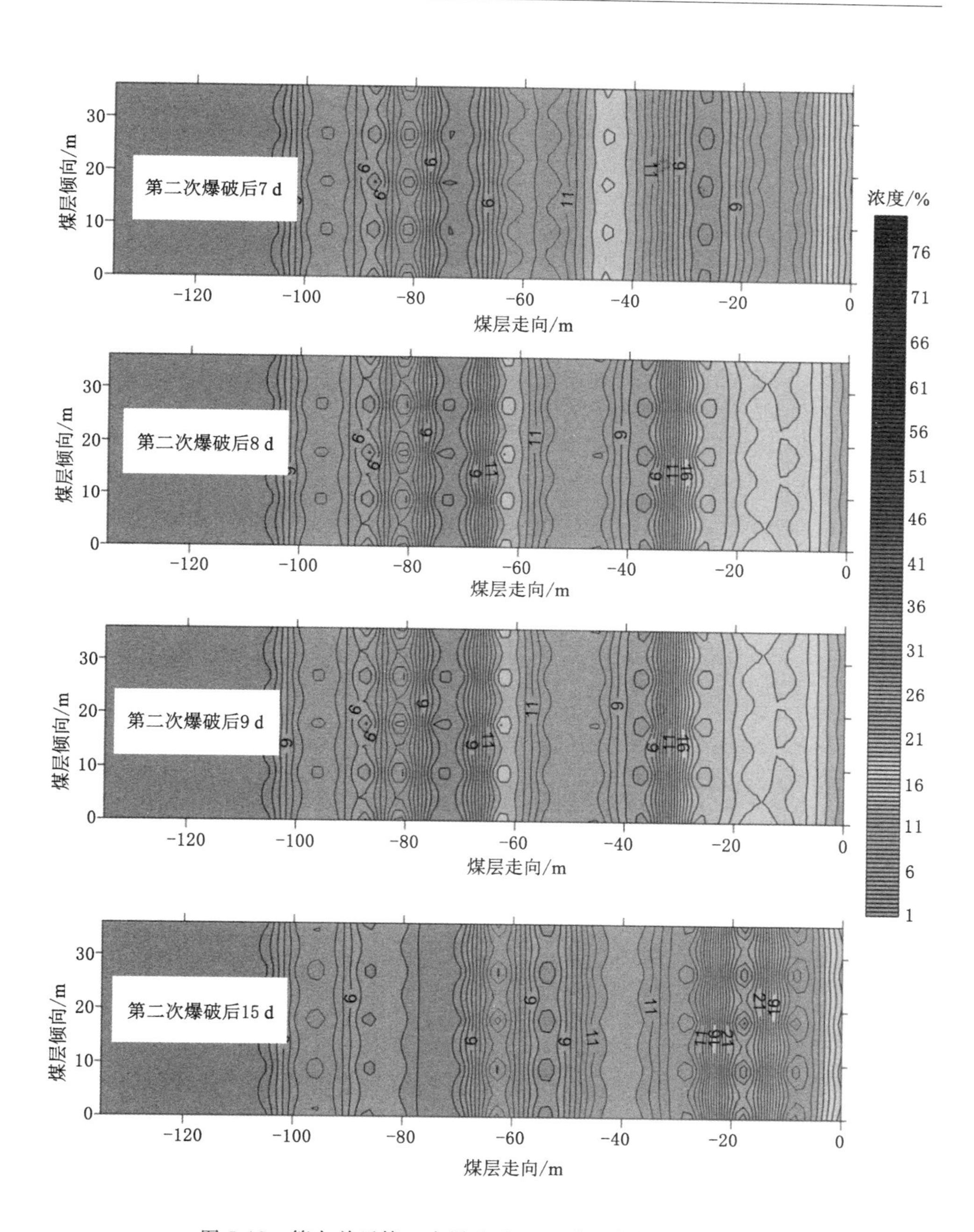


图 5-18 第九单元第二次爆破后 15 d 内瓦斯抽采浓度云图

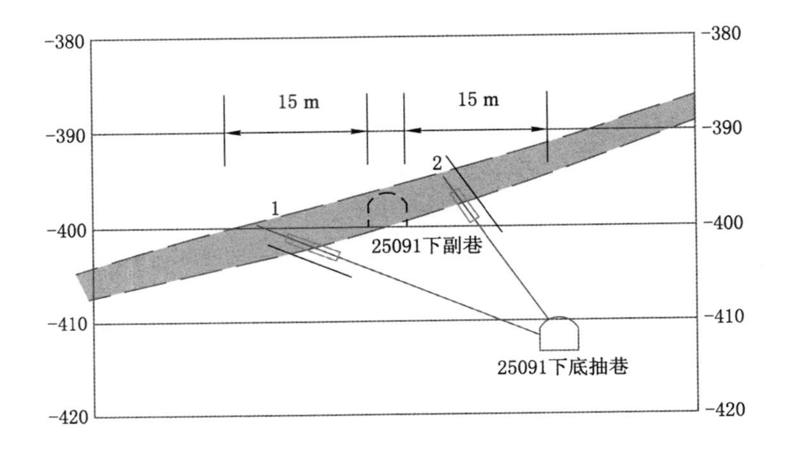


图 5-19 第七和第八单元瓦斯治理钻孔示意图

**表 5-9 第七单元爆破钻孔施工与装药情况表**

| 孔号 | 倾角 /(°) | 岩孔深度 /m | 煤孔深度 /m | 孔深 /m | 探孔深度 /m | 装药量 /kg |
|---|---|---|---|---|---|---|
| 1 | 15 | 34.50 | 4.50 | 39.00 | 39 | 30 |
| 2 | 28 | 25.50 | 4.50 | 30.00 | 30 | 30 |
| 3 | 64 | 21.00 | 2.25 | 23.25 | 23 | 25 |
| 4 | 15 | 31.50 | 4.50 | 36.00 | 34 | 30 |
| 5 | 25 | 25.50 | 4.50 | 30.00 | 30 | 30 |
| 6 | 64 | 18.75 | 2.25 | 21.00 | 21 | 25 |

钻孔装药结束后立即采用铝塑管、聚氨酯封孔，封孔 30 min 后开始注浆，单孔注浆量为 100～150 kg。

(2) 爆破效果分析

第一次爆破的区域是第七单元的南部，爆破后瓦斯抽采浓度云图见图 5-20。在爆破孔区域向北外延 40 m 范围内，瓦斯抽采浓度明显上升，浓度为原始状态的 4～5 倍，一度达到 60%以上，纯流量为原始状态的 5～20 倍；向南区域内瓦斯抽采浓度不明显。

这种现象与煤层倾角及前期的爆破作用有关，由于煤层是南高北低，爆破作使煤体向下移动。而北部的煤层由于爆破作用已经疏松，因此很可能该区域出现了煤体整体下移的现象。

耦合增透的影响范围已经影响到北部 40 m 范围内。可见，第一次爆破对第七单元内瓦斯抽采效果的提高是非常显著的。

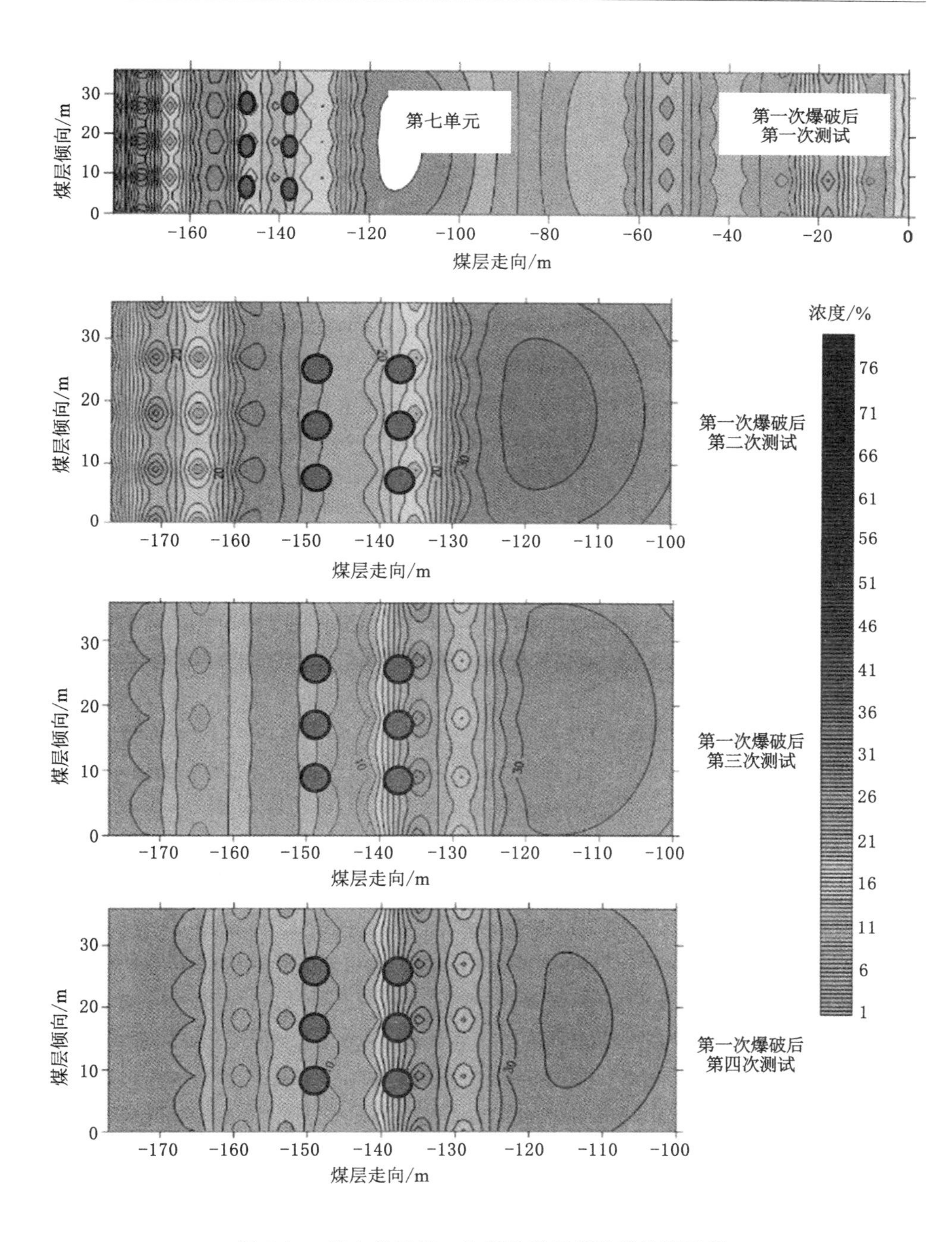


图 5-20　第七单元第一次爆破后瓦斯抽采浓度云图

第二次爆破是在第七单元的北部，共 6 个爆破钻孔。在第二次爆破前，进行的区域内瓦斯抽采浓度测试表明，该区域的瓦斯抽采浓度非常小。第二次爆破后瓦斯抽采浓度及纯流量曲线图见图 5-21，瓦斯抽采浓度云图见图 5-22。

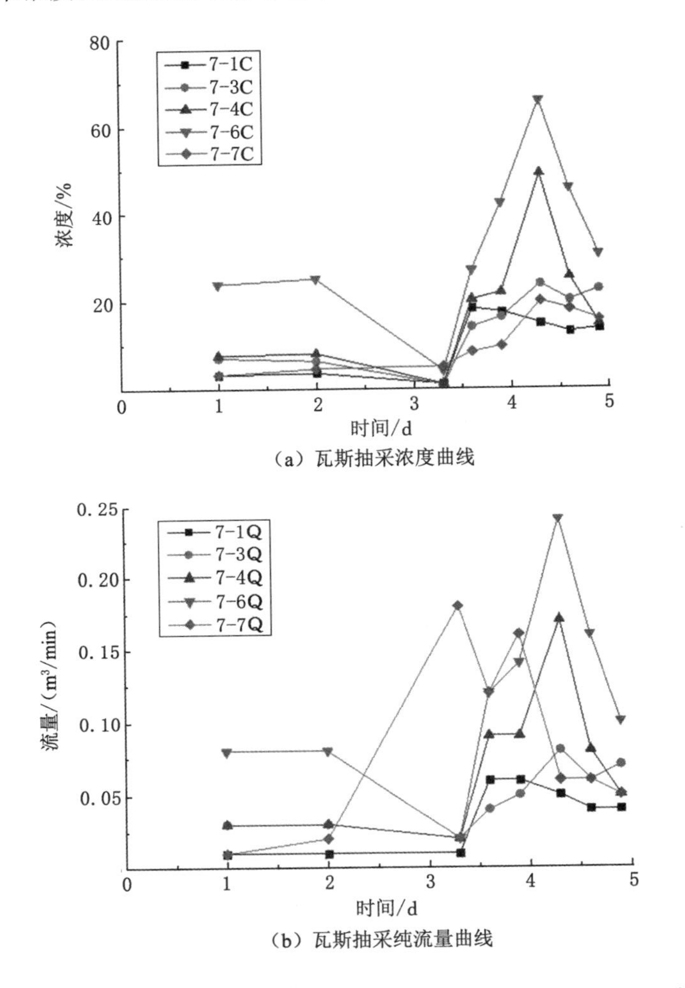


图 5-21 第七单元第二次爆破后瓦斯抽采浓度及纯流量曲线示意图

与第一次爆破相比，第二次爆破的影响区域更大。除了第一次爆破区域内的瓦斯抽采浓度大幅提高外，第七单元南段瓦斯抽采浓度也大幅提升，为原始抽采浓度的 4～5 倍，抽采纯流量为原始状态的 5～20 倍。

#### 5.2.3.3 下底抽巷第八单元技术应用

25091 下底抽巷第八单元走向长 54 m，倾向宽 48 m，平均煤厚 4.2 m，煤层

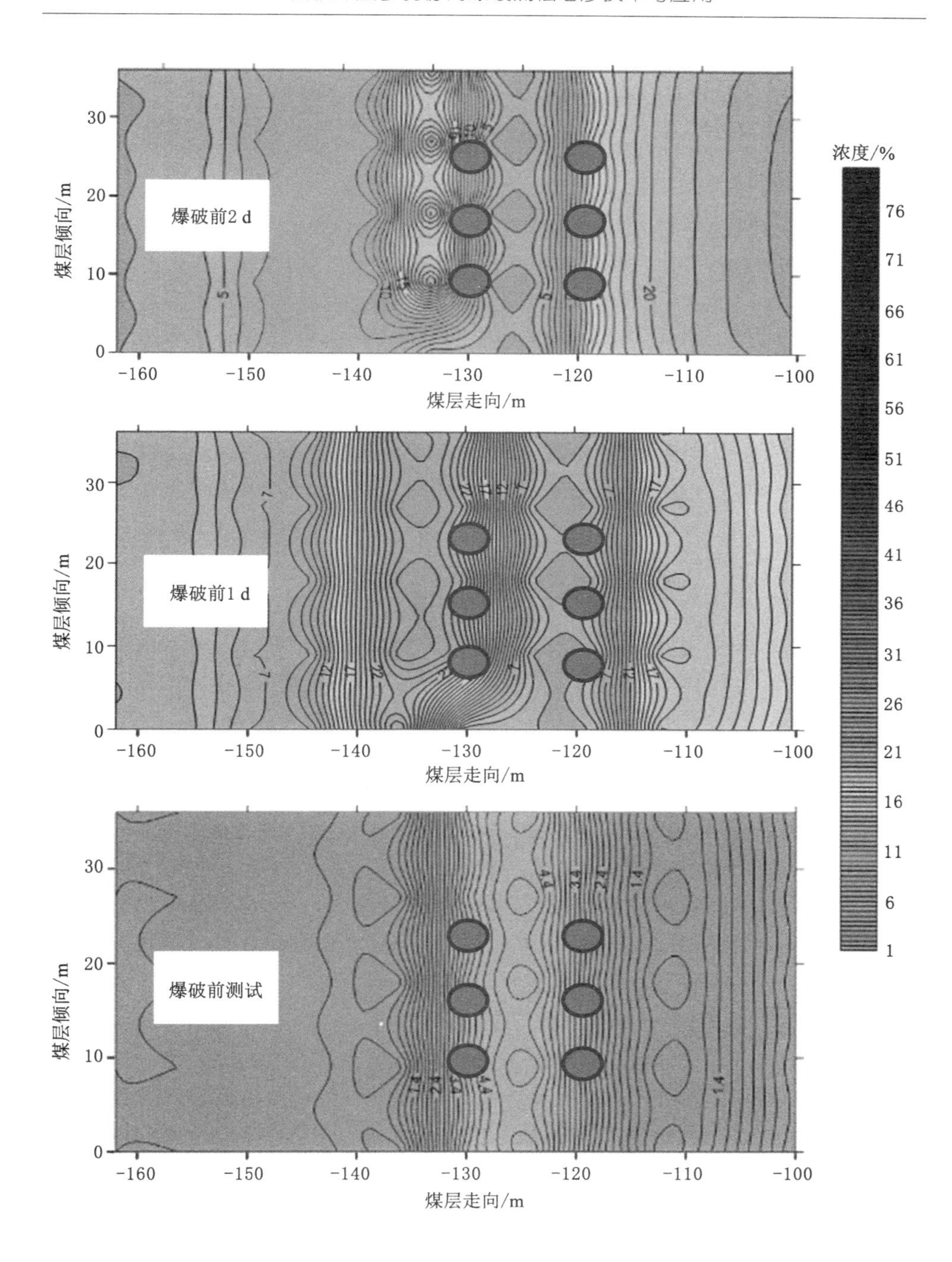


图 5-22　第七单元第二次爆破前后瓦斯抽采浓度云图

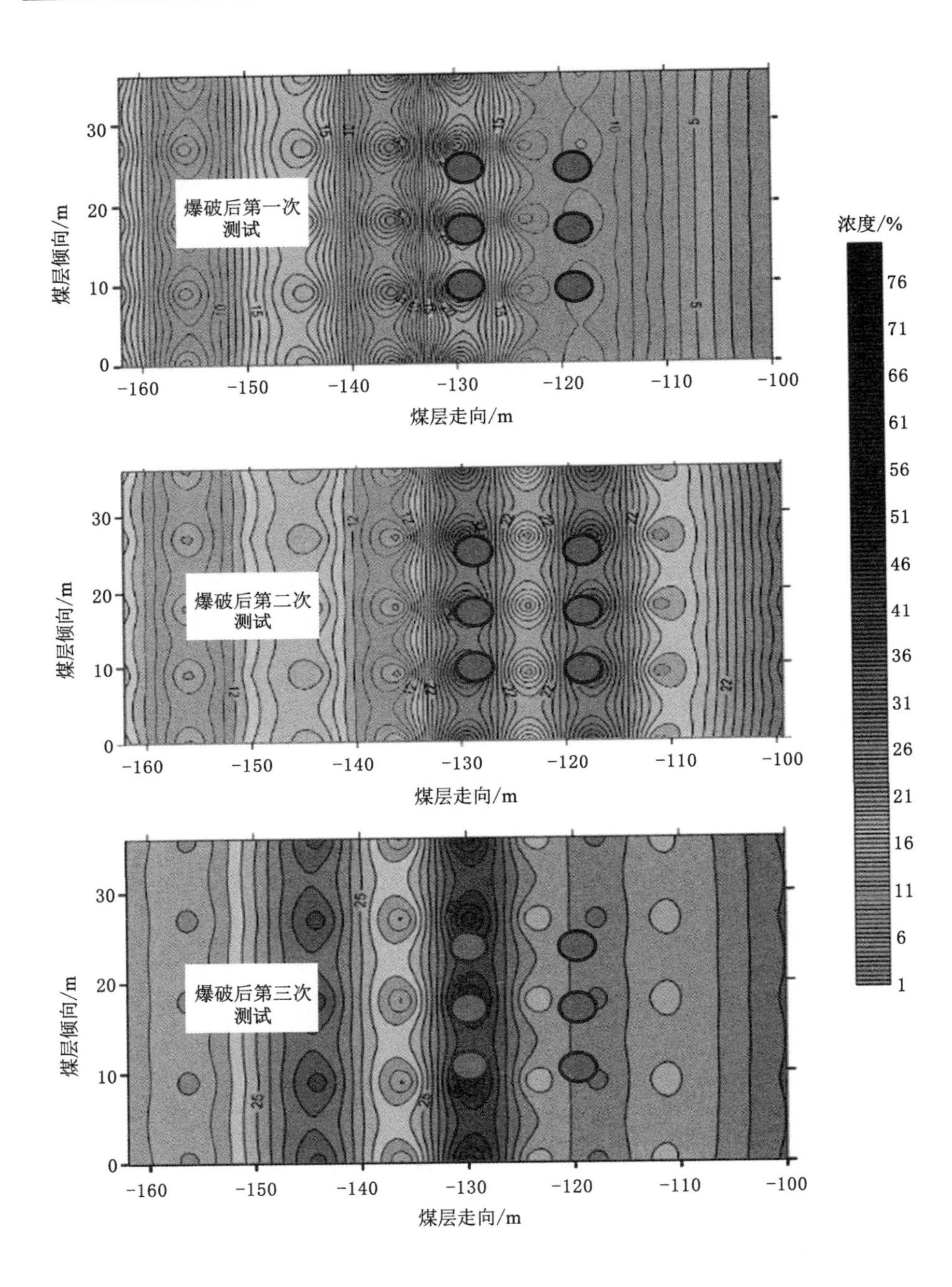
爆破后第一次
测试
爆破后第二次
测试
爆破后第三次
测试
煤层倾向/m
煤层走向/m
浓度/%
76
71
66
61
56
51
46
41
36
31
26
21
16
11
6
1
-160
-150
-140
-130
-120
-110
-100
0
10
20
30

图 5-22(续)

倾角16°。实测煤层原始瓦斯含量3个，为9.51～13.06 $m^3/t$。该区域设计钻孔间距6 m×6 m，设计钻孔98个，泄煤量425 t，实际施工52个穿层预抽钻孔，含10个泄煤钻孔，泄煤260 t，该区域设计爆破钻孔12个，首次爆破4个，12月26日完成钻孔装药4个，总装药量为180 kg，于12月29日进行爆破。第八单元实际施工52个抽采孔，含10个泄煤孔，泄煤260 t，设计爆破孔12个。第二次爆破4个爆破孔，总装药量为180 kg，12月29日15时进行爆破。

(1) 爆破孔设计与施工

钻孔施工时间从12月25日至12月26日，25091下底抽巷第八单元施工4个爆破钻孔，钻孔倾角2～6°，孔深20～30 m，钻孔施工过程未出现夹钻、顶钻、喷孔等异常情况，每列钻孔先装低角度钻孔，再装大角度钻孔，采用每次装1节药卷的方式，钻孔均将药卷送入孔底，总计装药180 kg，见表5-10。

**表5-10 第八单元爆破钻孔施工与装药情况表**

| 孔号 | 倾角/(°) | 岩孔深度/m | 煤孔深度/m | 孔深/m | 探孔深度/m | 装药量/kg | 注浆量/袋 |
|---|---|---|---|---|---|---|---|
| 19 | 2 | 21.75 | 8.25 | 30.00 | 28.00 | 50 | 1.5 |
| 20 | 6 | 18.00 | 5.25 | 23.25 | 21.50 | 40 | 1.5 |
| 22 | 2 | 22.50 | 7.50 | 30.00 | 30.00 | 50 | 1.5 |
| 23 | 6 | 18.00 | 5.25 | 23.25 | 23.00 | 40 | 1.5 |

(2) 爆破效果分析

第二次爆破的区域是第八单元的北部，爆破后瓦斯抽采浓度及纯流量曲线图见图5-23，瓦斯抽采浓度云图见图5-24。在爆破孔区域向南外延40 m范围内，抽采浓度明显上升，浓度为原始状态的2～5倍，一度达到80%以上，纯流量为原始状态的5～60倍。耦合增透的影响范围已经影响到南部40 m范围内。可见，第二次爆破对第八单元内瓦斯抽采效果的提高是非常显著的。

虽然爆破后抽采纯流量有所下降，但始终比原始状态高得多，并持续至10 d以上。由于后期的数据未进行测试，无法分析10 d以后的趋势。从曲线上分析，持续高浓度、高纯流量抽采状态很可能还会持续。

从云图的分布特征来分析，耦合增透条件下，爆破孔的爆破顺序对瓦斯抽采非常重要。综合前几次爆破来看，第九单元第一次爆破，导致上部(相对于北部)煤层大面积扰动，水力冲孔的孔洞很好地起到诱导作用，使上部煤层透气性大幅提高。第九单元南部是实体煤，没有孔洞，也没有疏松的区域，因此南部区域则很可能被压实。

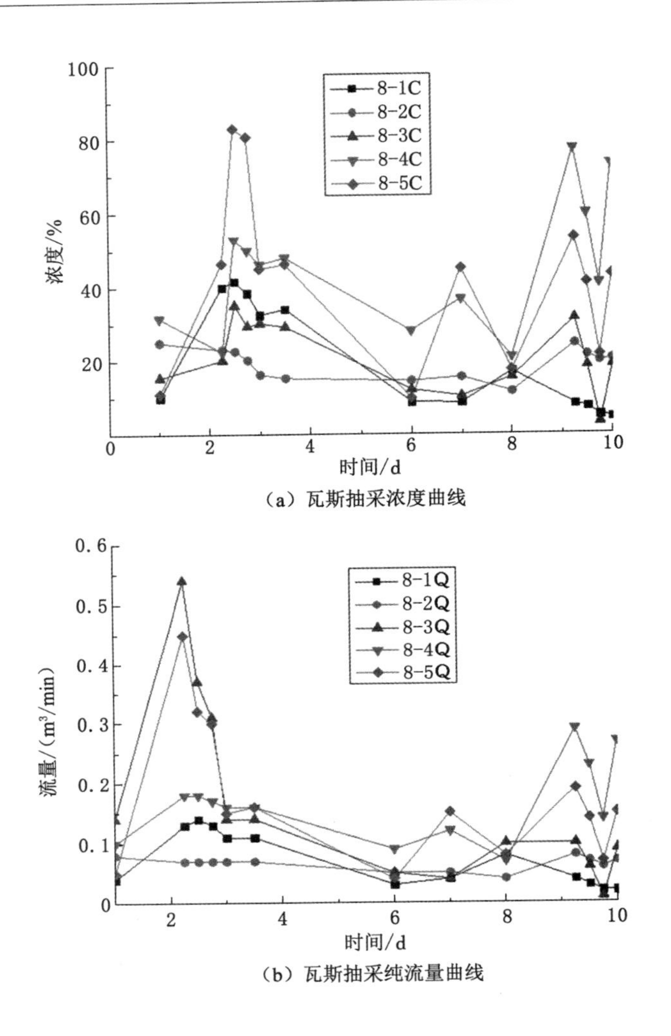


(a) 瓦斯抽采浓度曲线

(b) 瓦斯抽采纯流量曲线

图 5-23 第八单元第二次爆破后瓦斯抽采浓度及纯流量曲线示意图

第九单元的第二次爆破,又一次起到扰动上方煤体的作用,但这一次的扰动区域极大。同时,应力波的作用下使下方煤体产生强烈拉伸作用,裂隙大面积发育,抽采浓度大幅度提升。

第八单元第二次爆破,位于该区域的北段,与第九单元南段相邻。由于第九单元已经由于爆破作用受到扰动,煤层大幅度疏松,应力得到释放。第八单元的爆破作用,使第八、九单元之间的应力集中带被打通,整个区域内煤体向下移动,煤层透气性大幅度提高。

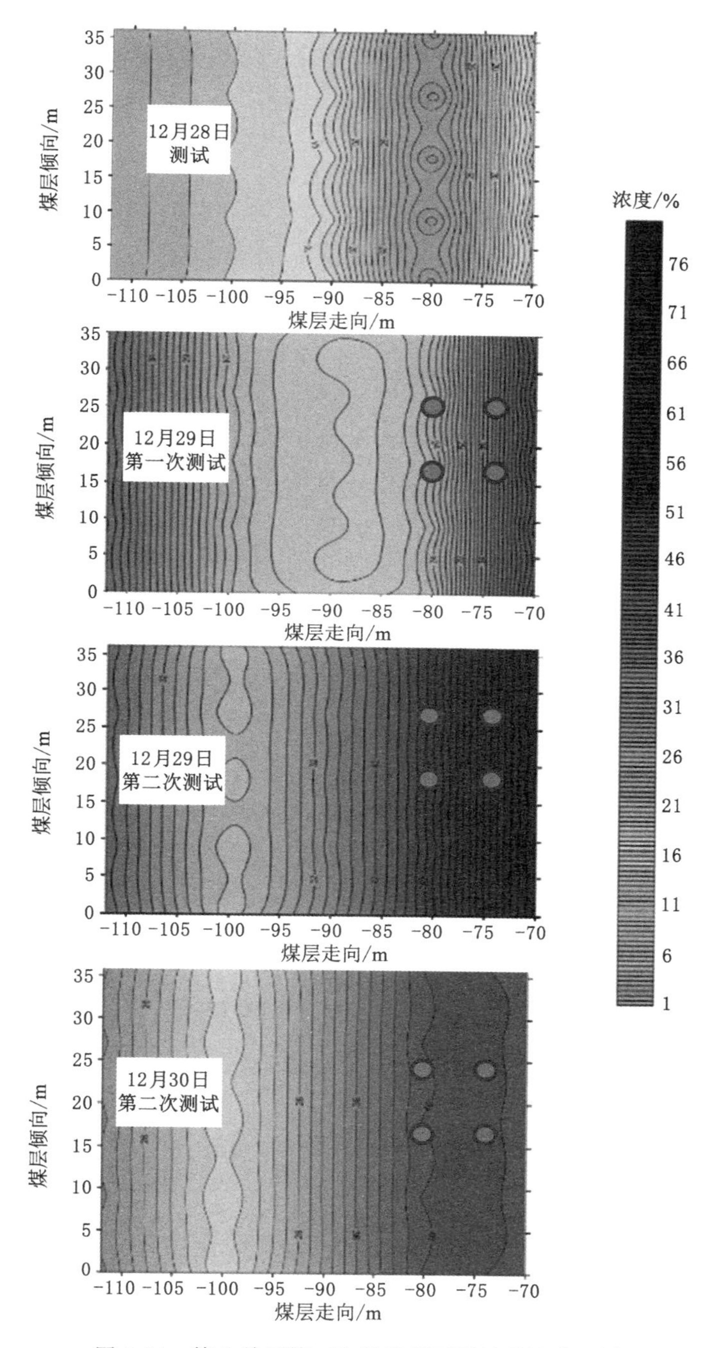


图 5-24 第八单元第二次爆破后瓦斯抽采浓度云图

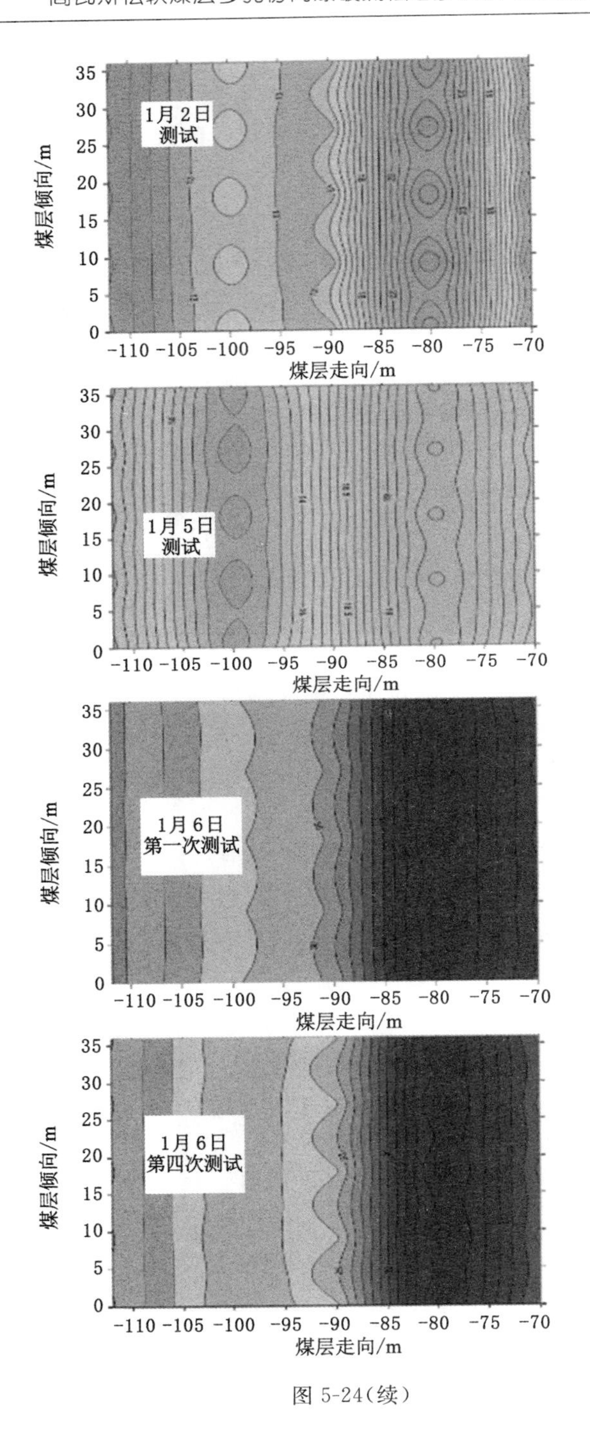
1月2日
测试
1月5日
测试
1月6日
第一次测试
1月6日
第四次测试
煤层倾向/m
煤层走向/m
浓度/%
76
71
66
61
56
51
46
41
36
31
26
21
16
11
6
1

图 5-24(续)

在云图中，很清楚地看到这一规律，第八单元北段的抽采浓度明显高于南段区域，这种现象与煤体疏松特征相关，而煤体的疏松特征则与应力集中带相关。这也表明，在后期的耦合增透过程中，尽量从低处开始爆破，逐渐向高处移动，从而最大程度利用爆破扰动作用。

#### 5.2.3.4　上底抽巷南段揭煤区技术应用

25091上底抽巷南段揭煤区走向长65 m，倾向宽65 m，平均煤厚3.0 m，煤层倾角14°。瓦斯含量6.88～9.91 $m^3/t$，平均8.54 $m^3/t$，设计钻孔间距6 m×6 m，设计泄煤量550 t，实际泄煤710 t。

(1) 上底抽巷南段揭煤区第一次试验

25091上底抽巷南段揭煤区设计钻孔间距6 m×6 m，设计泄煤量550 t，实际泄煤710 t，该区域设计爆破孔16个，首次爆破4个钻孔，第二次爆破6个，通过爆破前后的浓度及流量变化情况，对爆破效果进行分析。

① 爆破方案及参数设计

第一次爆破为11#、12#、15#、16#爆破孔，第二次为1#～6#爆破孔，见表5-11。

**表5-11　上底抽巷南段揭煤区第一次试验爆破钻孔施工与装药情况表**

| 爆破次序 | 孔号 | 倾角/(°) | 岩孔深度/m | 煤孔深度/m | 孔深/m | 装药量/kg |
| --- | --- | --- | --- | --- | --- | --- |
| 第一次爆破 | 11# | 51 | 21.00 | 7.50 | 28.50 | 30 |
| | 12# | 58 | 35.25 | 2.25 | 37.50 | 30 |
| | 15# | 38 | 36.00 | 2.25 | 38.25 | 30 |
| | 16# | 33 | 47.00 | 6.00 | 53.00 | 30 |
| 第二次爆破 | 1# | 42 | 39.75 | 2.25 | 42.00 | 15 |
| | 2# | 34 | 51.75 | 2.25 | 54.00 | 20 |
| | 3# | 45 | 38.25 | 2.25 | 40.50 | 25 |
| | 4# | 31 | 50.25 | 1.50 | 51.75 | 30 |
| | 5# | 44 | 31.50 | 5.25 | 36.75 | 30 |
| | 6# | 36 | 38.25 | 2.25 | 40.50 | 30 |

② 爆破效果分析

第一次爆破后，瓦斯抽采浓度提升极为明显，如图5-25、图5-26所示。第一次爆破后，爆破区域内的抽采浓度大幅度提升，约为原始状态的30倍以上。高浓度区域约为20 m范围，影响范围达到35 m区域。但爆破区域内的瓦斯浓度衰减极快，第二天就已经降低至15%左右，第三天更低。

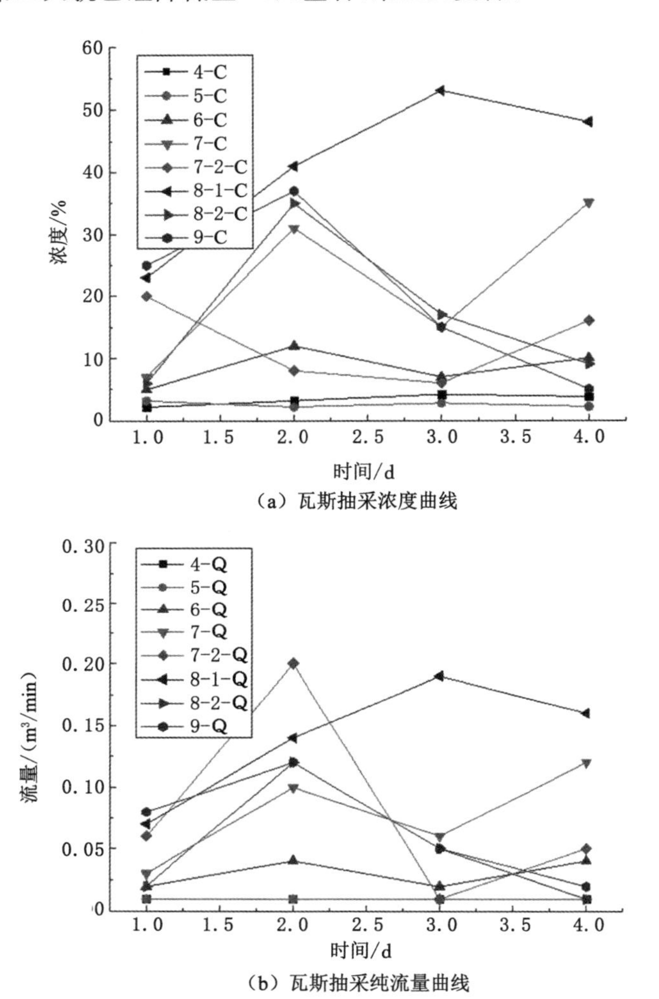

(a) 瓦斯抽采浓度曲线

(b) 瓦斯抽采纯流量曲线

图 5-25　上底抽巷南段揭煤区第一次爆破后瓦斯抽采浓度及纯流量曲线示意图

但在爆破区域外，瓦斯抽采浓度始终保持高浓度，为原始状态的30倍以上，并持续了3 d左右。

第二次爆破后，影响区域是整个南段揭煤区域，从图5-27图5-28可以看出，爆破后抽采浓度逐渐提高至原始状态的10倍左右，并影响了整个区域，约45 m范围内。

(2) 上底抽巷南段揭煤区第二次试验

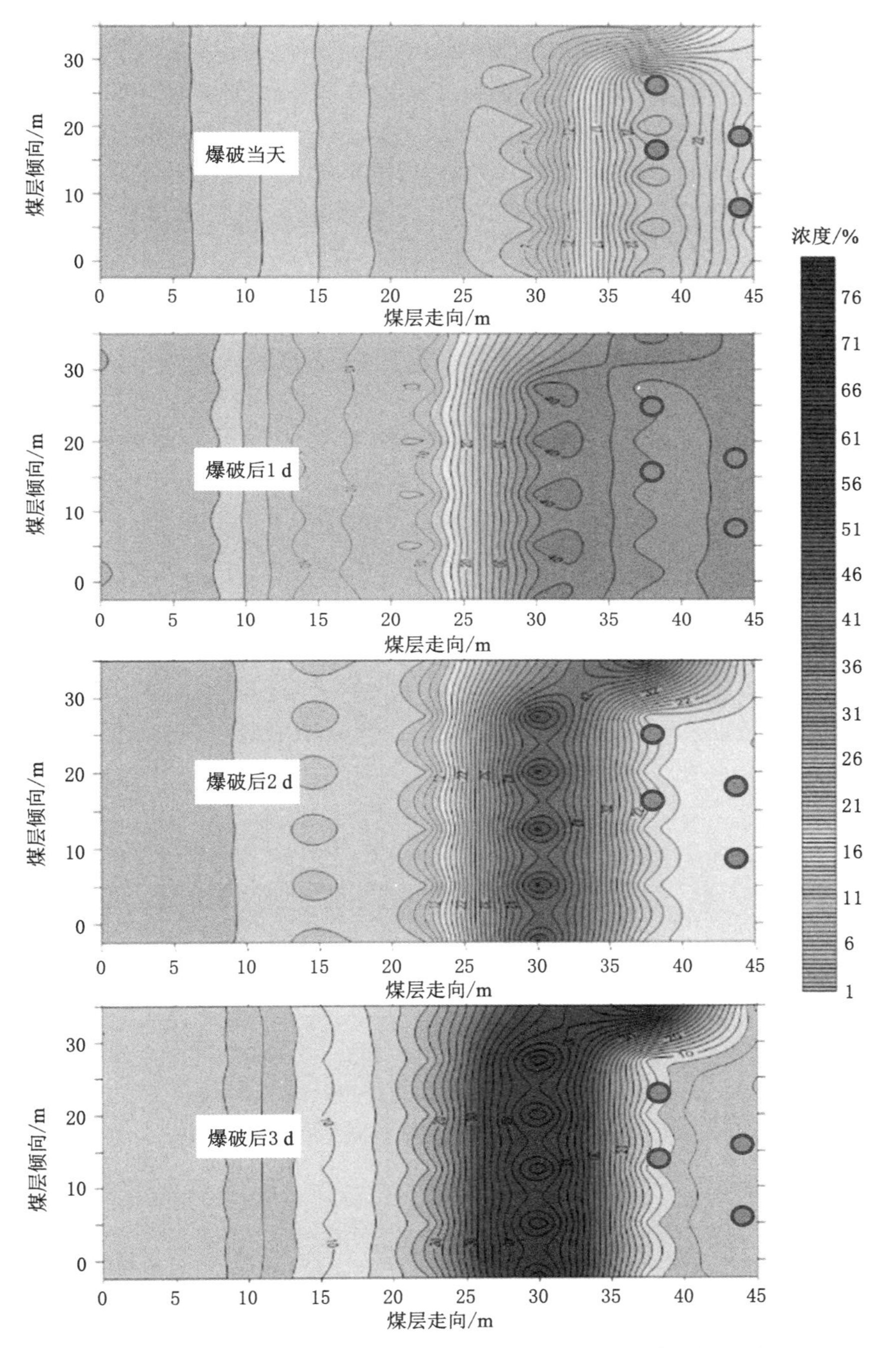


图 5-26 上底抽巷南段揭煤区第一次爆破后瓦斯抽采浓度云图

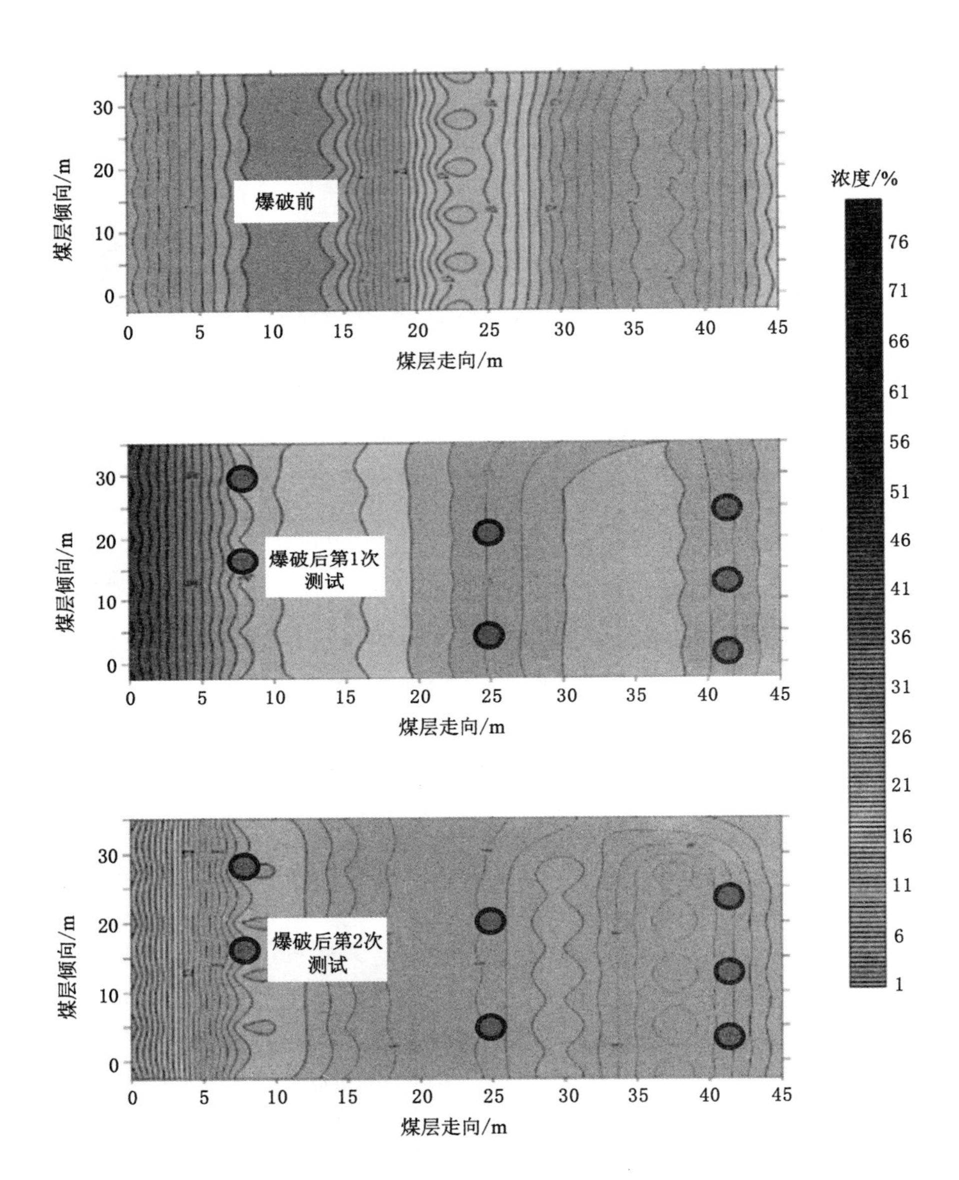


图 5-27　上底抽巷南段揭煤区第二次爆破后瓦斯抽采浓度云图

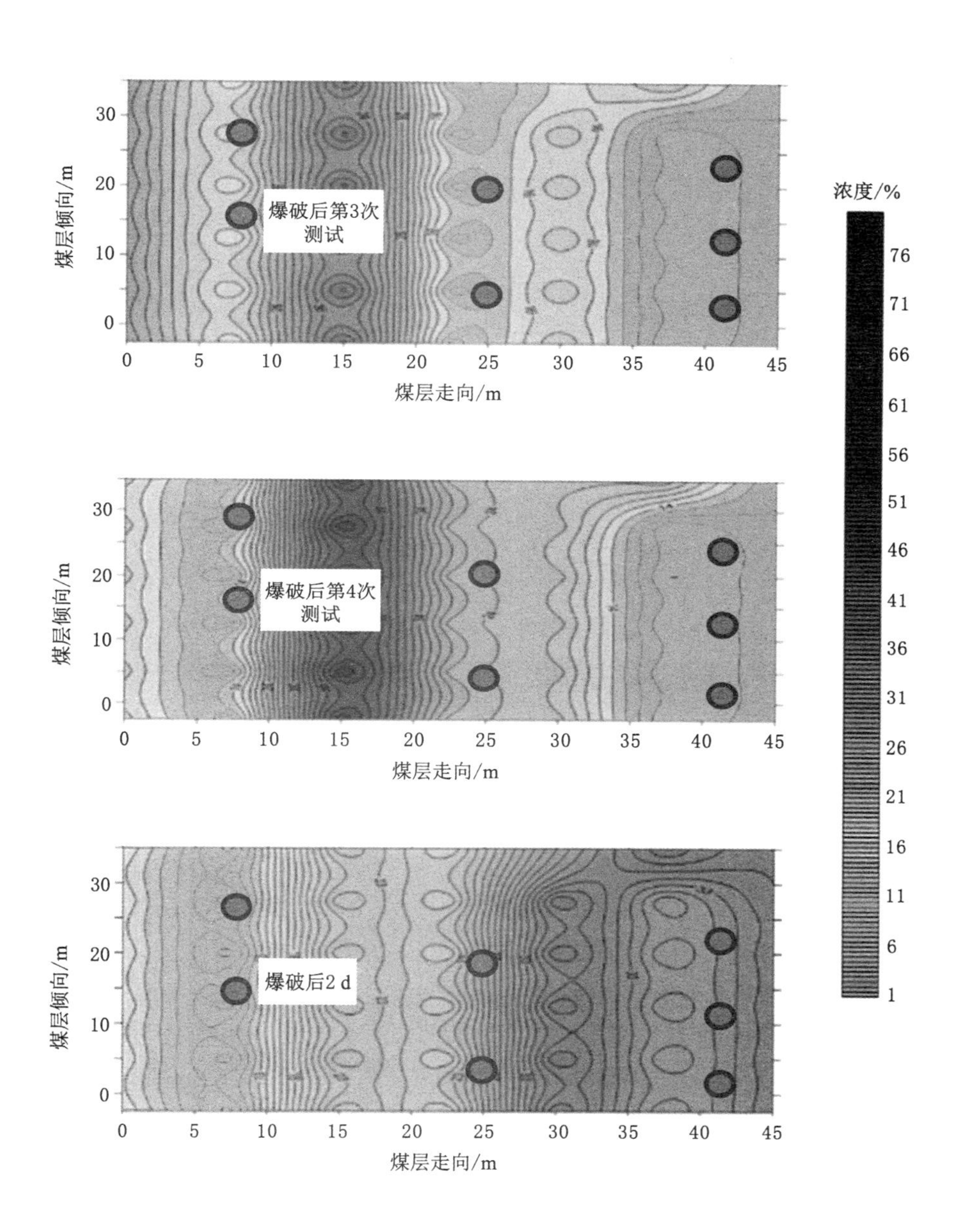
爆破后第3次测试
煤层倾向/m
煤层走向/m
浓度/%
76
71
66
61
56
51
46
41
36
31
26
21
16
11
6
1
爆破后第4次测试
爆破后2 d
0
5
10
15
20
25
30
35
40
45

图 5-27(续)

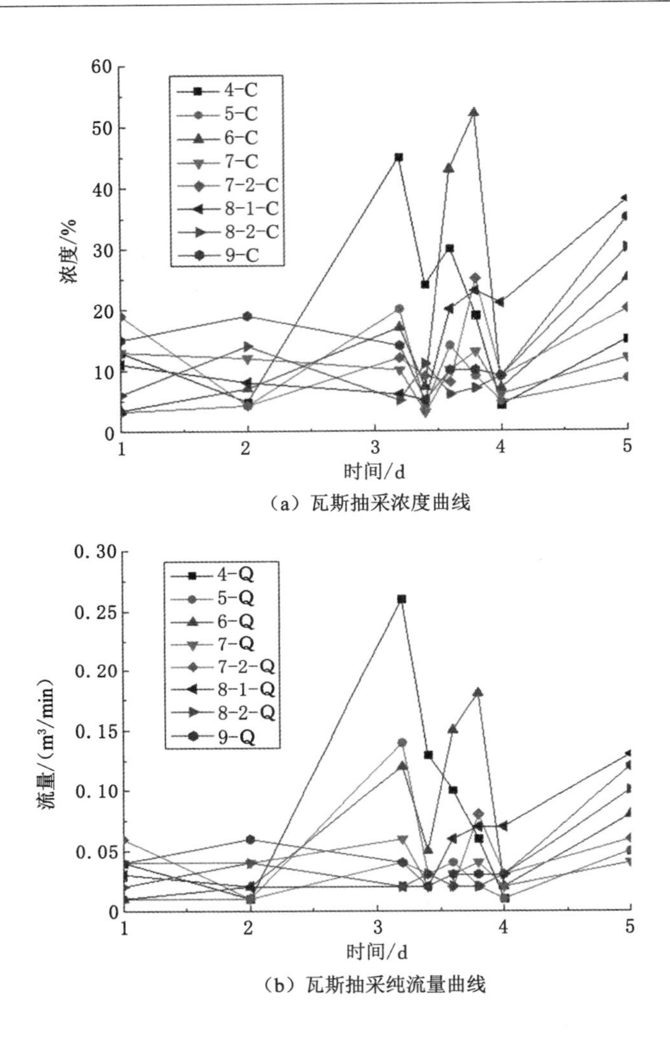

(a) 瓦斯抽采浓度曲线


(b) 瓦斯抽采纯流量曲线

图 5-28 上底抽巷南段揭煤区第二次爆破后瓦斯抽采浓度及纯流量曲线示意图

第一次试验后，利用爆破钻孔施工期间测试 3 处瓦斯含量，含量值分别为：5.89 $m^3/t$、6.15 $m^3/t$、7.16 $m^3/t$。瓦斯含量局部区域仍然高于 6 $m^3/t$，因此开展了第二次爆破试验。

① 爆破方案及参数设计

钻孔施工时间从 2 月 24 日至 2 月 26 日，施工 8 个爆破钻孔，钻孔倾角为 30°～48°，孔深 25～58 m，钻孔施工过程中未出现夹钻、顶钻、喷孔等异常情况，每列钻孔先装低角度钻孔，再装大角度钻孔，采用每次装 1～2 节药卷的方式，钻孔均将药卷送入孔底，总计装药 360 kg，见表 5-12。

**表 5-12　上底抽巷揭煤区第二次试验爆破钻孔施工与装药情况表**

| 孔号 | 倾角/(°) | 岩孔深度/m | 煤孔深度/m | 孔深/m | 装药量/kg |
|---|---|---|---|---|---|
| 1# | 40 | 30.40 | 4.00 | 34.40 | 50 |
| 2# | 36 | 35.20 | 3.20 | 38.40 | 50 |
| 3# | 48 | 24.00 | 3.20 | 27.20 | 40 |
| 4# | 41 | 28.80 | 3.20 | 32.00 | 40 |
| 5# | 45 | 23.20 | 2.40 | 25.60 | 40 |
| 6# | 35 | 30.40 | 4.80 | 35.20 | 50 |
| 7# | 44 | 28.50 | 2.25 | 30.75 | 50 |
| 8# | 30 | 55.50 | 3.00 | 58.50 | 40 |

② 爆破效果分析

爆破作业结束后，抽采队对孔板瓦斯抽采浓度与流量变化进行了持续监测，这里采取了 3 月 2 日爆破后 5 d 的数据，制作了瓦斯抽采浓度及纯流量变化图，如图 5-29 所示。

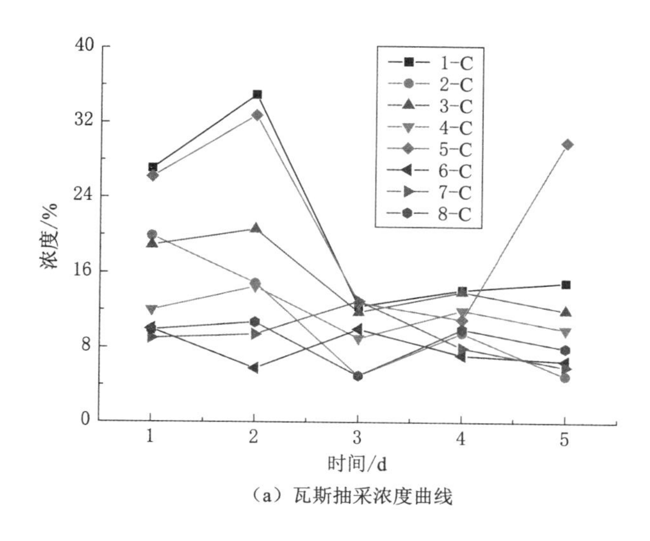


(a) 瓦斯抽采浓度曲线

图 5-29　上底抽巷南段揭煤区爆破后瓦斯抽采浓度及纯流量曲线示意图

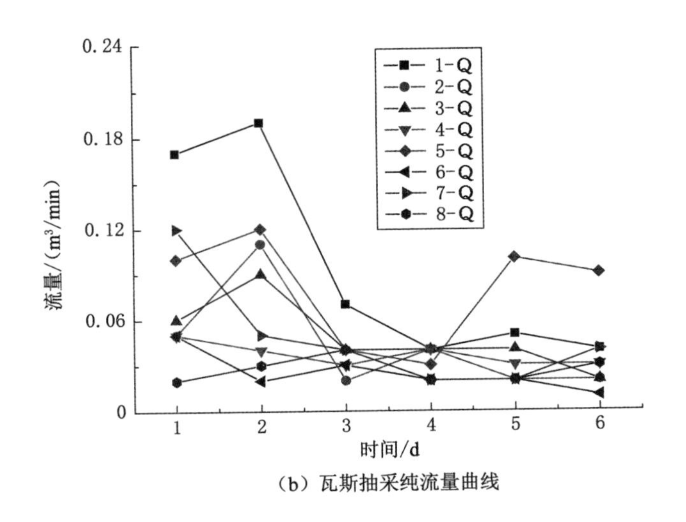

(b) 瓦斯抽采纯流量曲线

图 5-29(续)

从图 5-29 可以看出，当 3 月 2 日爆破作业结束后，1#、2#、3# 与 5# 孔板的瓦斯抽采浓度均达到 20% 以上，1#、5# 和 7# 孔板的瓦斯纯流量均保持在 0.1 $m^3$/min以上，抽采效果较好；爆破作业后第二天，1# 与 5# 孔板的瓦斯抽采浓度有明显的上升，瓦斯抽采浓度都达到了 30%以上，1#、2#、3# 与 5# 孔板的瓦斯抽采纯流量都有明显上升，其中 2# 孔板的瓦斯抽采纯流量增加了 110%，3# 孔板的瓦斯纯流量增加了 50%，瓦斯抽采纯流量增加效果明显；爆破作业 48 h后，8 个孔板的瓦斯抽采浓度与流量都有明显的下降，平均瓦斯抽采浓度下降 82%，平均瓦斯抽采纯流量下降 132%，瓦斯抽采浓度与纯流量回归到低水平。

为节省工程成本，在本次爆破作业中，采用“一孔两用”技术，在爆破孔正常爆破后，将爆破孔接入抽采管路，爆破孔作为抽采孔进行抽采作业。5 个爆破孔的抽采浓度数据见表 5-13。

表 5-13　爆破钻孔瓦斯抽采浓度测试情况汇总表

| 测试时间 | 钻孔瓦斯抽采浓度/% | | | | |
|---|---|---|---|---|---|
| | 1# | 3# | 4# | 5# | 6# |
| 3 月 2 日 | 47.6 | 31.2 | 5.0 | 25.4 | 24.6 |
| 3 月 3 日 | 36.8 | 26.4 | 4.4 | 20.0 | 22.4 |
| 3 月 4 日 | 19.0 | 5.0 | 13.0 | 39.0 | 21.0 |

表 5-13(续)

| 测试时间 | 钻孔瓦斯抽采浓度/% | | | | |
|---|---|---|---|---|---|
| | 1# | 3# | 4# | 5# | 6# |
| 3 月 4 日 | 9.6 | 12.6 | 7.2 | 33.4 | 8.4 |
| 3 月 5 日 | 4.4 | 9.4 | 6.4 | 32.2 | 10.8 |
| 3 月 6 日 | 7.0 | 8.6 | 2.2 | 21.6 | 7.8 |
| 3 月 7 日 | 7.4 | 7.6 | 关闭 | 3.8 | 6.4 |

将爆破孔的瓦斯抽采浓度与孔板抽采浓度进行对比，3 月 2 日 8 个孔板的平均瓦斯抽采浓度为 16.6%，5 个爆破孔的平均瓦斯抽采浓度为 26.8%，爆破孔抽采浓度是孔板的 1.6 倍；3 月 3 日 8 个孔板的平均瓦斯抽采浓度为 18%，5 个爆破孔的平均瓦斯抽采浓度为 22%，爆破孔抽采浓度是孔板的 1.2 倍；3 月 4 日 8 个孔板的平均瓦斯抽采浓度为 9.9%，5 个爆破孔的平均瓦斯抽采浓度为 19.4%，爆破孔抽采浓度是孔板的 2 倍。从以上数据可以看出，爆破孔瓦斯抽采浓度不仅明显高于爆破区域内抽采孔平均瓦斯抽采浓度，而且爆破孔相比较于抽采孔能保持更长时间的高浓度瓦斯抽采。

距离 1# 孔最近的 5-1# 抽采孔在 3 月 2 日和 3 月 3 日的抽采浓度分别为 35.6%和 10.2%，距离 3# 孔最近的 6-2#、6-3# 和 8-3# 抽采孔在 3 月 2 日的抽采浓度分别为 7%、23%和 0.8%，距离 5# 孔最近的 9-6# 和 9-7# 抽采孔在 3 月 2 日的抽采浓度分别为 9.4%和 14.4%，距离 6# 孔最近的 9-5# 抽采孔在 3 月 2 日和 3 月 3 日的抽采浓度分别为 15%和 4.2%。从以上数据可以得出结论，爆破中心区域产生的裂隙最多，相较于周围其他抽采孔有着更高的抽采浓度，有着更长时间的高浓度瓦斯抽采。

为了更好地观察冲爆联合爆破增透的效果，得到爆破增透的增透卸压规律，在爆破前后对爆破试验区的单个抽采孔的瓦斯抽采浓度进行监测。忽略煤层倾斜因素，视煤层为水平煤层，根据告成煤矿提供的图纸，设 1-5# 抽采孔为坐标原点，得到其他抽采孔、水力冲孔钻孔与爆破孔坐标，利用 surfer 软件制作云图以方便观察。由于现场抽采孔数量过多，而且 1#、2# 爆破孔位于揭煤区，现场只监测了 3#、4#、5#、6#、7#、8# 爆破孔附近的抽采孔抽采浓度变化值，监测的试验区域长 57.47 m，宽 71.92 m，面积为 4 153.24 $m^2$。

将监测的抽采孔瓦斯抽采浓度制作成 surfer 云图。

从图 5-30 可以看出，在爆破前 6 个爆破孔所在区域瓦斯抽采浓度很低，3#、5#、6#、7#、8# 爆破孔周围瓦斯抽采浓度在 10%以下，煤层透气性很差。由图 5-31可知，当实施爆破作业 2 h 后，爆破使煤层发生破坏，煤层产生大量裂隙，裂隙从爆破孔向四周延伸，但煤炭中的瓦斯从解吸到抽采需要一定时间。爆破作业 2 h 后，只有 7[#] 爆破孔周围瓦斯抽采浓度有明显的提高，这是因为在爆破前，7[#] 爆破孔右侧区域的瓦斯抽采浓度就很高，达到 40%以上，煤层透气性好，当实施爆破作业后，7[#] 爆破孔右侧的瓦斯气体通过爆破产生的裂隙流动到 7[#] 爆破孔；其他爆破孔在爆破后 2 h 后瓦斯浓度没有明显变化，这是因为这些爆破孔周围没有高瓦斯抽采区域，煤层透气性差，而煤炭中解吸的瓦斯气体量较少，只有少量解吸的瓦斯气体顺着爆破产生的裂隙被抽采出来；同时根据 7[#] 爆破孔到 7[#] 爆破孔右侧高瓦斯区域的距离可以推断冲爆联合增透的抽采半径可达到 15 m 以上。从图 5-32 可以看出，当实施爆破作业 6 h 后，6 个爆破孔周围的瓦斯抽采浓度都有了明显的提高，这是因为实施爆破作业 6 h 后，大量煤炭中吸附的瓦斯气体解吸，煤层的透气性大大提高，大量解吸的瓦斯气体顺着爆破产生的裂隙被抽采出来。从实施爆破作业 6 h 后的瓦斯抽采浓度和爆破前的瓦斯抽采浓度云图可以发现，在整个监测区域的左侧，也就是实施爆破作业的区域，瓦斯抽采浓度有明显提高，而没有实施爆破作业的右侧区域，瓦斯抽采浓度甚至有下降。这是因为在爆破作业后，为抽采更多瓦斯，现场打开的抽采孔数量远大于爆破前，工作的抽采孔数量大大增加，导致总的瓦斯抽采纯流量上升，而煤层中蕴含的瓦斯量一定，所以抽采孔单孔的抽采浓度下降，进而导致监测区域右侧瓦斯抽采浓度下降，可以预测爆破区域的抽采孔抽采效果应比云图中显示的更好，实际爆破增透效果应比云图中显示得更加明显。

为了更好地观察爆破效果，将爆破后 6 h 瓦斯抽采浓度分别与爆破前、爆破后 2 h 瓦斯抽采浓度相减，爆破后 2 h 瓦斯抽采浓度与爆破前瓦斯抽采浓度相减，制作瓦斯抽采浓度差值云图。

从图 5-33 可以看出，在实施爆破作业 2 h 后，整个监测区域的瓦斯抽采浓度变化很大，其中在 5[#]、6[#]、7[#]、8[#] 爆破孔的连线处的区域，瓦斯抽采浓度有明显的升高，这一区域的平均瓦斯抽采浓度上升 10%以上；结合图 5-34，可以推断 7[#] 爆破孔右侧的大量瓦斯顺着爆破产生的裂隙流动至 7[#] 爆破孔附近，且因为爆破孔周围以及爆破孔连线处煤层破坏最严重，产生的裂隙最多，所以这些区域瓦斯抽采浓度最先升高。由图 5-34 可以发现，整个监测区域瓦斯抽采浓度有明显变化，其中 6 个爆破孔周围的瓦斯抽采浓度都有明显上升，这是因为吸附在煤炭中的瓦斯气体经过 6 h 的解吸，解吸量上升明显；同时可以看出，随着距爆破孔距离的增加，瓦斯抽采浓度逐渐下降，这是因为离爆破孔较近的位置裂隙发育更丰富，裂隙尺寸更大，当爆破冲击波衰减为压缩波，其强度已低于岩石的动抗压强度，不能直接压碎岩石时，煤炭中的瓦斯没有有效的流动通道，瓦斯抽采浓度没有变化；距爆破孔较远监测区域的右侧瓦斯抽采浓度持续减小，可能是 7[#]

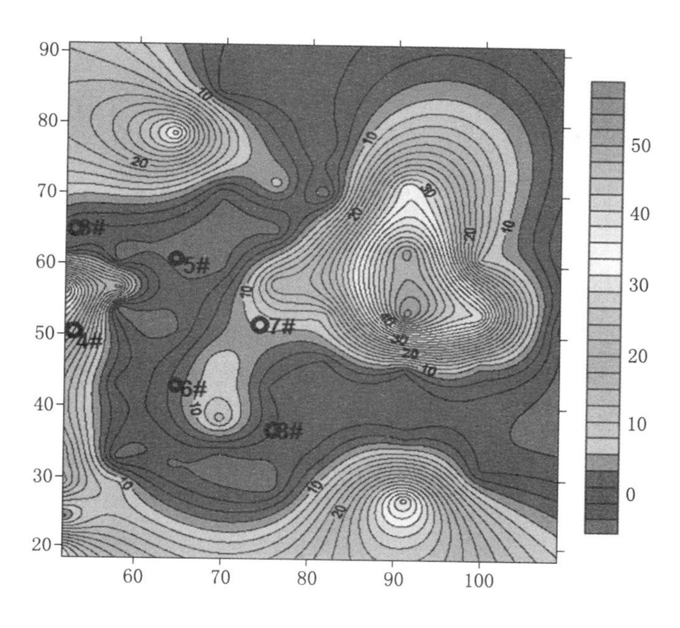


图 5-30 爆破前瓦斯浓度云图

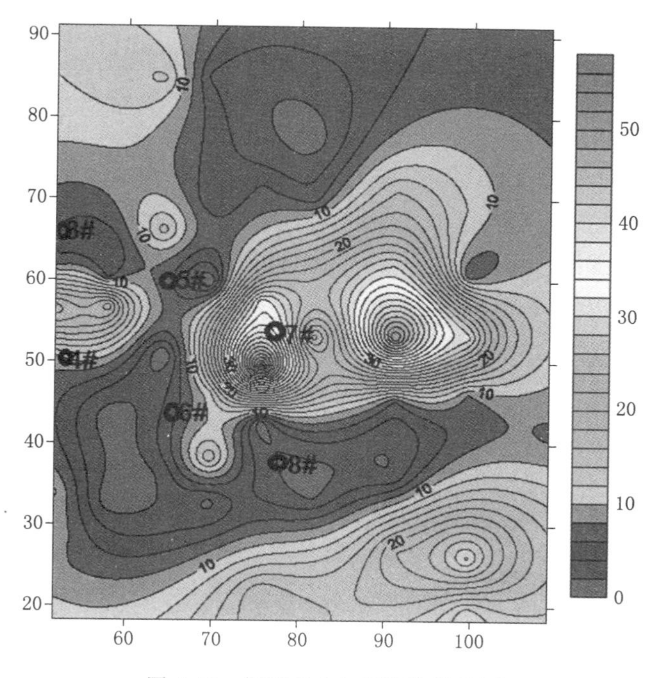


图 5-31 爆破后 2 h 瓦斯浓度云图

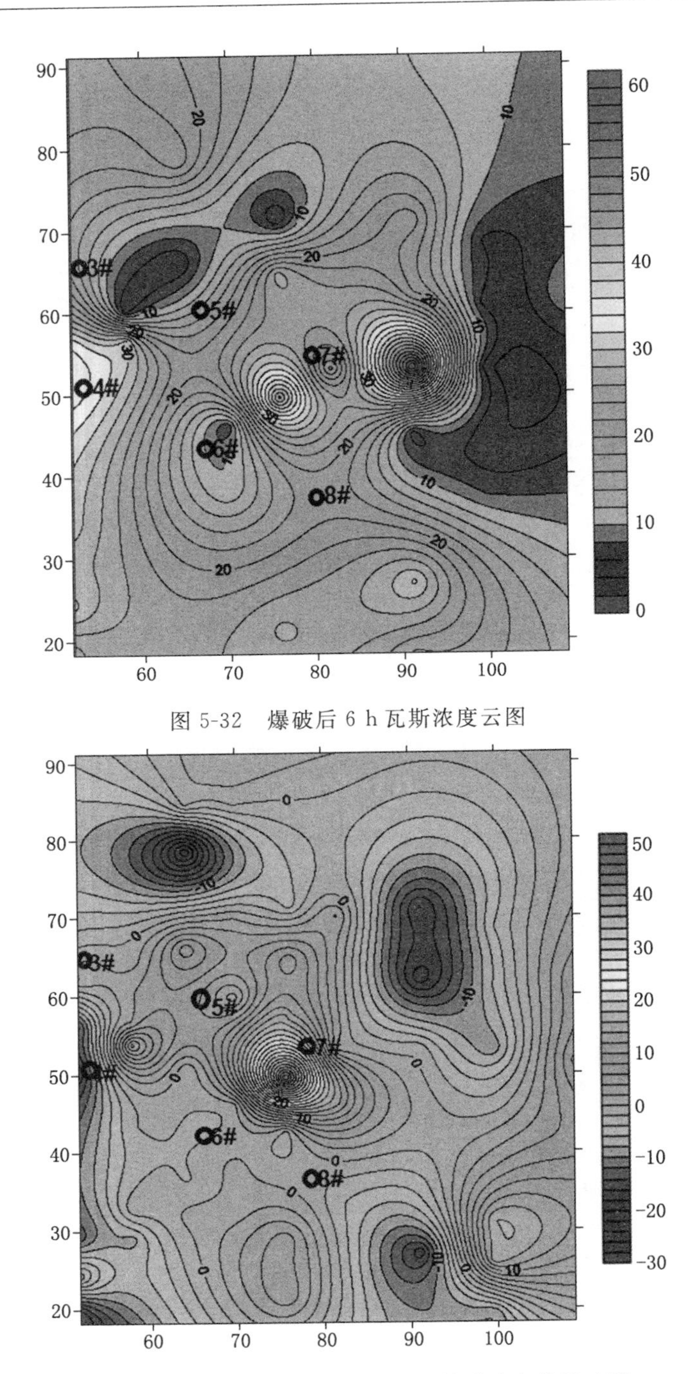


图 5-32　爆破后 6 h 瓦斯浓度云图

图 5-33　爆破后 2 h减爆破前瓦斯抽采浓度差值云图

爆破孔的爆破作用产生的裂隙传导至此区域，此区域的大量瓦斯气体被7#爆破孔周围的抽采孔抽出，致使此区域的瓦斯抽采浓度下降。另外，在6个爆破孔中心15 m范围内瓦斯抽采浓度都有所增加，这说明冲爆联合增透方案的有效抽采半径可达到15 m以上。从图5-35可以看出，爆破后6 h的3#、4#、5#、6#、8#爆破孔相较于爆破后2 h有明显提高，这说明在实施爆破作业2 h后，瓦斯抽采浓度不会瞬间增高，瓦斯抽采浓度的顶峰出现在6 h以后，这是因为煤炭中瓦斯从解吸到被抽采出来需要一定时间，当煤层中瓦斯解吸的速度最大时，瓦斯抽采浓度也会达到最大；7#爆破孔在爆破后6 h与爆破后2 h抽采浓度变化不大，仍保持较高的抽采浓度。

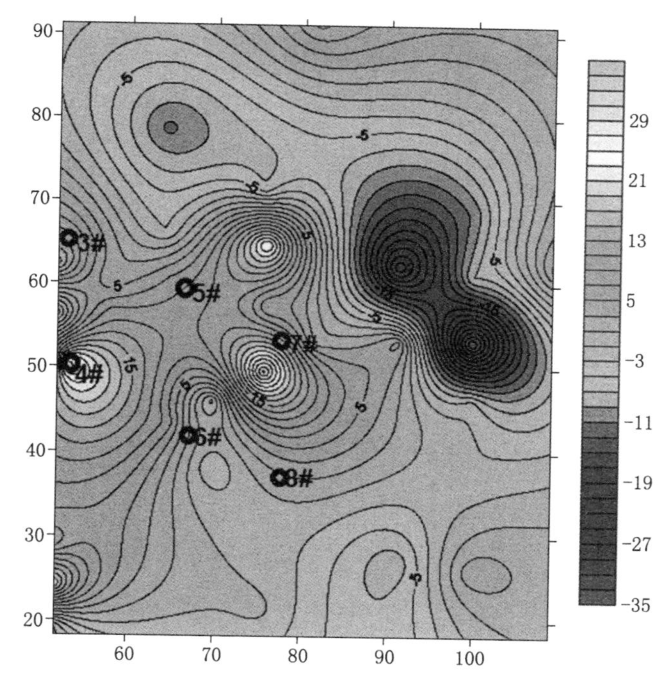


图5-34 爆破后6 h减爆破前瓦斯抽采浓度差值云图

为了进一步观察爆破效果，将爆破后6 h瓦斯抽采浓度分别与爆破前、爆破后2 h瓦斯抽采浓度相除，爆破后2 h瓦斯抽采浓度与爆破前瓦斯抽采浓度相除，制作瓦斯抽采浓度比值云图。

从图5-36可以看出，在实施爆破作业2 h后，3#、4#、5#、7#爆破孔周围瓦斯抽采浓度有1～4倍的上升，平均瓦斯抽采浓度是爆破前的2倍左右，特别是7#爆破孔周围的瓦斯抽采浓度上升最为明显；而整个试验区域三分之二的区域，瓦斯抽

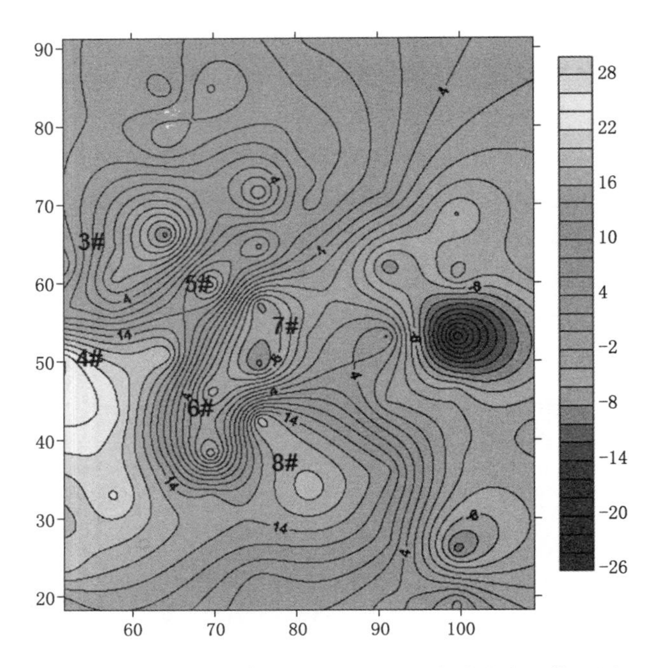


图 5-35 爆破后 6 h 减爆破后 2 h 瓦斯抽采浓度差值云图

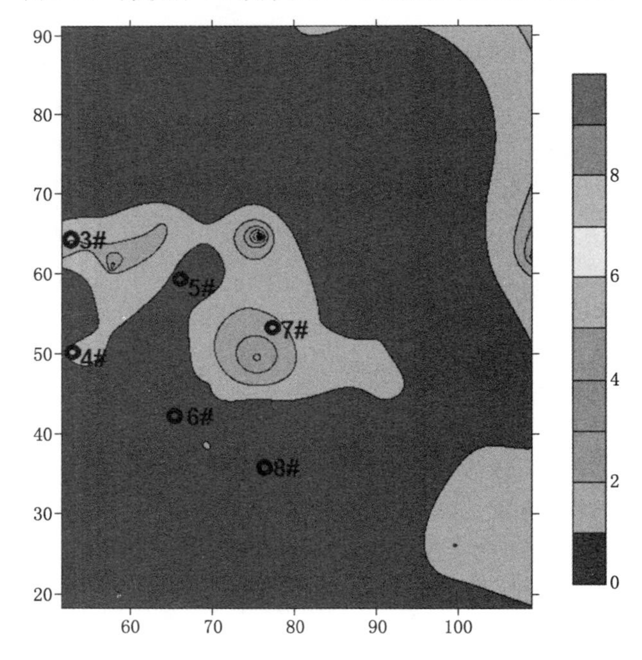


图 5-36 爆破后 2 h 除爆破前瓦斯抽采浓度比值云图

采浓度达不到爆破前的水平，这是因为实施爆破作业后，为抽采更多瓦斯，现场打开的抽采孔数量远大于爆破前，工作的抽采孔数量大大增加，导致总的瓦斯抽采纯流量上升，而煤层中蕴含的瓦斯总量一定，所以抽采孔单孔的抽采浓度下降，进而导致监测区域右侧瓦斯抽采浓度下降。由图 5-37 发现，在实施爆破作业 6 h 后，爆破孔所在区域的瓦斯抽采浓度相较于爆破前有明显上升；在 5# 爆破孔附近、距 4# 爆破孔右方 10 m 区域以及 8# 爆破孔的右上方和左下方 10 m 区域，瓦斯抽采浓度有 10 倍以上的增长，这些瓦斯抽采倍数上升较明显的区域在爆破前瓦斯抽采浓度较低；可以看出爆破作业在这些区域产生大量有效裂隙，在实施爆破作业 6 h 后，这些区域的瓦斯大量涌出，并顺着爆破产生的裂隙被抽采出来。从图 5-38 可以看出，实施爆破作业 6 h 相比较于实施爆破 2 h，3#、4#、5#、6#、8# 爆破孔所在区域的瓦斯抽采浓度有明显升高，这是因为在爆破后 2 h 其他爆破区域煤层中的瓦斯没有大量解吸，爆破后 2 h 瓦斯抽采浓度变化不明显，而爆破后 6 h 这一区域中的瓦斯解吸速度上升较快，瓦斯抽采浓度相较于爆破后 2 h 有明显上升；而 7# 爆破孔周围煤层透气性较好，高瓦斯区域的瓦斯顺着爆破产生的裂隙流动到 7# 爆破孔周围，7# 爆破孔周围区域在爆破 2 h 后就有较高的瓦斯抽采浓度，所以在此区域爆破后 6 h 瓦斯抽采浓度与爆破后 2 h 变化较小。

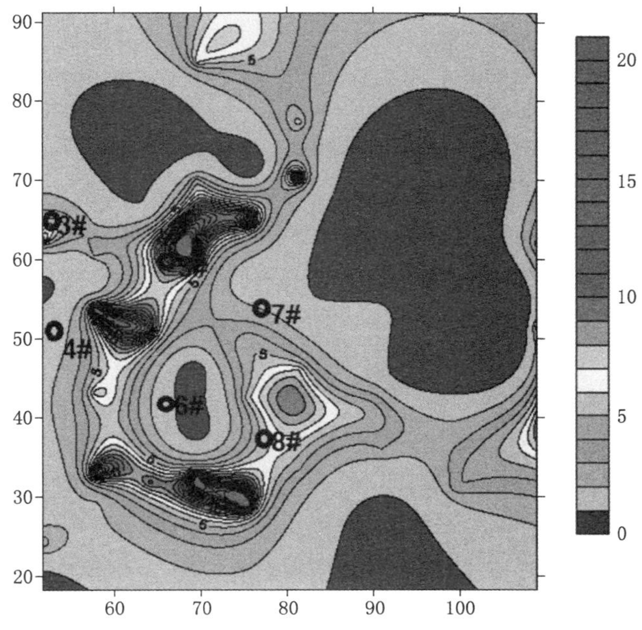


图 5-37　爆破后 6 h 除爆破前瓦斯抽采浓度比值云图

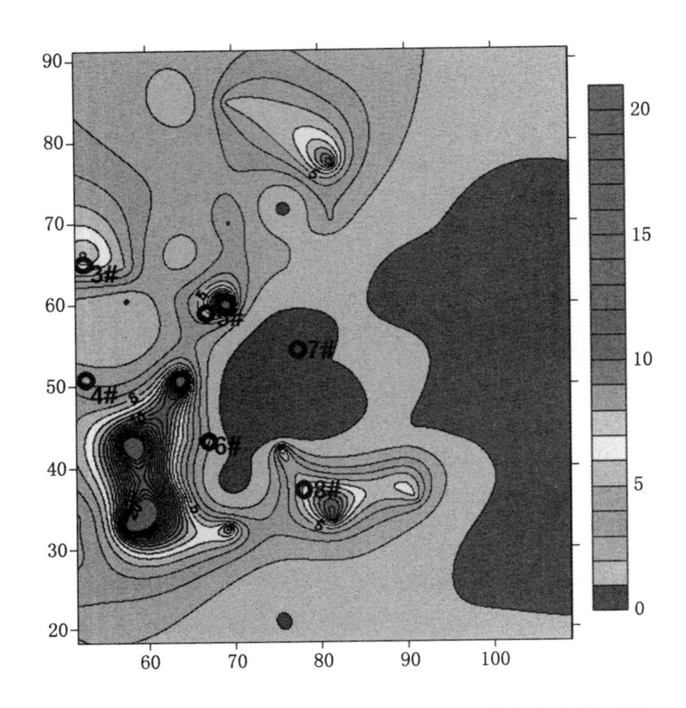


图 5-38 爆破后 6 h 除爆破后 2 h 瓦斯抽采浓度比值云图

综合以上分析可得出结论：爆破孔在炸药爆炸后，中心区域产生大量裂隙，相对于其他抽采孔，爆破孔有更高的瓦斯抽采浓度，有着更长时间的高浓度瓦斯抽采，“一孔两用”达到了很好的效果，具有较强的实用性。

5.2.3.5 上副巷南段二单元技术应用

(1) 爆破方案及参数设计

25091 上副巷南段预抽区域第二单元走向长 48 m，倾向宽 36 m，平均煤厚 5 m，煤层倾角为 10°。实测煤层瓦斯含量 5 处，为 6.88～8.98 $m^3/t$，该区域设计钻孔 48 个，间距 9 m×9 m，设计泄煤量 242 t，实际施工穿层钻孔 52 个，泄煤 590 t。根据试验钻孔设计原则，该区域设计爆破钻孔 6 个，爆破钻孔布置如图 5-39所示。

(2) 爆破效果分析

根据 5 月 24 日 10 时至 5 月 25 日 6 时平地自动监测装置计量数据，对试验效果进行分析。

爆破区域钻孔全部打开期间爆破前后抽采效果对比：爆破前抽采平均浓度为

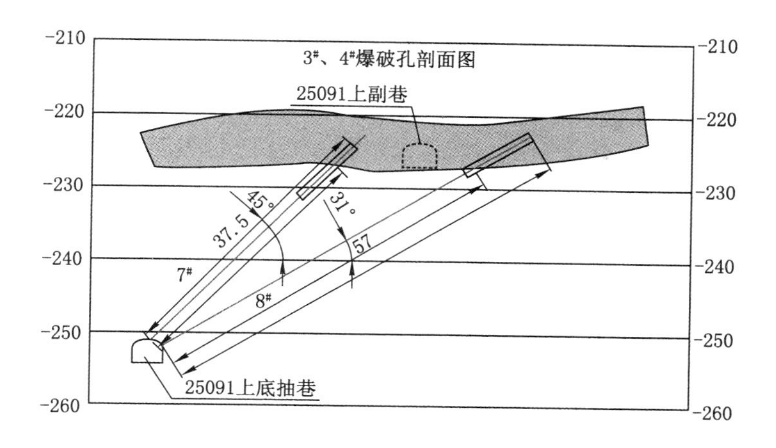


图 5-39 上副巷南段揭煤区第二单元爆破钻孔布置图

4.9%、纯流量为 3.3 m³/min，爆破后抽采平均浓度为 5.5%、纯流量为 3.7 m³/min。爆破后与爆破前相比，平均浓度提高 1.2 倍、平均纯流量提高 1.1 倍，其中平地泵站浓度最高达 7.25%。

爆破前，将爆破区域所有钻孔（含低浓度钻孔）打开抽采瓦斯，导致抽采浓度和纯流量下降，爆破 30 min 后，人员进入测试钻孔抽采情况，同时对低浓度钻孔和漏气钻孔进行处理，抽采浓度和纯流量逐渐上升。钻孔处理前 6 h 抽采平均浓度为 4.4%、纯流量 3.0 m³/min，处理后 6 h 抽采平均浓度为 6.3%、混合流量 4.1 m³/min，钻孔处理前后相比，平均浓度提高 1.4 倍、平均纯流量提高1.3倍。

从图 5-40 看出，在 5 月 24 日爆破作业结束后，9#、13# 孔板的瓦斯抽采浓度和纯流量有了明显的提高，其中 9# 孔板瓦斯抽采浓度由爆破前的 21.2%上升到 47.6%，增加了 1.2 倍，瓦斯抽采纯流量由 0.07 m³/min 上升到 0.16 m³/min，增加了 1.3 倍；13# 孔板瓦斯抽采浓度由爆破前的 8%上升到 32%，增加了 3 倍，瓦斯抽采纯流量由 0.02 m³/min 上升到 0.11 m³/min，增加了 4.5 倍；在爆破后的第三天，瓦斯抽采浓度与纯流量依旧保持较高程度。从爆破结果可以看出，爆破产生了明显的效果，瓦斯抽采浓度与纯流量有了明显上升，并且保持了 3 d 以上的高效抽采。

#### 5.2.3.6 上副巷北段第二单元技术应用

25091 上副巷北段预抽区域第二单元走向长 50 m，倾向宽 36 m，平均煤厚 4.8 m，煤层倾角为 5°～8°。实测煤层瓦斯含量 6 处，为 7.14～8.84 m³/t，该区域设计穿层钻孔 25 个，施工 25 个，设计泄煤量 160 t，实际泄煤量 175 t，设透孔 25 个，新施工钻孔 9 个。

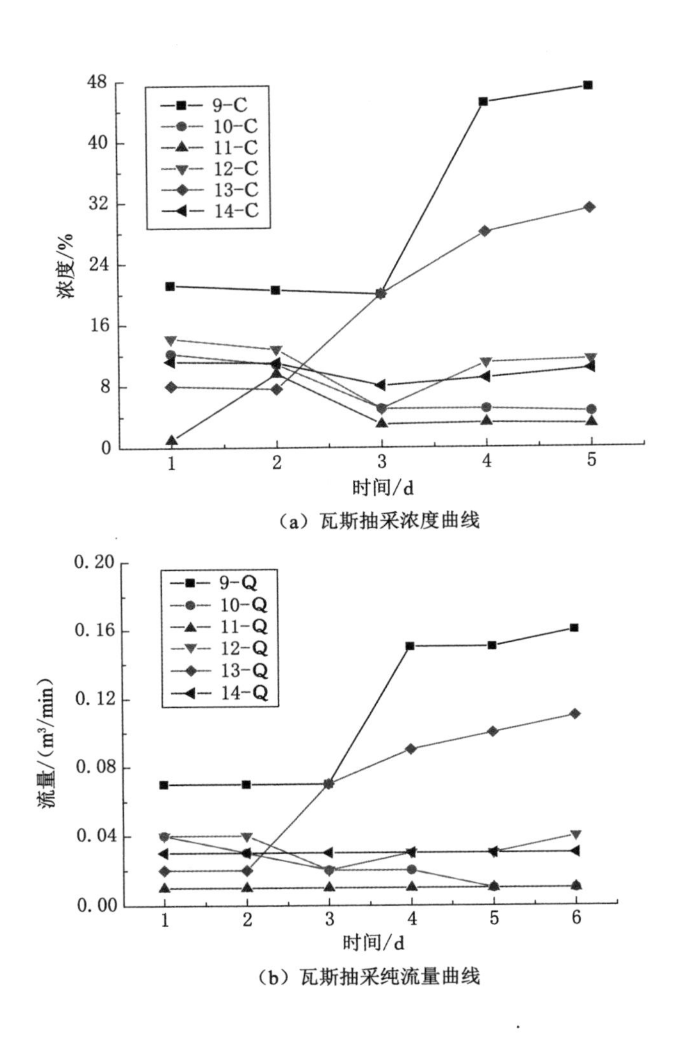


(a) 瓦斯抽采浓度曲线

(b) 瓦斯抽采纯流量曲线

图 5-40　下副巷南段揭煤区第二单元爆破后瓦斯抽采浓度及纯流量曲线示意图

(1) 爆破方案及参数设计

5 月 24 日 4 点班采取了爆破措施，该区域设计应抽瓦斯量 98 381 $m^3$，截至 6 月 12 日 25091 上副巷南段抽出瓦斯量 30 511 $m^3$，瓦斯含量降至 7 $m^3/t$ 以下，需抽采瓦斯 6 841 $m^3$。为提高瓦斯抽采效果，实现快速消突，于 7 月 17 日 15 时 5 分对该区域进行了深孔预裂爆破，施工 5 个爆破钻孔，装药 105 kg。

(2) 爆破效果分析

将爆破结束后 5 d 的孔板瓦斯抽采浓度与纯流量数据制成折线图，如图 5-41所示。

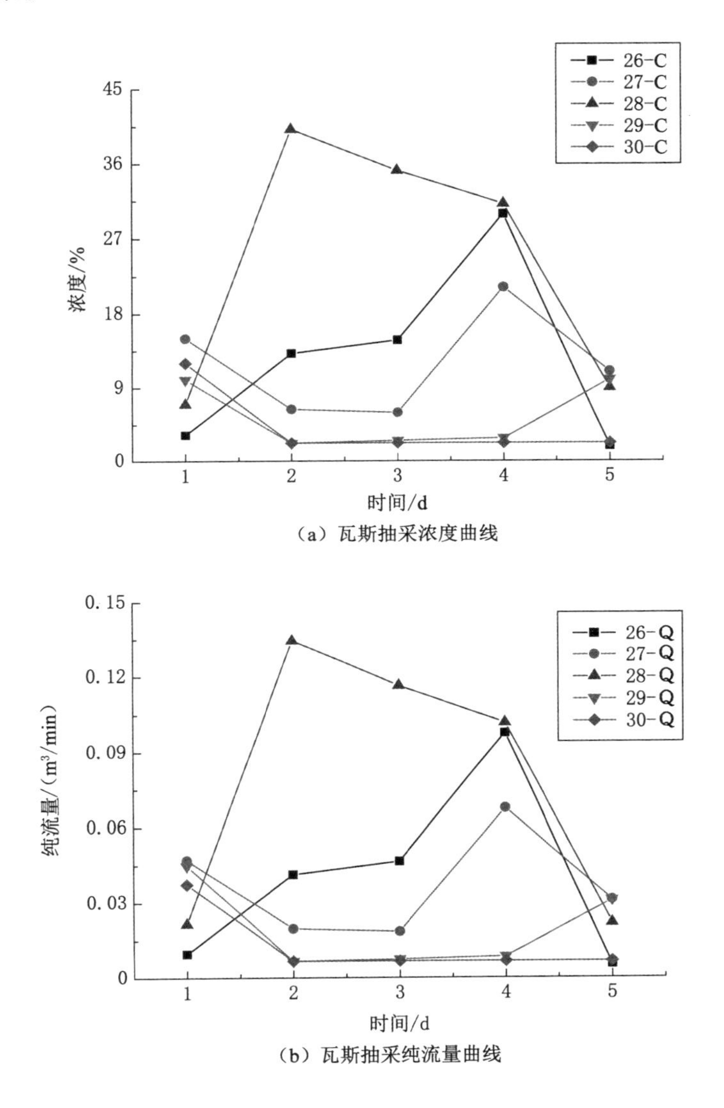

（a）瓦斯抽采浓度曲线


（b）瓦斯抽采纯流量曲线

图 5-41　上副巷北段揭煤区第二单元爆破后瓦斯抽采浓度及纯流量曲线示意图

从图 5-41 可以看出，当 7 月 17 日爆破作业结束后，26#、28# 孔板的瓦斯抽采浓度和纯流量有了明显的提高，其中 26# 孔板瓦斯抽采浓度由爆破前的3.2%上升到 30%，增加了 8.4 倍，瓦斯抽采纯流量由 0.01 $m^3$/min 上升到 0.1 $m^3$/

min，增加了 9 倍；28# 孔板瓦斯抽采浓度由爆破前的 7%上升到40.2%，增加了 4.7 倍，瓦斯抽采纯流量由 0.02 $m^3$/min 上升到 0.13 $m^3$/min，增加了 5.5 倍；在爆破后的第三天，瓦斯抽采浓度与纯流量有了明显的降低。从爆破结果可以看出，爆破产生了明显的效果，瓦斯抽采浓度与纯流量有了明显上升，并且保持了 3 d 的高效抽采。

### 5.2.4 现场技术应用效果分析

#### 5.2.4.1 水力冲孔-深孔爆破有效抽采半径及预抽期

水力冲孔与深孔爆破耦合增透的影响范围是指爆破后瓦斯抽采浓度提高的区域，而有效抽采半径则是指在影响范围内的抽采钻孔的有效抽采范围。如图 5-42所示，在爆破作业后，爆破影响范围是虚线框内的区域，而有效抽采半径则是该区域内的钻孔的抽采半径。

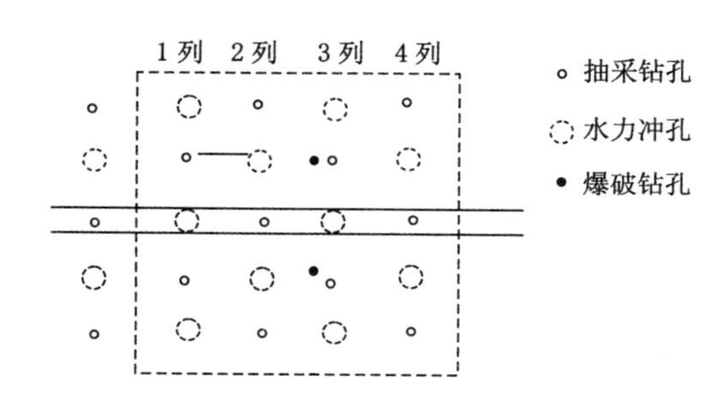


图 5-42 标准化钻孔布置示意图

在现场试验中，抽采浓度是按照一列钻孔一个集流器来进行测试的，而爆破区域内的抽采钻孔（也包括连接抽采管路后的水力冲孔钻孔）抽采的范围是两侧区域。以 1 列钻孔为例，当其左侧瓦斯抽采浓度升高时，可以确定其右侧区域也在有效抽采半径内，如图 5-43 所示。

以上副巷南段揭煤区为例，爆破后，对每一列钻孔抽采浓度进行分析，爆破影响范围为 2 列钻孔北侧的区域，而 2 列钻孔南侧则不在爆破影响范围内，因此爆破影响范围以 2 列钻孔为止。在爆破影响区域内的钻孔浓度均大幅提升，由此判定在爆破影响范围内，钻孔的有效抽采半径为列间距，即抽采半径为 6 m，但爆破影响范围则是 14 m。而对于下副巷北段揭煤区，水力冲孔与深孔爆破增透的影响范围是 20 m，影响范围的有效抽采半径为 9 m。

对于下副巷北段揭煤区，以 2016 年 12 月 4 日的爆破试验为例，抽采高效期的单孔瓦斯抽采纯流量达到 0.13 $m^3$/min。以孔板测试的有效抽采区域为计算

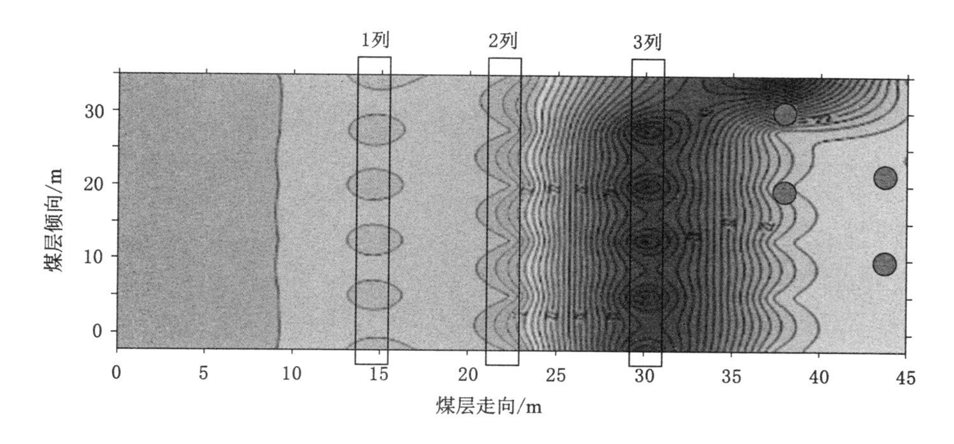


图 5-43　25091 南段第一次爆破后瓦斯抽采浓度云图

区域，30 m×6 m 的范围内，将瓦斯含量从 10 $m^3/t$ 降低到 6 $m^3/t$ 需要抽采 3 240 $m^3$ 瓦斯，需要时间为 17.32 d。

#### 5.2.4.2　经济技术分析及瓦斯抽采效果评价

(1) 经济技术分析

水力冲孔与深孔爆破耦合增透后，在爆破影响范围内，各组钻孔的抽采浓度与抽采纯流量均得到大幅的提升。在耦合增透以前，煤层瓦斯抽采主要以抽采钻孔为主，但是抽采孔的瓦斯浓度极低，在低于瓦斯抽采浓度 5%的时候，抽采孔将被关闭，因此考虑关闭时间，抽采钻孔的预抽期是无法进行计算的。

在采取水力冲孔措施后，瓦斯抽采浓度会有所提高，所测试的数据是爆破前的抽采数据，因此下文将以下副巷北段揭煤区第二次爆破为例分析不同条件下的预抽期，进而分析耦合增透的经济技术指标。

针对北侧 28 m 的范围进行计算，以煤厚 3 m、密度 1.3 $t/m^3$ 进行计算，取瓦斯含量为 9.37 $m^3/t$，预抽期按照瓦斯含量降低到 6 $m^3/t$，需要抽采瓦斯量为 11 040 $m^3$。按照最理想的条件进行计算，爆破前集流器抽采纯流量按最大值取，爆破后高效抽采期的抽采纯流量按最小值取，分析如下。

耦合增透前的瓦斯抽采纯流量为 0.02 $m^3/min$，钻孔数为 20 个，抽采支管每天抽采瓦斯量为 576 $m^3$，则需要预抽期为 19.2 d。耦合增透后的瓦斯抽采纯流量为 0.08 $m^3/min$，钻孔数为 20 个，抽采支管每天抽采瓦斯量为 2 304 $m^3$，则需要预抽期为 4.8 d，如表 5-14 所列。可见，采取深孔预裂爆破措施后，穿层钻孔控制范围内瓦斯抽采达标预抽期比当前预抽期缩减 40%以上。

**表 5-14　下副巷北段揭煤区耦合增透前后抽采参数及预抽期分析表**

<table>
<tr><th rowspan="2">时间</th><th colspan="2">北侧 7 m</th><th colspan="2">北侧 14 m</th><th colspan="2">北侧 21 m</th><th colspan="2">北侧 28 m</th><th rowspan="2">预抽期分析</th></tr>
<tr><th>浓度/%</th><th>纯流量/(m³/min)</th><th>浓度/%</th><th>纯流量/(m³/min)</th><th>浓度/%</th><th>纯流量/(m³/min)</th><th>浓度/%</th><th>纯流量/(m³/min)</th></tr>
<tr><td rowspan="3">爆破前</td><td>9.60</td><td>0.04</td><td>4.80</td><td>0.01</td><td>3.40</td><td>0.01</td><td>2.80</td><td>0.01</td><td rowspan="4">19.2 d</td></tr>
<tr><td>5.20</td><td>0.02</td><td>10.40</td><td>0.04</td><td>8.00</td><td>0.04</td><td>1.20</td><td>0.01</td></tr>
<tr><td>0.20</td><td>0.01</td><td>2.00</td><td>0.01</td><td>1.00</td><td>0.01</td><td>0.20</td><td>0.01</td></tr>
<tr><td>平均值</td><td>5.00</td><td>0.02</td><td>5.73</td><td>0.02</td><td>4.10</td><td>0.02</td><td>1.40</td><td>0.01</td></tr>
<tr><td rowspan="5">爆破后高效抽采期</td><td>30.80</td><td>0.10</td><td>19.20</td><td>0.09</td><td>17.20</td><td>0.08</td><td>15.80</td><td>0.05</td><td rowspan="6">4.8 d</td></tr>
<tr><td>36.80</td><td>0.12</td><td>16.40</td><td>0.07</td><td>15.80</td><td>0.06</td><td>20.20</td><td>0.09</td></tr>
<tr><td>23.40</td><td>0.07</td><td>12.20</td><td>0.05</td><td>15.20</td><td>0.06</td><td>15.40</td><td>0.06</td></tr>
<tr><td>45.60</td><td>0.16</td><td>7.60</td><td>0.03</td><td>20.20</td><td>0.06</td><td>45.80</td><td>0.16</td></tr>
<tr><td>30.20</td><td>0.10</td><td>20.00</td><td>0.43</td><td></td><td></td><td></td><td></td></tr>
<tr><td>平均值</td><td>33.36</td><td>0.11</td><td>15.08</td><td>0.134</td><td>17.10</td><td>0.065</td><td>24.30</td><td>0.09</td></tr>
</table>

(2) 瓦斯抽采效果评价

水力冲孔与深孔爆破耦合增透后，在爆破影响范围内，各组钻孔的抽采浓度与抽采纯流量均得到大幅的提升。

① 抽采浓度

对下副巷北段揭煤区第二次爆破(北侧区域抽采参数见表 5-15)进行分析，爆破后北侧 35 m 范围、南侧 30 m 范围内，集流器所测试的瓦斯抽采浓度大幅提高。在高效抽采期内，平均瓦斯抽采浓度在 15.08%～33.36%之间，高效抽采期约为 8 h。对上副巷南段揭煤区第一次爆破(南侧区域抽采参数见表 5-16)进行分析，爆破后南侧 14 m 范围内，集流器所测试的瓦斯抽采浓度大幅提高。在高效抽采期内，平均瓦斯抽采浓度在 12.5%～41.25%之间，高效抽采期约为 3 d。

**表 5-15　下副巷北段揭煤区第二次爆破后北侧区域抽采参数表**

| 时间 | 北侧 7 m | | 北侧 14 m | | 北侧 21 m | | 北侧 28 m | |
|---|---|---|---|---|---|---|---|---|
| | 浓度/% | 纯流量/(m³/min) | 浓度/% | 纯流量/(m³/min) | 浓度/% | 纯流量/(m³/min) | 浓度/% | 纯流量/(m³/min) |
| 12 月 2 日 4 时 | 9.6 | 0.04 | 4.8 | 0.01 | 3.4 | 0.01 | 2.8 | 0.01 |
| 12 月 3 日 13 时 | 5.2 | 0.02 | 10.4 | 0.04 | 8.0 | 0.04 | 1.2 | 0.01 |

表 5-15(续)

| 时间 | 北侧 7 m | | 北侧 14 m | | 北侧 21 m | | 北侧 28 m | |
|---|---|---|---|---|---|---|---|---|
| | 浓度/% | 纯流量/($m^3$/min) | 浓度/% | 纯流量/($m^3$/min) | 浓度/% | 纯流量/($m^3$/min) | 浓度/% | 纯流量/($m^3$/min) |
| 12 月 3 日 15 时 | 0.2 | 0.01 | 2.0 | 0.01 | 1.0 | 0.01 | 0.2 | 0.01 |
| 12 月 3 日 18 时 | 30.8 | 0.10 | 19.2 | 0.09 | 17.2 | 0.08 | 15.8 | 0.05 |
| 12 月 3 日 20 时 | 36.8 | 0.12 | 16.4 | 0.07 | 15.8 | 0.06 | 20.2 | 0.09 |
| 12 月 3 日 22 时 | 23.4 | 0.07 | 12.2 | 0.05 | 15.2 | 0.06 | 15.4 | 0.06 |
| 12 月 4 日 0 时 | 45.6 | 0.16 | 7.6 | 0.03 | 20.2 | 0.06 | 45.8 | 0.16 |
| 12 月 4 日 4 时 | 30.2 | 0.10 | 20.0 | 0.43 | | | | |
| 平均值(12 月 3 日 18 时至 12 月 4 日 4 时) | 33.36 | 0.11 | 15.08 | 0.134 | 17.1 | 0.065 | 24.3 | 0.09 |

表 5-16 上副巷南段揭煤区第一次爆破后南侧区域抽采参数表

| 时间 | 第 1 列爆破孔区域 | | 第 2 列爆破孔区域 | | 南侧 6 m | | 南侧 10 m | | 南侧 14 m | |
|---|---|---|---|---|---|---|---|---|---|---|
| | 浓度/% | 纯流量/($m^3$/min) | 浓度/% | 纯流量/($m^3$/min) | 浓度/% | 纯流量/($m^3$/min) | 浓度/% | 纯流量/($m^3$/min) | 浓度/% | 纯流量/($m^3$/min) |
| 12 月 16 日 | 7 | 0.03 | 20 | 0.06 | 23 | 0.07 | 6 | 0.02 | 25 | 0.08 |
| 12 月 17 日 | 31 | 0.10 | 8 | 0.20 | 41 | 0.14 | 35 | 0.12 | 37 | 0.12 |
| 12 月 18 日 | 15 | 0.06 | 6 | 0.01 | 53 | 0.19 | 17 | 0.05 | 15 | 0.05 |
| 12 月 19 日 | 35 | 0.12 | 16 | 0.05 | 48 | 0.16 | 9 | 0.01 | 5 | 0.02 |
| 平均值 | 22 | 0.077 5 | 12.5 | 0.08 | 41.25 | 0.14 | 16.75 | 0.05 | 20.5 | 0.067 5 |

可见,采取水力冲孔与深孔爆破耦合增透措施后,高效抽采期内抽采支管总孔板处平均瓦斯抽采浓度不低于 15%。

② 钻孔工程量

采取水力冲孔与深孔爆破耦合增透措施后,瓦斯治理钻孔工程量能够适当减少。在上副巷南段揭煤区,改变了以往 6 m×6 m 的布孔方式,采用 7.5 m×7.5 m 的布孔方式。

采用 7.5 m×7.5 m 的布孔方式后,钻孔的密度为 1.777 个/$m^2$,6 m×6 m

布孔方式的钻孔密度为 2.777 个/m²。相比减少率为 36%,计算得出与当前瓦斯治理方式相比,钻孔工程量减少 20%以上。

## 5.3 拒爆检测和消除技术

### 5.3.1 拒爆检测

每个爆破孔的炮头用两发同一个厂家生产的同一段别的煤矿许用电雷管,一次起爆 6~8 个炮孔,所有雷管串联,用一次起爆 200 的发爆器起爆。在起爆之前,做以下几项工作:

① 雷管从库房领出来之前,对所有雷管进行导通检测。

② 每个炮孔在将雷管装入炮头之前,再对雷管进行导爆检测,并记录雷管的电阻。

③ 每个炮孔装一个炮头,每个炮头装两发煤矿许用电雷管,每发电雷管的脚线剪断至 0.3 cm 长度,分别与打结的爆破胶质铜线连接,首先用绝缘胶带将接头裹紧,再用自粘胶带裹紧,做到接头连接牢固,且防水、防酸。

④ 将炮头药柱的盖子盖住,并用脚线将盖子与药柱固定,防止盖子脱落把雷管带出。

⑤ 装药时,将两根胶质线引出孔外,短接。

⑥ 爆破前,对每个炮孔中的每发雷管进行电阻检测,并做好记录,实测电阻为 3~5 Ω 为合格,再将 6~8 个炮孔共计 12~16 发电雷管串联连接,实测总电阻合格后,与爆破大线连接。

### 5.3.2 拒爆消除

拒爆消除工艺流程如图 5-44 所示。如果出现拒爆现象,可能原因有:由于每个炮孔都是两发雷管,且是串联起爆。如果正常爆破,则不会出现其中一个炮孔不爆的现象。因此,出现拒爆则是整个炮孔的雷管都未引爆,可能是爆破大线出现虚接,检测爆破大线,再重新测电阻,按照安全措施重新连线引爆。

严格地讲,按上述要求操作可杜绝拒爆现象。如果出现拒爆,则采用以下方法消除:用发爆器与每个炮孔中的一发电雷管连接,通过高压放电将雷管引爆,进而引爆炸药。

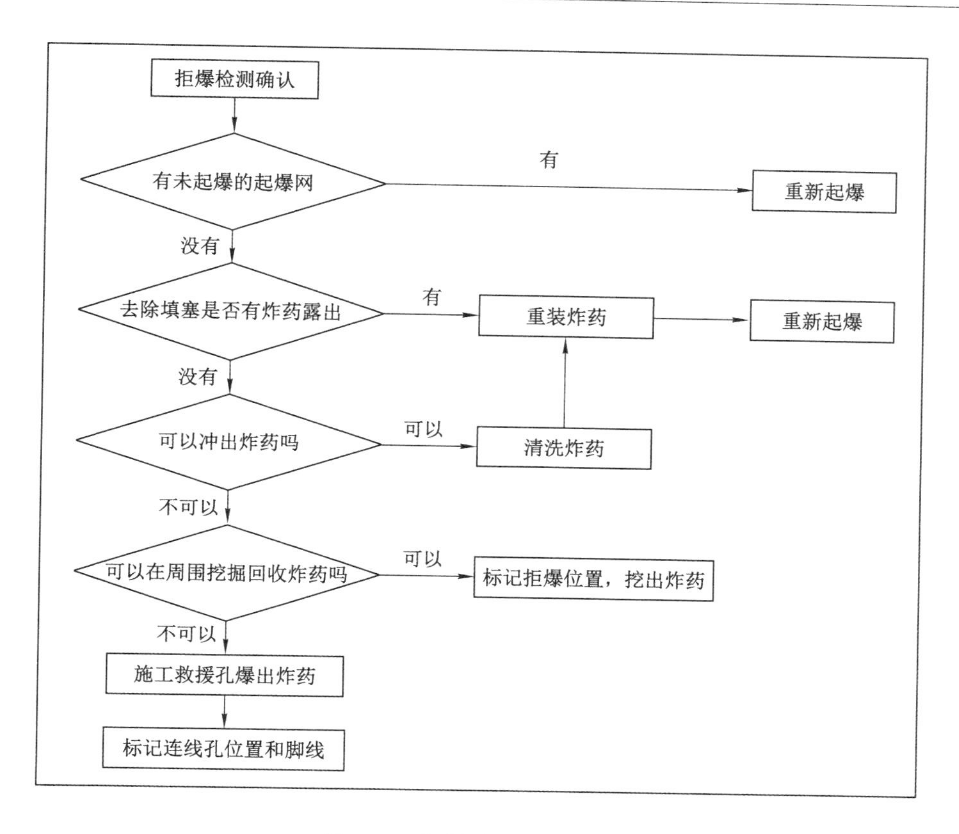


图 5-44 拒爆消除工艺流程图

## 5.4 工作面过爆破孔区域注意事项

水力冲孔与深孔爆破耦合增透技术主要用于掩护巷道掘进工作中，在后期工作面推进到爆破区域时，应注意如下事项：

① 爆破人员必须熟悉爆破材料的性能及《煤矿安全规程》中相关的条文规定。

② 井下爆破工作必须由专业爆破人员负责。爆破工要经过专门训练，持有爆破合格证。爆破工、班组长、瓦斯检查工必须在现场实行“一炮三检”和“三人连锁爆破”制度，检查爆炸地点的气体浓度。

③ 爆破工从爆破器具、爆炸物的领取到组装引火药、钻孔、爆破、检修和退库时认真填写卡片，上井后交给生产部，井下爆破作业实行安全监测工全过程监

控制度。

④ 钻孔及爆破后，班长应配置专人在爆破地点及附近 20 m 范围内洒水降尘。

⑤ 根据爆破设计方案，明确炸药安装位置，在采煤机到达装药位置时，观察炸药外漏情况，及时将炸药取出。

⑥ 工作面推进前方有炸药安装点时，应确认前方炸药的安装时间，如果时间超过了 180 d，炸药已经过了保质期，失去了药力，此时可以正常推进；如果未超过 180 d，找到炸药安装的钻孔，向钻孔内注入水，保证水完全封过炸药，炸药会在水的作用下溶解失去药力。

⑦ 装配起爆药卷时，必须遵守下列规定：

a. 起爆药卷的组装必须由爆破工进行，他人不得代替。

b. 必须在火药室进行。严禁坐在爆炸材料箱上组装起爆药卷。起爆药卷的组装量必须符合作业规程的规定，以值班所需数量为限。

c. 起爆药卷应防止电雷管受到震动和冲击，防止电线折断和脚线的绝缘层受损。

d. 电雷管必须从药包上部插入，严禁用电雷管代替竹棒或木棒穿孔。电雷管必须全部插入药物内。严禁将电雷管斜插在药卷中部或绑在药卷上。

e. 电雷管插入药物后，必须用脚线缠药，使电雷管的脚线短路。

f. 起爆药卷组装后，必须检查数量，放入专用的炮头盒中。

⑧ 现场应使用封闭式起爆器，安全监测工保管关闭钥匙。爆破工收到起爆器钥匙后，将起爆器钥匙交给安全监测工，起爆前由安全监测工检查爆炸制度的实施情况，并在爆破工所持的检查记录上签字，将起爆器钥匙交给爆破工后，按规定爆破。每次爆破都要按以上程序操作。爆破结束后，安全监测工可以把起爆器的钥匙交给爆破工，然后由爆炸工带回发放室。所有地点每次起爆前，爆破工必须用起爆器进行网路导通检查。

⑨ 在装药前，爆破工必须在工作面附近 20 m 范围内进行气体检查，将检查结果记录好，然后清除炮眼内的煤粉和岩粉，用木棒或竹棒放入药物，不能冲撞。炮眼内各卷药要互相密闭。装药后，必须将电雷管脚线悬空，严禁将电雷管脚线、破裂母线与运输设备、电气设备、机械设备等导体接触。

## 5.5 安全技术措施

本节将根据爆破的时间顺序，介绍钻孔施工、爆破药柱运输、装药连线、封孔、起爆及其他等六个方面的安全技术措施。

### 5.5.1　钻孔施工安全技术措施

爆破孔要严格按照设计要求施工，抽采队派副队长以上管理人员现场跟班，并做好钻孔施工记录，确保钻孔施工质量。

钻孔地点必须保证支护完好，巷道顶帮无片帮、脱层现象，同时在施工期间打钻人员要注意观察支护情况，确保施工安全。

试验开始前，抽采队安排机电工对试验钻进进行一次全面检修，保证爆破孔施工期间钻机运行可靠；爆破孔施工期间加强钻机管理，以保证钻孔施工质量。钻机进风侧 5 m 范围内配备两台合格的灭火器，灭火黄土、沙各不少于 50 kg。钻机的钻尾连接风水三通，若钻孔出现高温或一氧化碳时，立即关闭供风阀门向钻孔内压水进行应急处理。

打钻期间，打钻人员在钻孔回风侧 3.0 m 范围内悬挂瓦斯、一氧化碳便携仪，实时监测打钻地点的瓦斯、一氧化碳情况，发现瓦斯浓度大于0.8%或监测到一氧化碳时，必须立即停止钻进，查明原因进行处理。

施工钻孔过程中，瓦斯检查工要加强打钻地点瓦斯检查工作，当瓦斯浓度达到 0.8%时，停止作业，达到 1%时，立即停止作业、撤出人员、切断电源，并向矿调度室、通风调度汇报。

钻工上岗前，必须衣帽整齐，袖口、衣扣扣好，禁止戴手套，防止钻机绞人；打钻过程中，操作人员要精力集中，做到操作稳准，接(卸)钻杆时，要注意安全，防止钻杆滑落伤人。

钻孔施工若遇煤岩松软时，采用风力排粉，低速慢进，尽量向外多排钻粉，便于装药、封孔；成孔退钻时，要放慢速度，不准停风。

钻孔施工时，钻机负责人必须在现场做好钻孔原始参数(包括开口位置、倾角、施工深度及施工时的异常情况等)记录，并及时向防突科汇报。

### 5.5.2　爆破药柱运输安全技术措施

爆破药柱由抽采队负责安排队员进行运送，救护队员配合，所用电雷管由通风队专职爆破工负责运送，确保火工品运送安全。

运送爆破药柱人员必须熟悉炸药性能。运送爆破药柱时，必须将其装在专用炸药箱内进行运送。人工运送爆破药柱通过车场和上下山时，不准在人多的地方停留。

运送爆破药柱过程中不准敲打炸药，严禁与电气设备及金属物体相接触。严禁将煤矿瓦斯抽采水胶药柱垂直放置和上下冲撞，以防药柱内的炸药收缩。

运送爆破药柱人员应将炸药送到指定地点，亲自交给炸药管理工或爆破工，双方交接清楚，不准乱扔乱放。其他未尽事宜严格按《煤矿安全规程》、操作规程、作业规程及其他安全技术措施执行。

### 5.5.3 装药连线安全技术措施

装药连线工作必须由通风队专职爆破工并在爆破副队长的协助下完成；装药、连线以外的工作必须固定专人协助，参加装药、连线工作的人员要分工明确，各负其责，互相配合。

深孔爆破所用的炸药、电雷管不得过期或变质，所用的电雷管必须经过导通试验，脚线与胶质线连接时，要用细砂布打磨每个线头，用绝缘胶布包扎好每个接头，并把接头牢牢固定在预裂管表面，用透明胶带进行防护，防止装药时，损坏脚线或抽出电雷管，保证导线连接可靠。

炮头由爆破工亲自制作，先拔出盖子，在管的侧壁打两个眼，目的是固定盖子，防止盖子脱落。制作前爆破工要对雷管进行导通测试，然后将雷管脚线剪断只留 40 cm 长，扭接短路。

制作炮头时，盖子上打四个钻孔，将两根铜芯绝缘线分别穿入盖子中打结固定，再将铜芯线与雷管脚线连接。雷管脚线与加长铜芯线连接时连接必须牢固，接头先用防水胶带裹紧，然后用自粘胶带裹紧，防止短路，将电雷管全部插入药柱中，再用黄泥团包裹将炸药封闭，最后盖上。每个雷管上加长用的铜芯线须分清楚，并扭结成短路。每发雷管单独连接双股绞线的母线引出炮孔时，在孔外进行串联。

装爆破药柱后，在下预裂管时要缓慢推进，装药人员要相互配合，用力适当，孔内胶质线松紧适当，防止折断或损伤脚线，造成拒爆。

装药结束后，使用起爆器对爆破网路电阻进行测试，若网路断路或测试阻值超过计算值 2 倍时，严禁封孔。注浆后，再次测定雷管的阻值，若与封孔前阻值不同，用压风将孔内的水泥浆冲出，将药柱全部拉出，重新制作炮头和装药。

爆破孔内的两个雷管与起爆线连接时要防止短路。连线前，必须测定并记录每个炮孔的雷管及连接线的总电阻。若炮孔的其中一发电雷管的阻值增加 10 Ω 以上，则这发电雷管不再接入网路。

爆破网路测试无异常符合爆破条件，爆破工将脚线扭结成短路，用绝缘胶布包扎好接头固定在巷帮，同时避开电气、管道、淋水等导电体，并悬挂“爆炸危险”警示牌，并由抽采队在现场看护，在现场交接班。

### 5.5.4 封孔安全技术措施

爆破钻孔封孔前，使用起爆器对单孔爆破网路电阻进行测试，检查无异常后，由抽采队负责对爆破孔进行封孔，孔口采用聚氨酯材料封孔，剩余段使用水泥浆封孔。在孔口下入注浆管、返浆管及用聚氨酯对其固定时，要细心操作，防止损坏爆破脚线。配置水泥浆液时，要使用专门量具保证水泥与水质量比为4∶3。注浆管路连接处要有防脱装置，严防注浆管滑脱伤人。注浆时观察孔口返浆情况，记录注浆时间、注浆量。考虑钻孔孔深和爆破效果，采取多轮次注浆，第一次返浆后间隔 15 min 后进行二次注浆。爆破钻孔注浆后将注浆管和返浆管折合后用铁丝捆扎。

### 5.5.5 起爆安全技术措施

深孔爆破前，钻孔内浆液必须充分凝固，注浆后凝固时间不得低于 8 h，否则不准起爆。

深孔爆破必须由通风队专职爆破工进行，爆破副队长在现场监护。本次试验采用远距离爆破，爆破地点设在 25091 底抽巷北段车场反向风门以外全风压新鲜风流中，爆破地点必须有压风自救装置及直通调度室的电话。起爆器下井前必须经过起爆器起爆参数测试，测试参数合格后方可使用。

爆破前，爆破工负责使用发爆器再次对爆破网路全电阻进行测定，测定阻值符合要求后方可爆破。严格执行“三人连锁爆破”和远距离撤人断电爆破制度。

爆破前，必须切断 25091 底抽巷及回风流除通风机以外的所有非本安型电气设备电源。

爆破前，调度室负责将受威胁区内所有作业人员撤到反向风门以外的新鲜进风流中，并设专人警戒。

爆破前，由爆破工负责向调度室、通风调度请示，通风调度接到通知后向集团公司通风调度汇报，同意后，并经调度室确认爆破警戒区内及回风系统内无人员时，方可爆破。

起爆器充电要充分，放电要果断，严禁二次拧起爆器。起爆器放电后，要立即取下爆破母线，并扭结成短路。

爆破 15 min 后，爆破工使用起爆器检查爆破网路情况，确定炸药是否爆炸。爆破后 30 min，且回风侧瓦斯浓度小于 0.5%时，方可由爆破工、安全监测工、瓦斯检查工到爆破地点检查爆破情况。

爆破检查无异常时，解除爆破警戒工作面，恢复各工作面生产。

井下爆破必须使用起爆器(矿用防爆型)。爆破工必须随身携带起爆器钥匙，禁止交由他人。不到爆破时，不得插入起爆器钥匙。爆破之后，必须马上拔出钥匙，将母线摘掉并且扭结成短路状态。

爆破之前，连接脚线、连接爆破母线脚线、线路检查和通电等工作，只能由爆破工亲自操作。

在爆破前，班组长需清点人数，确认无误后，才可下达指令起爆。爆破工接到指令之后，需吹哨发出爆破警号，并且再等待至少5 s，才可起爆。

应当班放完装药的炮眼，严禁与下一班进行交接。

爆破后，工作面的炮烟吹散之后，爆破工、瓦斯检查工和班组长必须首先检查通风、瓦斯、煤尘、顶板、支架、拒爆、残爆等情况，并巡视爆破点。若发现不安全因素，需马上处理。

通电以后拒爆时，爆破工需先拿下钥匙，并从电源上摘下爆破母线，扭结成短路状态，再等待规定时间（使用瞬发电雷管时至少等5 min，使用延期电雷管时至少等15 min），才能检查线路，找出拒爆原因。

若在爆破时出现拒爆现象，当班的班组长、爆破工、安全监测工必须将残爆处理完毕后，才能离开现场。

处理拒爆时，必须遵守下列规定：

① 连线不良引起拒爆，可以再次连线起爆。

② 于拒爆炮眼0.3 m处另外打一个新炮眼和拒爆炮眼平行，再次装药起爆。

③ 严禁用镐刨或从炮眼中取出原放置的起爆药卷或从起爆药卷中拉出电雷管。无论有无残余炸药，严禁继续加深炮眼残底；严禁使用打眼方法向外掏药；严禁用压风吹拒爆（残爆）炮眼。

④ 拒爆的炮眼爆炸处理后，爆破工必须仔细检查炸落的煤、矸，并收集没有爆炸的电雷管。

⑤ 在处理拒爆结束之前，禁止在此地开展与处理拒爆无关的工作。

爆破后必须将现场悬顶、伪顶摘除，并将撕网补连，同时将崩落的矸石清理干净。

### 5.5.6 其他安全技术措施

通风队要加强试验地点通风系统、通风设施管理，确保试验地点有足够的风量。爆破后，通风调度微机监测员严密监视25091下底板抽采巷、25采区回风下山风流中瓦斯浓度变化情况，若遇瓦斯变化异常及时向集团公司通风调度、矿总工程师汇报。

瓦斯检查工要加强试验地点瓦斯检查工作，严禁瓦斯超限作业。抽采队机电工要加强试验地点电气设备管理工作，确保设备完好，杜绝电气失爆。通风队负责在爆破地点回风侧安装一台瓦斯传感器，瓦斯浓度为0.5%时报警，断电值为0.8%，断电范围为巷道内所有非本质安全型电气设备。防突科负责把爆破孔施工参数、爆破参数及施工日期，标注在比例尺为 1∶500 的工作面平、剖面图上备案。

深孔爆破工作结束后，抽采队要设专人检查、维护爆破影响范围内的抽采钻孔，以防钻孔漏气影响抽采效果。所有参加深孔预裂煤层增透爆破试验工作的人员，都必须认真学习安全技术措施。

火灾和瓦斯事故避灾路线为：作业地点→25091 集中运输巷→25 皮带下山→－110 m 运输大巷→副井底→地面。

## 5.6 本章小结

本章主要应用相似模拟试验对水力冲孔与深孔爆破耦合增透技术进行了经济技术分析，并对耦合增透的瓦斯抽采效果进行综合评价。主要结论如下：采取深孔预裂爆破措施后，穿层钻孔控制范围内瓦斯抽采达标预抽期比当前预抽期缩减 40%以上。采取水力冲孔与深孔爆破耦合增透措施后，高效抽采期内抽采支管总孔板处抽采浓度平均不低于 15%。瓦斯治理钻孔工程量与当前瓦斯治理方式钻孔工程量相比减少 20%。

在 25091 工作面成功开展了水力冲孔与深孔爆破耦合增透试验，通过对抽采数据进行测试，得到如下结论：水力冲孔与深孔爆破耦合增透技术能够大幅度提升瓦斯抽采效率，影响范围与煤层倾角有关。通过理论分析和相似模拟试验研究，提出了两种爆破孔、水力冲孔钻孔和抽采钻孔的布孔方式，并在下副巷北段揭煤区和上副巷南段揭煤区得到了应用。

# 6 结 论

针对深部高瓦斯松软煤层在瓦斯治理中出现的问题,分析了药柱爆炸对松软煤层的压密效应,得到了孔洞诱导作用下爆炸致裂与推动煤体位移规律,揭示了掏、冲、爆一体化疏松解密机制,进而形成了深井高瓦斯松软煤层钻冲爆一体化疏松增渗技术。

## 6.1 主要结论

通过研究,得到了如下主要结论:

(1) 研究发现了松软煤层爆破出现的局部压密现象,揭示了爆破导致局部压密的机制。

① 通过爆破相似模拟试验,发现松软煤层爆破后会呈现出爆破孔膨胀、爆生裂隙形成及控制孔减小等三种致裂形态。提出了定量综合评价增透效果的方法,利用爆生裂隙面积、控制孔及爆破孔面积变化综合分析增透效应。

② 利用爆破前后煤层密度变化云图、电阻率层析成像的方法,发现单孔爆破后松软煤层内出现了明显的压密区,爆破载荷下煤体的移动变形导致煤层密度发生变化,使松软煤层呈现局部压实效应。爆生气体在爆破过程中对松软煤层的移动变形起到了关键作用,但是爆生气体的存在会增加煤层的爆破压缩变形,因而降低了爆破增透效果。

(2) 系统研究了松软煤层内孔洞(控制钻孔)对爆破变形的影响规律,提出了以爆破动载为核心的插花式布孔疏松增渗技术思路。

① 开展了插花式布孔爆破试验,发现在插花式布孔条件下,孔洞的存在能够提供足够的自由面,能够为爆破变形提供补偿空间,在导控煤体变形的同时,实现控制区域的疏松解密。基于此原理,提出了以爆破动载为核心的插花式布孔疏松增渗技术思路。

② 研究发现松软煤层中含有孔洞时,在爆破能量的作用下,煤体产生以爆破孔为中心向四周挤压煤体变形移动为主、以微裂隙为辅的破坏,控制区域内呈现出增透正效应,进而明确了解决煤层局部压实现象的关键在于孔洞(控制孔)

的空间补偿。

(3) 研究提出了整套深井高瓦斯松软煤层钻冲爆一体化疏松增渗关键技术,并得到成功应用。

① 提出了水力孔、爆破孔和抽采孔时空协同的插花式布孔模式,水力冲孔孔洞对爆破作用起控制作用,提供煤体爆破产生压碎区和裂隙区所需的空间。而爆破作用则推动了煤体位移,有效填充了水力冲孔造成的孔洞,使区域内的煤体疏松,有效提高了煤层渗透率。

② 优化了考虑三类钻孔的爆破工艺流程,确定了钻进及爆破器材,提出了爆破钻孔的封孔工艺。从炮孔深度、炮孔直径和炮眼角度等角度确定了爆破参数,形成了整套深井高瓦斯松软煤层钻冲爆一体化疏松增渗关键技术。

③ 该技术在告成煤矿进行了应用,完成了 25091、25031 等工作面的瓦斯治理工作,创造 5 000 万元效益。在爆破过程中,高瓦斯松软煤层内的钻孔有效成孔率达到 90%以上,钻孔控制范围内瓦斯抽采达标预抽期比当前预抽期缩减 40%以上,钻孔工程量减少 20%以上。

## 6.2　创新点

(1) 提出了松软煤层爆破变形的定量表征方法,发现松软煤层在爆破动载作用下出现了明显的压密区,爆破载荷下煤体的移动变形导致煤层密度发生变化,使松软煤层呈现局部压实效应。

(2) 研究了松软煤层内孔洞(控制孔)对爆破变形的影响规律,明确了解决煤层局部压实现象的关键在于控制孔的空间补偿,揭示了插花式布孔的疏松解密机理,提出了以爆破动载为核心的插花式布孔疏松增渗技术思路。

(3) 提出了水力孔、爆破孔和抽采孔时空协同的插花式布孔模式,优化了考虑三类钻孔的爆破工艺流程,形成了整套深井高瓦斯松软煤层钻冲爆一体化疏松增渗关键技术。

此项研究成果具有很好的普遍性和适用性,为相似地质条件的矿井提供了坚实的理论和实践基础。随着矿井采深逐步增加,研究成果需求量将越来越大,其潜在的社会、经济效益巨大,应用前景广阔。

# 参考文献

[1] 谢和平，王金华，王国法，等. 煤炭革命新理念与煤炭科技发展构想[J]. 煤炭学报，2018，43(5)：1187-1197.

[2] 谢和平，吴立新，郑德志. 2025 年中国能源消费及煤炭需求预测[J]. 煤炭学报，2019，44(7)：1949-1960.

[3] GU H L，TAO M，CAO W Z，et al. Dynamic fracture behaviour and evolution mechanism of soft coal with different porosities and water contents [J]. Theoretical and applied fracture mechanics，2019，103：102265.

[4] 刘春. 松软煤层瓦斯抽采钻孔塌孔失效特性及控制技术基础[D]. 徐州：中国矿业大学，2014.

[5] LIU X F，SONG D Z，HE X Q，et al. Insight into the macromolecular structural differences between hard coal and deformed soft coal[J]. Fuel，2019，245：188-197.

[6] 刘最亮，罗忠琴. 地震微相识别构造软煤技术研究：以晋城寺家庄矿 15 号煤层为例[J]. 中国煤炭地质，2018，30(7)：79-83.

[7] 许耀波，郭盛强. 软硬煤复合的煤层气水平井分段压裂技术及应用[J]. 煤炭学报，2019，44(4)：1169-1177.

[8] ZHANG R L，WANG Z J，CHEN J W. Experimental research on the variational characteristics of vertical stress of soft coal seam in front of mining face[J]. Safety science，2012，50(4)：723-727.

[9] 张永民，蒙祖智，秦勇，等. 松软煤层可控冲击波增透瓦斯抽采创新实践：以贵州水城矿区中井煤矿为例[J]. 煤炭学报，2019，44(8)：2388-2400.

[10] 袁亮. “煤炭精准开采背景下的矿井地质保障”专辑特邀主编致读者[J]. 煤炭学报，2019，44(8)：2275-2276.

[11] 谢和平. 深部岩体力学与开采理论研究进展[J]. 煤炭学报，2019，44(5)：1283-1305.

[12] LIU J，ZHANG R，SONG D Z，et al. Experimental investigation on occurrence of gassy coal extrusion in coal mine[J]. Safety science，2019，113：

362-371.

[13] ZHANG J J,CLIFF D,XU K,et al. Focusing on the patterns and characteristics of extraordinarily severe gas explosion accidents in Chinese coal mines [J]. Process safety and environmental protection, 2018, 117: 390-398.

[14] LIU Q,LIU J,GAO J X,et al. An empirical study of early warning model on the number of coal mine accidents in China[J]. Safety science,2020, 123:104559.

[15] ZHANG J J,XU K,RENIERS G,et al. Statistical analysis the characteristics of extraordinarily severe coal mine accidents (ESCMAs) in China from 1950 to 2018[J]. Process safety and environmental protection,2020, 133:332-340.

[16] MA Y K,CHENG Y H,LIU Z G,et al. Improvement of drainage gas of steep gassy coal seam with underground hydraulic fracture stimulation:a case in Huainan, China [J]. International journal of oil, gas and coal technology,2016,13(4):391-406.

[17] SHI Q M,QIN Y,LI J Q,et al. Simulation of the crack development in coal without confining stress under ultrasonic wave treatment[J]. Fuel, 2017,205:222-231.

[18] 曹运兴,张军胜,田林,等.低渗煤层定向多簇气相压裂瓦斯治理技术研究与实践[J].煤炭学报,2017,42(10):2631-2641.

[19] 赵云飞.煤矿瓦斯综合防治措施分析[J].当代化工研究,2019(10):47-48.

[20] 路璐,张夏彭,陈小建,等.新景矿低透气性煤层群邻近层穿层钻孔瓦斯抽采技术[J].煤炭技术,2019,38(9):76-78.

[21] YANG T H,XU T,LIU H Y, et al. Stress-damage-flow coupling model and its application to pressure relief coal bed methane in deep coal seam [J]. International journal of coal geology,2011,86(4):357-366.

[22] 张德江.大力推进煤矿瓦斯抽采利用[J].中国煤层气,2010,7(1):1-3.

[23] 李树刚,钱鸣高,石平五.煤样全应力应变中的渗透系数-应变方程[J].煤田地质与勘探,2001,29(1):22-24.

[24] 袁亮,薛生.煤层瓦斯含量法确定保护层开采消突范围的技术及应用[J].煤炭学报,2014,39(9):1786-1791.

[25] 魏建平,李鹏,王登科,等.下保护层开采卸压保护范围及可行性分析[J].煤矿安全,2012,43(10):158-160.

[26] KOŽUŠNÍKOVÁ A. Changes of permeability of coal in the process of deformation[M]//Frontiers of rock mechanics and sustainable development in the 21st century. Cachan:CRC Press,2020.

[27] KIM K,YAO C Y. Effects of micromechanical property variation on fracture processes in simple tension[C]//The 35th U. S. Symposium on Rock Mechanics(USRMS). Reno:[s. n. ],1995.

[28] 程远平,刘洪永,郭品坤,等.深部含瓦斯煤体渗透率演化及卸荷增透理论模型[J].煤炭学报,2014,39(8):1650-1658.

[29] 李磊."三软"煤层上保护层开采下伏煤岩瓦斯气固耦合模型及应用[D].青岛:青岛理工大学,2018.

[30] 刘德贵.急倾斜近距离复杂煤层保护层开采的实践[J].矿业安全与环保,2005,32(1):66-67.

[31] 罗勇,沈兆武.煤层群内多重保护层开采的防突试验研究[J].地质灾害与环境保护,2005,16(3):315-319.

[32] 袁亮.松软低透煤层群瓦斯抽采理论与技术[M].北京:煤炭工业出版社,2004.

[33] 袁亮.低透高瓦斯煤层群安全开采关键技术研究[J].岩石力学与工程学报,2008,27(7):1370-1379.

[34] 程远平,俞启香.煤层群煤与瓦斯安全高效共采体系及应用[J].中国矿业大学学报,2003,32(5):471-475.

[35] 程远平,俞启香,袁亮,等.煤与远程卸压瓦斯安全高效共采试验研究[J].中国矿业大学学报,2004,33(2):132-136.

[36] 薛东杰,周宏伟,孔琳,等.采动条件下被保护层瓦斯卸压增透机理研究[J].岩土工程学报,2012,34(10):1910-1916.

[37] 谢和平,高峰,周宏伟,等.煤与瓦斯共采中煤层增透率理论与模型研究[J].煤炭学报,2013,38(7):1101-1108.

[38] XIE H P,XIE J,GAO M Z,et al. Theoretical and experimental validation of mining-enhanced permeability for simultaneous exploitation of coal and gas[J]. Environmental earth sciences,2015,73(10):5951-5962.

[39] 谢和平,张泽天,高峰,等.不同开采方式下煤岩应力场-裂隙场-渗流场行为研究[J].煤炭学报,2016,41(10):2405-2417.

[40] 李圣伟,高明忠,谢晶,等.保护层开采卸压增透效应及其定量表征方法研究[J].四川大学学报(工程科学版),2016,48(增刊1):1-7.

[41] 王宏图,黄光利,袁志刚,等.急倾斜上保护层开采瓦斯越流固-气耦合模型

及保护范围[J]. 岩土力学,2014,35(5):1377-1382.
[42] 安山林,马世峰. 龙山矿超前密集钻孔的防突效果[J]. 中州煤炭,1990(3):44-46.
[43] FARMER I W, ATTEWELL P B. Rock penetration by high velocity water jet[J]. International journal of rock mechanics and mining sciences & geomechanics abstracts,1965,2(2):135-153.
[44] 易丽军,俞启香. 突出煤层密集钻孔瓦斯预抽的数值试验[J]. 煤矿安全,2010,41(2):1-4.
[45] 兰永伟,高红梅,陈学华. 钻孔卸压效果影响因素数值模拟研究[J]. 矿业安全与环保,2013,40(3):6-9.
[46] 兰永伟,刘鹏程,李伟,等. 卸压钻孔破坏半径影响因素及破坏半径回归分析[J]. 煤矿安全,2013,44(4):24-26.
[47] 李东,姜福兴,陈洋,等. 深井临近大煤柱泄水巷冲击机理及防治技术研究[J]. 采矿与安全工程学报,2019,36(2):265-271.
[48] 朱斯陶,姜福兴,史先锋,等. 防冲钻孔参数确定的能量耗散指数法[J]. 岩土力学,2015,36(8):2270-2276.
[49] 杨竹军. 厚煤层区段小煤柱切顶护巷研究及应用[J]. 煤炭工程,2019,51(5):82-86.
[50] 周府伟. 三软煤层超前钻孔弱化引导切顶留巷技术研究[D]. 西安:西安科技大学,2019.
[51] 付武,李晓杰,马玉罄,等. 对复杂环境岩石大孔径中深孔爆破地震波的控制技术[J]. 中国矿业,2003,12(11):66-71.
[52] 王洪刚,王洪强,陈郁华,等. 复杂环境下水下爆破振动效应控制技术[J]. 爆破器材,2012,41(2):27-29.
[53] 黄富强,张大岩,夏祥. 核电站核岛基础爆破开挖减震控制[J]. 土工基础,2012,26(1):30-32.
[54] 李永. 混凝土纵向围堰控制爆破拆除及减震措施[J]. 工程爆破,2001,7(3):46-52.
[55] 刘俊民. 控制爆破技术在田湾核电站厂区最终边坡工程中的应用[J]. 铁道建筑,2003,43(4):35-37.
[56] 王剑武. 洛三高速公路钢筋混凝土桥墩的控爆拆除[J]. 探矿工程(岩土钻掘工程),2002,29(增刊 1):402-404.
[57] 王璞,陈志刚,张道振,等. 市区复杂环境下深基坑开挖控制爆破[J]. 工程爆破,2010,16(1):35-39.

[58] 赵孟岐. 隧道爆破施工减振措施分析[J]. 山西建筑,2011,37(7):148-149.
[59] 樊培山. 田湾核电站厂区最终边坡工程控制爆破施工技术[J]. 爆破,2002,19(3):22-24.
[60] 谢智谦,王利平. 永平铜矿露天边坡的控制爆破技术[J]. 矿业研究与开发,1998,18(2):45-47.
[61] 赵洋,张玉浩,王振宇,等. 早龄期混凝土减震爆破技术研究[J]. 水利水电技术,2011,42(7):52-56.
[62] 李是良,邱进芬,李必红,等. 中深孔爆破震动效应对邻近建筑物的影响与安全控制[J]. 采矿技术,2011,11(5):183-185.
[63] 马福,沈兴东,张丽,等. 重庆地铁 1 号线利用既有人防洞扩挖和减振开挖隧道施工技术[J]. 施工技术,2011,40(341):84-86.
[64] HAGIMORI K, TAKECHI Y, FURUKAWA K, et al. Low vibration blasting methods with continuous slots[J]. Doboku gakkai ronbunshu, 1988(391):142-150.
[65] CHEN Z Y, FANG X, ZHANG W P, et al. Damping ditch effect analysis of blasting vibration based on wavelet transform[C]//2009 first international conference on information science and engineering. Nanjing:[s. n.],2009.
[66] HAGIMORI K, TERADA M, OUCHTERLONY F, et al. Using slot drilling to reduce vibrations and damage from tunnel blasting in urban areas [M]//Rock fragmentation by blasting. [S. l. :s. n.],1993.
[67] MORITA N, BLACK A D. Borehole breakdown pressure with drilling fluids:I. Empirical results[J]. International journal of rock mechanics and mining sciences & geomechanics abstracts,1996,33(1):39-51.
[68] 瞿涛宝. 试论水力冲刷技术处理煤层瓦斯的有效性[J]. 湖南煤炭科技,1997(1):38-46.
[69] 赵阳升,杨栋,胡耀青,等. 低渗透煤储层煤层气开采有效技术途径的研究[J]. 煤炭学报,2001,26(5):455-458.
[70] 冯增朝. 低渗透煤层瓦斯抽放理论与应用研究[D]. 太原:太原理工大学,2005.
[71] 赵岚,冯增朝,杨栋,等. 水力割缝提高低渗透煤层渗透性实验研究[J]. 太原理工大学学报,2001,32(2):109-111.
[72] 陈玉涛,秦江涛,谢文波. 水力压裂和深孔预裂爆破联合增透技术的应用研究[J]. 煤矿安全,2018,49(8):141-144.

[73] 陈向军,杜云飞,李立杨.煤体水力化措施综合消突作用研究[J].煤炭科学技术,2017,45(6):43-49.
[74] 高亚斌,林柏泉,杨威,等.高突煤层穿层钻孔“钻-冲-割”耦合卸压技术及应用[J].采矿与安全工程学报,2017,34(1):177-184.
[75] 秦江涛,陈玉涛,黄文祥.高压水力压裂和二氧化碳相变致裂联合增透技术[J].煤炭科学技术,2017,45(7):80-84.
[76] 郑春山,林柏泉,杨威,等.水力割缝钻孔喷孔机制及割缝方式的影响[J].煤矿安全,2014,45(1):5-8.
[77] 李晓红,王晓川,康勇,等.煤层水力割缝系统过渡过程能量特性与耗散[J].煤炭学报,2014,39(8):1404-1408.
[78] 童碧,王力.下向穿层孔水力割缝施工工艺研究与应用[J].煤炭科学技术,2017,45(8):177-180.
[79] 袁波,康勇,李晓红,等.煤层水力割缝系统性能瞬变特性研究[J].煤炭学报,2013,38(12):2153-2157.
[80] 唐巨鹏,杨森林,李利萍.不同水力割缝布置方式对卸压防突效果影响数值模拟[J].中国地质灾害与防治学报,2012,23(1):61-66.
[81] 李桂波,冯增朝,王彦琪,等.高瓦斯低透气性煤层不同瓦斯抽采方式的研究[J].地下空间与工程学报,2015,11(5):1362-1366.
[82] 宋维源,王忠峰,唐巨鹏.水力割缝增透抽采煤层瓦斯原理及应用[J].中国安全科学学报,2011,21(4):78-82.
[83] 冯增朝,康健,段康廉.煤体水力割缝中瓦斯突出现象实验与机理研究[J].辽宁工程技术大学学报(自然科学版),2001,20(4):443-445.
[84] 吕贵春.水力割缝在石门揭煤预抽煤层瓦斯区域防突措施中的应用[J].矿业安全与环保,2013,40(4):79-82.
[85] 叶青,李宝玉,林柏泉.高压磨料水力割缝防突技术[J].煤矿安全,2005,36(12):13-16.
[86] 张连军,林柏泉,高亚明.基于高压水力割缝工艺的煤巷快速消突技术[J].煤矿安全,2013,44(3):64-66.
[87] 段康廉,冯增朝,赵阳升,等.低渗透煤层钻孔与水力割缝瓦斯排放的实验研究[J].煤炭学报,2002,27(1):50-53.
[88] 龙威成,孙四清,郑凯歌,等.煤层高压水力割缝增透技术地质条件适用性探讨[J].中国煤炭地质,2017,29(3):37-40.
[89] 张欣玮,卢义玉,汤积仁,等.煤层水力割缝自吸磨料喷嘴特性与参数[J].东北大学学报(自然科学版),2015,36(10):1466-1470.

[90] 段永生,林柏泉,翟成,等.基于 Fluent 的水力割缝喷嘴轴心间距优化[J].煤矿安全,2012,43(11):13-16.

[91] 贾同千,饶孜,何庆兵,等.复杂地质低渗煤层水力压裂-割缝综合瓦斯增透技术研究[J].中国安全生产科学技术,2017,13(4):59-64.

[92] 寇建新,周哲.煤层水力割缝转速对割缝半径的影响研究[J].煤炭科学技术,2014(增刊 2):74-76.

[93] 李艳增,王耀锋,高中宁,等.水力割缝(压裂)综合增透技术在丁集煤矿的应用[J].煤矿安全,2011,42(9):108-110.

[94] 刘生龙,周玉竹,邱居德,等.超高压水力割缝在坚硬突出煤层石门揭煤预抽瓦斯防突措施中的应用[J].矿业安全与环保,2017,44(5):64-67.

[95] 乔伟,黄阳,袁中帮,等.巨厚煤层综放开采顶板离层水形成机制及防治方法研究[J].岩石力学与工程学报,2014,33(10):2076-2084.

[96] 高松,孙波.潘三矿远距离下保护层开采技术的实践[J].煤矿安全,2003,34(5):23-25.

[97] 黄炳香,程庆迎,刘长友,等.煤岩体水力致裂理论及其工艺技术框架[J].采矿与安全工程学报,2011,28(2):167-173.

[98] 刘磊,贾洪彪,马淑芝.考虑卸荷效应的岩质边坡断裂损伤模型及应用[J].岩石力学与工程学报,2015,34(4):747-754.

[99] 王耀锋.三维旋转水射流与水力压裂联作增透技术研究[D].徐州:中国矿业大学,2015.

[100] 唐巨鹏,潘一山,杨森林.三维应力下煤与瓦斯突出模拟试验研究[J].岩石力学与工程学报,2013,32(5):960-965.

[101] 闫发志,朱传杰,郭畅,等.割缝与压裂协同增透技术参数数值模拟与试验[J].煤炭学报,2015,40(4):823-829.

[102] 潘文霞.急倾斜煤层群水力增透防突技术研究与应用[D].北京:中国矿业大学(北京),2016.

[103] FAN T G,ZHANG G Q,CUI J B. The impact of cleats on hydraulic fracture initiation and propagation in coal seams[J]. Petroleum science,2014,4:532-539.

[104] DUNLAP I R. Factors controlling the orientation and direction of hydraulic fractures[J]. Journal of institute of petroleum, 1963, 49: 282-288.

[105] HAIMSON B,FAIRHURST C. Initiation and extension of hydraulic fractures in rocks[J]. Society of petroleum engineers journal, 1967,

7(3):310-318.

[106] ZHANG X,JEFFREY R G,BUNGER A P,et al. Initiation and growth of a hydraulic fracture from a circular wellbore[J]. International journal of rock mechanics and mining sciences,2011,48(6):984-995.

[107] HOSSAIN M M,RAHMAN M K,RAHMAN S S. Hydraulic fracture initiation and propagation: roles of wellbore trajectory, perforation and stress regimes[J]. Journal of petroleum science and engineering, 2000, 27(3-4):129-149.

[108] 吕有厂.水力压裂技术在高瓦斯低透气性矿井中的应用[J].重庆大学学报(自然科学版),2010,33(7):102-107.

[109] LU Y Y,CHENG L,GE Z L,et al. Analysis on the initial cracking parameters of cross-measure hydraulic fracture in underground coal mines[J]. Energies,2015,8(7):6977-6994.

[110] 程亮,卢义玉,葛兆龙,等.倾斜煤层水力压裂起裂压力计算模型及判断准则[J].岩土力学,2015,36(2)444-450.

[111] 蔺海晓,杜春志.煤岩拟三轴水力压裂实验研究[J].煤炭学报,2011,36(11):1801-1805.

[112] CLEARY M. Analysis of mechanics and production for producing favorable shapes of hydraulic fractures[C]//SPE annual technical conference and exhibition. [S. l. :s. n. ],1980.

[113] ANDERSON G D. Effects of friction on hydraulic fracture growth near unbonded interfaces in rocks[J]. Society of petroleum engineers journal, 1981,21:21-29.

[114] 陈勉,周健,金衍,等.随机裂缝性储层压裂特征实验研究[J].石油学报,2008,29(3):431-434.

[115] 张广清,陈勉.水平井水力裂缝非平面扩展研究[J].石油学报,2005,26(3):95-97.

[116] 朱宝存,唐书恒,颜志丰,等.地应力与天然裂缝对煤储层破裂压力的影响[J].煤炭学报,2009,34(9):1199-1202.

[117] 张春华,刘泽功,王佰顺,等.高压注水煤层力学特性演化数值模拟与试验研究[J].岩石力学与工程学报,2009,28(增刊2):3371-3375.

[118] 申晋,赵阳升,段康廉.低渗透煤岩体水力压裂的数值模拟[[J].煤炭学报,1997,22(6):580-584.

[119] LU Y Y,SONG C P,JIA Y Z,et al. Analysis and numerical simulation of

hydrofracture crack propagation in coal-rock bed[J]. Computer modeling in engineering and sciences,2015,5:69-86.

[120] 宋晨鹏,卢义玉,贾云中,等. 煤岩交界面对水力压裂裂缝扩展的影响[J]. 东北大学学报(自然科学版),2014,35(9):1340-1345.

[121] 富向,刘洪磊,杨天鸿,等. 穿煤层钻孔定向水压致裂的数值仿真[J]. 东北大学学报(自然科学版),2011,32(10):1480-1483.

[122] 段明星,高德利,张辉,等. 煤层气井空气动力洞穴完井力学机理研究[C]//2008 年煤层气学术研讨会论文集. 井冈山:[出版者不详],2008.

[123] 孙四清,张俭,安鸿涛. 松软突出煤层穿层洞穴完井钻孔瓦斯抽采实践[J]. 煤炭科学技术,2012,40(2):49-51.

[124] 刘明举,孔留安,郝富昌,等. 水力冲孔技术在严重突出煤层中的应用[J]. 煤炭学报,2005,30(4):451-454.

[125] 刘明举,任培良,刘彦伟,等. 水力冲孔防突措施的破煤理论分析[J]. 河南理工大学学报(自然科学版),2009,28(2):142-145.

[126] 刘明举,郭献林,李波,等. 底板巷穿层钻孔水力冲孔防突技术[J]. 煤炭科学技术,2011,39(2):33-35.

[127] 王凯,李波,魏建平,等. 水力冲孔钻孔周围煤层透气性变化规律[J]. 采矿与安全工程学报,2013,30(5):778-784.

[128] 夏永军,文光才,孙东玲. 高压水射流对煤的冲蚀机理研究[J]. 矿业安全与环保,2006,33(增刊):4-6.

[129]王新新,石必明,穆朝民. 水力冲孔煤层瓦斯分区排放的形成机理研究[J]. 煤炭学报,2012,37(3):467-471.

[130]王兆丰,范迎春,李世生. 水力冲孔技术在松软低透突出煤层中的应用[J]. 煤炭科学技术,2012,40(2):52-55.

[131] 魏国营,郭中海,谢伦荣,等. 煤巷掘进水力掏槽防治煤与瓦斯突出技术[J]. 煤炭学报,2007,32(2):172-176.

[132] 王耀锋,何学秋,王恩元,等. 水力化煤层增透技术研究进展及发展趋势[J]. 煤炭学报,2014,39(10):1945-1955.

[133] 唐建新,贾剑青,胡国忠,等. 钻孔中煤体割缝的高压水射流装置设计及试验[J]. 岩土力学,2007,28(7):1501-1504.

[134] 卢义玉,葛兆龙,李晓红,等. 脉冲射流割缝技术在石门揭煤中的应用研究[J]. 中国矿业大学学报,2010,39(1):55-58.

[135] 张义,周卫东,王瑞和,等. 煤层水力自旋转射流钻头设计[J]. 天然气工业,2008,28(3):61-63.

[136] 王耀锋.三维旋转水射流扩孔与压裂增透技术工艺参数研究[J].煤矿安全,2012,43(7):4-7.

[137] 刘彦伟,任培良,夏仕柏,等.水力冲孔措施的卸压增透效果考察分析[J].河南理工大学学报(自然科学版),2009,28(6):695-699.

[138] 郝富昌,刘彦伟,龙威成,等.蠕变-渗流耦合作用下不同埋深有效抽采半径研究[J].煤炭学报,2017,42(10):2616-2622.

[139] 沈春明,汪东,张浪,等.水射流切槽诱导高瓦斯煤体失稳喷出机制与应用[J].煤炭学报,2015,40(9):2097-2104.

[140] 魏建平,刘英振,王登科,等.水力冲孔有效影响半径数值模拟[J].煤矿安全,2012,43(11):9-12.

[141] 刘明举,赵文武,刘彦伟,等.水力冲孔快速消突技术的研究与应用[J].煤炭科学技术,2010,38(3):58-61.

[142] 吕有厂.穿层深孔控制爆破防治冲击型突出研究[J].采矿与安全工程学报,2008,25(3):337-340.

[143] 蔡峰,刘泽功,张朝举,等.高瓦斯低透气性煤层深孔预裂爆破增透数值模拟[J].煤炭学报,2007,32(5):499-503.

[144] 张英华,倪文,尹根成,等.穿层孔水压爆破法提高煤层透气性的研究[J].煤炭学报,2004,29(3):298-302.

[145] 龚敏,黄毅华,王德胜,等.松软煤层深孔预裂爆破力学特性的数值分析[J].岩石力学与工程学报,2008,27(8):1674-1681.

[146] 陈鹏.深孔穿层爆破提高松软煤层条带区域透气性技术研究[D].焦作:河南理工大学,2012.

[147] 原道杰.松软煤层顶板定向聚能预裂爆破卸压增透技术[J].中州煤炭,2014(5):30-32.

[148] 王皓.突出松软煤层注水防突机理及爆破增注技术研究[D].徐州:中国矿业大学,2019.

[149] 贾腾,黄长国,刘公君,等.不同孔间距抽采孔对深孔预裂爆破增透效果影响研究[J].煤炭科学技术,2018,46(5):109-113.

[150] 弓美疆,池鹏,张明杰.低透气性高瓦斯煤层深孔控制预裂爆破增透技术[J].煤炭科学技术,2012,40(10):69-72.

[151] 刘健,刘泽功,高魁,等.不同装药模式爆破载荷作用下煤层裂隙扩展特征试验研究[J].岩石力学与工程学报,2016,35(4):735-742.

[152] 姜二龙,刘健,蔡文鹏,等.深孔预裂爆破技术在低透气性回采工作面中的试验研究[J].中国安全生产科学技术,2013,9(7):20-24.

[153] 高新宇,刘健,张超,等.低透气煤层深孔预裂聚能爆破增透试验研究[J].煤矿安全,2019,50(4):23-26.

[154] 粟爱国.低渗煤层预裂爆破裂纹扩展规律数值模拟[D].阜新:辽宁工程技术大学,2013.

[155] 刘健,刘泽功,高魁,等.深孔爆破在综放开采坚硬顶煤预先弱化和瓦斯抽采中的应用[J].岩石力学与工程学报,2014,33(增刊1):3361-3367.

[156] 陈秋宇,李海波,夏祥,等.爆炸荷载下空孔效应的研究与应用[J].煤炭学报,2016,41(11):2749-2755.

[157] 刘优平,龚敏,黄刚海.深孔爆破装药结构优选数值分析方法及其应用[J].岩土力学,2012,33(6):1883-1888.

[158] 李春睿,康立军,齐庆新,等.深孔爆破数值模拟及其在煤矿顶板弱化中的应用[J].煤炭学报,2009,34(2):1632-1636.

[159] 郭德勇,宋文健,李中州,等.煤层深孔聚能爆破致裂增透工艺研究[J].煤炭学报,2009,34(8):1086-1089.

[160] 陈章林,熊华明.深孔爆破合理参数选择[J].工程爆破,2007,13(2):39-41.

[161] 过江,崔文强,陈辉.不同耦合介质光面爆破裂纹发展数值分析[J].黄金科学技术,2016,24(1):68-75.

[162] 科恰诺夫,奥金采夫.地下爆破岩石预裂区半径的理论估算[J].工程爆破,2015,21(6):51-54.

[163] BJARNHOLT G. Strength testing of explosives by underwater detonation[J]. Propellants explosives pyrotechnics,2010,3(1-2):70-71.

[164] LANGEFORS U,KIHLSTROM B. Rock blasting[M]. New York City: John wiley and son,1963.

[165] DYSKIN A V,GALYBIN A N. Crack interaction mechanism of pre-split rock blasting[J]. Soviet atomic energy,2013,29(2):829-831.

[166] SONG J, KIM K. Micromechanical modeling of the dynamic fracture process during rock blasting[J]. International journal of rock mechanics and mining sciences & geomechanics abstracts,1996,33(4):387-394.

[167] WANG F T,TU S H,YUAN Y,et al. Deep-hole pre-split blasting mechanism and its application for controlled roof caving in shallow depth seams[J]. International journal of rock mechanics and mining sciences,2013,64(6):112-121.

[168] XIE B,LI H B,WANG C B,et al. Numerical simulation of presplit blas-

ting influenced by geometrical characteristics of joints[J]. Rock and soil mechanics,2011,32(12):3812-3820.

[169] NILSON R H,PROFFER W J,DUFF R E. Modelling of gas-driven fractures induced by propellant combustion within a borehole[J]. International journal of rock mechanics and mining sciences & geomechanics abstracts,1985,22(1):3-19.

[170] NILSON R H, MORRISON F A. Transient gas or liquid flow along a preexisting or hydraulically-induced fracture in a permeable medium[J]. Journal of applied mechanics,1986,53:157-165.

[171] NILSON R H,LIE K H. Double-porosity modelling of oscillatory gas motion and contaminant transport in a fractured porous medium[J]. International journal for numerical and analytical methods in geomechanics,1990,14(8):565-585.

[172] BADAL R. Controlled blasting in jointed rocks[J]. International journal of rock mechanics and mining sciences & geomechanics abstracts,1994, 31(1):79-84.

[173] PAINE A S,PLEASE C P. Asymptotic analysis of a star crack with a central hole[J]. International journal of engineering science, 1993, 31 (6):893-898.

[174] SANCHIDRIÁN J A,SEGARRA P,LÓPEZ L M. Energy components in rock blasting[J]. International journal of rock mechanics and mining sciences,2007,44(1):130-147.

[175] DAEHNKE A,ROSSMANITH H P,NAPIER J A L. Gas pressurisation of blast-induced conical cracks[J]. International journal of rock mechanics and mining sciences,1997,34(3-4):263. e1-263. e17.

[176] WILLIAMS D J,PEDROSO D M. Numerical procedure for modelling dynamic fracture of rock by blasting[C]//The 7th international symposium on rockburst and seismicity in mines. Dalian:[s. n. ],2009.

[177] MOHAMMADI S,POOLADI A. Non-uniform isentropic gas flow analysis of explosion in fractured solid media[J]. Finite elements in analysis and design,2007,43(6-7):478-493.

[178] 沃尔特斯,朱卡斯. 成型装药原理及其应用[M]. 王树魁,等,译. 北京:兵器工业出版社,1992.

[179] 纪冲,龙源,杨旭,等. 线型聚能切割器在工程爆破中的应用研究[J]. 爆破

器材,2004,33(1):32-35.

[180] BJAMHOLT G,HOLMBERG R,OUCHTERLONG F. A Liner shaped charge system for contour blasting[C]//Society of Explosives Engineers. Proceeding of 9th conference on explosives and blasting technique. Dallas:[s. n. ],1983.

[181] NEDRIGA V P,POKROVSKII G I,AVDEEV F A. Earth dams constructed by the directional blasting method[J]. Hydrotechnical construction,1986,20(1):61-66.

[182] LEE S,HONG M H,NOH J W,et al. Microstructural evolution of a shaped-charge liner and target materials during ballistic tests[J]. Metallurgical and materials transactions A,2002,33(4):1069-1074.

[183] SCHEID E,BURLEIGH T D,DESHPANDE N U,et al. Shapedcharge liner early collapse experiment execution and validation[J]. Propellants, explosives,pyrotechnics,2014,39(5):739-748.

[184] 罗勇,沈兆武. 聚能效应在岩石定向断裂控制爆破中的研究[J]. 中国工程科学,2006,8(6):78-82.

[185] 罗勇,沈兆武. 聚能药包在岩石定向断裂爆破中的应用研究[J]. 爆炸与冲击,2006,26(3):250-255.

[186] 韦祥光. 爆轰波聚能爆破的技术基础研究[D]. 大连:大连理工大学,2012.

[187] 罗勇,崔晓荣,沈兆武. 聚能爆破在岩石控制爆破技术中的应用研究[J]. 力学季刊,2007,28(2):234-239.

[188] 徐振洋. 爆炸聚能作用下岩石劈裂机理及试验研究[D]. 北京:北京理工大学,2014.

[189] 何满潮,曹伍富,单仁亮,等. 双向聚能拉伸爆破新技术[J]. 岩石力学与工程学报,2003,22(12):2047-2051.

[190] 杨仁树,张召冉,杨立云,等. 基于硬岩快掘技术的切缝药包聚能爆破试验研究[J]. 岩石力学与工程学报,2013,32(2):317-323.

[191] 刘文革. 煤层深孔松动爆破聚能药管装药结构的设计研究[D]. 阜新:辽宁工程技术大学,2007.

[192] GUPTA D V S,BOBIER D M. The history and success of liquid $CO_2$ and $CO_2/N_2$ fracturing system [C]//SPE gas yechnology symposium. Calgary:[s. n. ],1998.

[193] MOJID M R,NEGASH B M,ABDULEALAH H,et al. A state-of-art review on waterless gas shale fracturing technologies[J]. Journal of

petroleum science and engineering,2021,196(1):108048.

[194] NIEZGODA T, MIEDZINSKA D, MALEK E, et al. Study on carbon dioxide thermodynamic behavior for the purpose of shale rock fracturing [J]. Bulletin of the Polish academy of sciences: technical sciences, 2013, 61(3):605-612.

[195] MUELLER M, AMRO M, HAEFNER F K A, et al. Simulation of tight gas reservoir using coupled hydraulic and $CO_2$ cold-frac technology[C]// SPE Asia pacific oil and gas conference & exhibition. [S. l.: s. n.], 2012.

[196] ISHIDA T, AOYAGI K, NIWA T, et al. Acoustic emission monitoring of hydraulic fracturing laboratory experiment with supercritical and liquid $CO_2$[J]. Geophysical research letters, 2012, 39(16):1-6.

[197] KIPP M E, GRADY D E. Numerical studies of rock fragmentation [C]//International conference on numerical methods in fracture mechanics. Swansea: [s. n.], 1980.

[198] GRADY D, RUBIN S M, PETITTI D B, et al. Hormone therapy to prevent disease and prolong life in postmenopausal women[J]. Annals of internal medicine, 1992, 117(12):225-226.

[199] KUSZMAUL J S, KUSZMAUL J S. A new constitutive model for fragmentation of rock under dynamic loading[J]. Oil shales and tar sands, 1987, 16(3):714-722.

[200] SANCHIDRIÁN J A, PESQUERO J M, GARBAYO E. Damage in rock under explosive loading: implementation in DYNA2D of a TCK model [J]. International journal of surface mining, reclamation and environment, 1992, 6(3):109-114.

[201] FOURNEY D R, ABI-SAID D, RHINES L D, et al. Simultaneous anterior-posterior approach to the thoracic and lumbar spine for the radical resection of tumors followed by reconstruction and stabilization [J]. Journal of neurosurgery: spine, 2001, 94(2):232-244.

[202] QU L H, ZHONG L, SHI S H, et al. Two snoRNAs are encoded in the first intron of the rice hsp70 gene[J]. Progress in natural science, 1997, 7(3):371-377.

[203] RUPARELIA J P, CHATTERJEE A K, DUTTAGUPTA S P, et al. Strain specificity in antimicrobial activity of silver and copper nanoparti-

cles[J]. Acta biomaterialia,2008,4(3):707-716.
[204] 郭志兴.液态二氧化碳爆破筒及现场试爆[J].爆破,1994,11(3):72-74.
[205] 徐颖.高压气体爆破模型试验系统的研究[D].徐州:中国矿业大学,1995.
[206] 徐颖,程玉生,王家来.国外高压气体爆破[J].煤炭科学技术,1997,25(5):52-53.
[207] 徐颖,程玉生.高压气体爆破破煤机理模型试验研究[J].煤矿爆破,1996(3):1-4.
[208] 王家来.高压气体爆破煤的模拟试验研究[D].徐州:中国矿业大学,1996.
[209] 邵鹏,徐颖,程玉生.高压气体爆破实验系统的研究[J].爆破器材,1997,26(5):6-8.
[210] 邵鹏.高压气体爆破破煤块度模拟试验研究[D].徐州:中国矿业大学,1998.
[211] 王兆丰,周大超,李豪君,等.液态 $CO_2$ 相变致裂二次增透技术[J].河南理工大学学报(自然科学版),2016,35(5):597-600.
[212] 王继仁,高坤,贾宝山.高能空气冲击煤体增透技术实验研究及其应用[C]//第二届中国工程院/国家能源局能源论坛论文集.北京:[出版者不详],2012.
[213] 高杰,王海锋,仇海生.高压氮气致裂增透实验系统的研发及应用[J].煤矿安全,2017,48(8):13-15.
[214] 孙可明,任硕,张树翠,等.超临界 $CO_2$ 在低渗透煤层中渗流规律的实验研究[J].实验力学,2013,28(1):117-120.
[215] 周西华,门金龙,宋东平,等.煤层液态 $CO_2$ 爆破增透促抽瓦斯技术研究[J].中国安全科学学报,2015,25(2):60-65.
[216] 孙小明.液态二氧化碳相变致裂穿层钻孔强化预抽瓦斯效果研究[D].焦作:河南理工大学,2014.
[217] 董庆祥,王兆丰,韩亚北,等.液态 $CO_2$ 相变致裂的 TNT 当量研究[J].中国安全科学学报,2014,24(11):84-88.
[218] 许梦飞.煤层中液态二氧化碳相变致裂半径的研究[D].焦作:河南理工大学,2016.
[219] 韩亚北.液态二氧化碳相变致裂增透机理研究[D].焦作:河南理工大学,2014.
[220] 詹德帅.二氧化碳充装量与致裂效果的模拟分析[D].北京:煤炭科学研究总院,2017.
[221] 张廷汉,秦发动.高能气体压裂在我国的研究和进展[J].石油钻采工艺,

1987(5):63-69.

[222] 张廷汉,谷祖德.高能气体压裂的数理模型[J].西安石油大学学报(自然科学版),1988(3):1-7.

[223] NILSON R H. Gas-driven fracture propagation[J]. Journal of applied mechanics,1981,48(4):757-762.

[224] NILSON R H. An integral method for predicting hydraulic fracture propagation driven by gases or liquid [J]. International journal for numerical and analytical methods in geomechanics,1986,10:191-211.

[225] AFTAB M N,HEGAZY G M,SALSMAN A D,et al. Perforating with deep penetrating guns followed by propellant treatment yields results in tight reservoirs-UAE case study[C]//International petroleum exhibition and conference. Abu Dhabi:[s. n. ],2014.

[226] VAN GALEN M W,CUTHILL D A,PETERSON G L,et al. Propellant-assisted perforating in tight gas reservoirs:wireline formation tests show successful stimulation[C]//International oil and gas conference and exhibition in China. Beijing:[s. n. ],2010.

[227] 蒋林宏,王敉邦,张梅.国内外高能气体压裂技术的运用概况及独特优势[J].石油化工应用,2016,35(3):6-9.

[228] 石崇兵,李传乐.高能气体压裂技术的发展趋势[J].西安石油学院学报(自然科学版),2000,15(5):17-20.

[229] 吴晋军,王安仕.射孔-高能气体压裂复合技术装置的研制[J].钻采工艺,1997(6):65-69.

[230] 吴晋军,廖红伟,张杰.水平井液体药高能气体压裂技术试验应用研究[J].钻采工艺,2007,30(1):50-53.

[231] 吴晋军,武进壮,周培尧,等.多脉冲压裂用于低渗煤层开发可行性分析[J].煤炭技术,2017,36(12):135-138.

[232] 李楠.浅层煤储层多脉冲高能气体压裂技术试验及应用研究[J].内蒙古石油化工,2015,41(7):78-80.

[233] 刘敬,吴晋军,周培尧.低渗煤层多脉冲压裂激励作用的裂缝模型研究[J].煤炭技术,2016,35(1):1-4.

[234] 杨卫宇,周春虎.高能气体压裂设计关键因素量化分析[J].石油钻采工艺,1992(6):75-82.

[235] 杨卫宇.高能气体压裂对套管井壁的破坏[J].西安石油学院学报,1989(2):73-85.

[236] 杨卫宇,赵刚.高能气体压裂火药燃烧及射孔泄流规律的研究[J].西安石油学院学报,1992(2):1-6.

[237] 刘小娟,杨卫宇,裴付林.高能气体压裂过程中“化学作用”的研究[J].断块油气田,1996(5):44-47.

[238] NILSON R H. Similarity solutions for wedge-shaped hydraulic fractures driven into a permeable medium by a constant inlet pressure[J]. International journal for numerical and analytical methods in geomechanics, 1988,12(5):477-495.

[239] PAINE A S,PLEASE C P. An improved model of fracture propagation by gas during rock blasting-some analytical results[J]. International journal of rock mechanics and mining sciences & geomechanics abstracts,1994,31(6):699-706.

[240] YANG D W,RISNES R. Numerical modelling and parametric analysis for designing propellant gas fracturing[C]//SPE annual technical conference and exhibition. New Orleans:[s. n.],2001.

[241] CHO S H,NAKAMURA Y,KANEKO K. Dynamic fracture process analysis of rock subjected to stress wave and gas pressurization[J]. International journal of rock mechanics and mining sciences,2004,41(1):433-440.

[242] 王安仕,秦发动.高能气体压裂技术[M].西安:西北大学出版社,1998.

[243] 杨小林,王梦恕.爆生气体作用下岩石裂纹的扩展机理[J].爆炸与冲击,2001,21(2):111-116.

[244] 吴飞鹏.高能气体压裂过程动力学模型与工艺技术优化决策研究[D].东营:中国石油大学,2009.

[245] 孙志宇.水平井多级脉冲气体加载压裂机理研究与应用[D].东营:中国石油大学,2009.

[246] 东兆星.爆破工程[M].2版.北京:中国建筑工业出版社,2016.

[247] ZHU Z M,MOHANTY B,XIE H P. Numerical investigation of blasting-induced crack initiation and propagation in rocks[J]. International journal of rock mechanics and mining sciences,2007,44(3):412-424.

[248] LAK M,MARJI M F,BAFGHI A Y,et al. A coupled finite difference-boundary element method for modeling the propagation of explosion-induced radial cracks around a wellbore[J]. Journal of natural gas science and engineering,2019,64:41-51.

[249] MOHAMMADI S, BEBAMZADEH A. A coupled gas-solid interaction model for FE/DE simulation of explosion[J]. Finite elements in analysis and design, 2005, 41(13): 1289-1308.

[250] LIU R F, ZHU Z M, LI M, et al. Study on dynamic fracture behavior of mode I crack under blasting loads[J]. Soil dynamics and earthquake engineering, 2019, 117: 47-57.

[251] 高文学. 岩体爆破成缝的试验研究[J]. 爆破, 1991, 8(1): 52-55.

[252] 李清, 王汉军, 杨仁树. 多孔台阶爆破破裂过程的模型试验研究[J]. 煤炭学报, 2005, 30(5): 576-579.

[253] NING Y J, YANG J, MA G W, et al. Modelling rock blasting considering explosion gas penetration using discontinuous deformation analysis[J]. Rock mechanics and rock engineering, 2011, 44(4): 483-490.

[254] 杨仁树, 丁晨曦, 王雁冰, 等. 爆炸应力波与爆生气体对被爆介质作用效应研究[J]. 岩石力学与工程学报, 2016, 35(增刊2): 3501-3506.

[255] LI X L, LV X C, ZHOU Y H, et al. Homogeneity evaluation of hot in-place recycling asphalt mixture using digital image processing technique[J]. Journal of cleaner production, 2020, 258: 120524.

[256] 倪彤元, 张武毅, 杨杨, 等. 基于图像处理的桥梁混凝土裂缝检测研究进展[J]. 城市道桥与防洪, 2019(7): 258-263.

[257] 杜清超, 钟伟, 郑佩莹. 基于数字图像处理的轨道梁裂缝检测技术[J]. 四川建筑, 2019, 39(4): 95-97.

[258] 郝亚飞, 李海波, 郭学彬, 等. 含软弱夹层顺层岩体爆破效应模拟试验研究[J]. 煤炭学报, 2012, 37(3): 389-395.

[259] 马衍坤, 刘泽功, 成云海, 等. 煤体水力压裂过程中孔壁应变及电阻率响应特征试验研究[J]. 岩石力学与工程学报, 2016, 35(增刊1): 2862-2868.

[260] 宋大钊, 邱黎明, 贾海珊, 等. 煤岩体水力压裂过程视电阻率响应实验[J]. 煤矿安全, 2015, 46(7): 9-12.

[261] 陈鹏. 煤与瓦斯突出区域危险性的直流电法响应及应用研究[D]. 徐州: 中国矿业大学, 2013.

[262] 徐宏武. 煤层电性参数测试及其与煤岩特性关系的研究[J]. 煤炭科学技术, 2005, 33(3): 42-46.

[263] WANG Y G, WEI J P, YANG S. Experimental research on electrical parameters variation of loaded coal[J]. Procedia engineering, 2011, 26: 890-897.

[264] 王俊璇.受载条件下岩石电阻率特性的理论与试验研究[D].重庆:重庆交通大学,2012.
[265] 陈鹏,王恩元,朱亚飞.受载煤体电阻率变化规律的实验研究[J].煤炭学报,2013,38(4):548-553.
[266] 仇海生.受载煤岩破裂过程电阻率变化规律试验研究[J].世界科技研究与发展,2016,38(2):245-248.
[267] TAKANO M,YAMADA I,FUKAO Y. Anomalous electrical resistivity of almost dry marble and granite under axial compression[J]. Journal of physics of the earth,1993,41(6):337-346.
[268] 李术才,许新骥,刘征宇,等.单轴压缩条件下砂岩破坏全过程电阻率与声发射响应特征及损伤演化[J].岩石力学与工程学报,2014,33(1):14-23.
[269] LOKE M H,CHAMBERS J E,RUCKER D F,et al. Recent developments in the direct-current geoelectrical imaging method[J]. Journal of applied geophysics,2013,95:135-156.
[270] TAILLET E,LATASTE J F,RIVARD P,et al. Non-destructive evaluation of cracks in massive concrete using normal dc resistivity logging[J]. NDT & E International,2014,63:11-20.
[271] CHAMBERS J E,WILKINSON P B,WELLER A L,et al. Mineshaft imaging using surface and crosshole 3D electrical resistivity tomography:a case history from the East Pennine Coalfield,UK[J]. Journal of applied geophysics,2007,62(4):324-337.
[272] SONG D Z,LIU Z T,WANG E Y,et al. Evaluation of coal seam hydraulic fracturing using the direct current method[J]. International journal of rock mechanics and mining sciences,2015,78:230-239.
[273] 刘盛东,刘静,戚俊,等.矿井并行电法技术体系与新进展[J].煤炭学报,2019,44(8):2336-2345.
[274] BHARTI A K,PAL S K,SAURABH,et al. Detection of old mine workings over a part of jharia coal field,India using electrical resistivity tomography[J]. Journal of the geological society of India,2019,94(3):290-296.
[275] 刘军.并行电法在倾斜厚煤层工作面“三带”探测中的应用[J].矿业安全与环保,2018,45(3):102-107.
[276] 许昭勇.基于直流电法的采动围岩应力分布探测研究[D].徐州:中国矿业大学,2017.

[277] 谢晶岩. 直流电法覆岩破坏探测关键技术研究[D]. 徐州:中国矿业大学,2019.

[278] LIU F,GUO Z R,LV H Y,et al. Test and analysis of blast wave in mortar test block[J]. International journal of rock mechanics and mining sciences,2018,108:80-85.

[279] YUAN W,SU X B,WANG W,et al. Numerical study of the contributions of shock wave and detonation gas to crack generation in deep rock without free surfaces[J]. Journal of petroleum science and engineering, 2019,177:699-710.

[280] ZHU W C,WEI C H,LI S,et al. Numerical modeling on destress blasting in coal seam for enhancing gas drainage[J]. International journal of rock mechanics and mining sciences,2013,59:179-190.

[281] 宗琦. 爆生气体的准静态破岩特性[J]. 岩土力学,1997,18(2):73-78.

[282] TIAN J S,QU F F. Model experiment of rock blasting with single borehole and double free-surface[J]. Mining science and technology,2009,19(3):395-398.

[283] SONG X L,ZHANG J C,GUO X B,et al. Influence of blasting on the properties of weak intercalation of a layered rock slope[J]. International journal of minerals,metallurgy and materials,2009,16(1):7-11.

[284] MAO X Y,MA Y K,LIU X W. Deformation characteristics and electrical resistivity response of soft coal under blast loading[J]. Geotechnical and geological engineering,2020,38(2):1205-1216.

[285] 饶俊. 矿山地压相似材料模型应力测量的应变砖法[J]. 南方冶金学院学报,1998,19(2):91-95.

[286] 蔡峰. 高瓦斯低透气性煤层深孔预裂爆破强化增透效应研究[D]. 淮南:安徽理工大学,2009.

[287] 林从谋. 浅埋隧道掘进爆破振动特性、预报及控制技术研究[D]. 上海:同济大学,2005.

[288] 石必明,成新龙,任克斌. 低透气性高瓦斯突出煤层快速掘进综合防突技术[J]. 煤炭工程,2002,34(11):53-55.

[289] 刘健,刘泽功,石必明. 低透气性突出煤层巷道快速掘进的试验研究[J]. 煤炭学报,2007,32(8):827-831.

[290] 蔡峰,刘泽功,林柏泉,等. 祁南矿区8煤储层孔裂隙性试验分析研究[J]. 煤炭科学技术,2008,36(5):31-34.